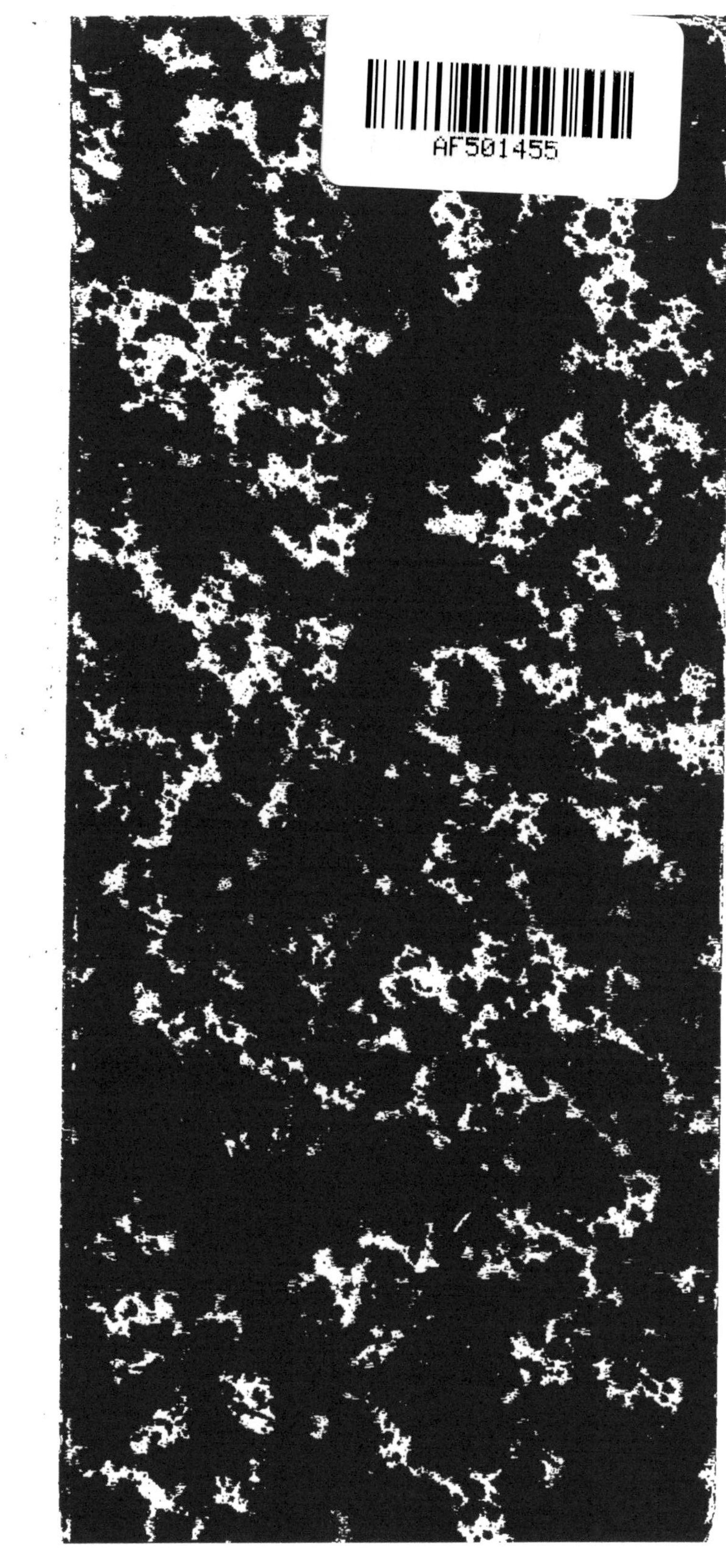
AF501455

LEÇONS

D'ANATOMIE ET DE PHYSIOLOGIE ANIMALES

OUVRAGES DU MÊME AUTEUR

publiés à la même librairie.

Leçons de choses. Animaux les plus connus, plantes les plus utiles, métaux usuels, l'eau et l'air. 1 vol. in-18 avec figures.

Premières notions de zoologie. Lectures à l'usage des élèves, des établissements d'enseignement secondaire, des écoles normales primaires et des écoles primaires supérieures. 4e édition entièrement revue. 1 vol. in-18 avec 345 figures dans le texte.

Éléments de zoologie, en collaboration avec M. R. Blanchard. 1 vol. in-8 avec 613 figures.

Anatomie et physiologie animales (ouvrage rédigé pour l'enseignement secondaire des jeunes filles). 1 vol. in-18 avec 270 figures dans le texte.

Revues scientifiques de la République française, paraissant depuis 1879. Chaque année, 1 vol. in-8 avec figures dans le texte.

La pression barométrique. Recherches de physiologie expérimentale. 1 volume gr. in-8 de VIII-1163 pages avec 89 figures.

4312-85. — Corbeil. Typ. et stér. Crété.

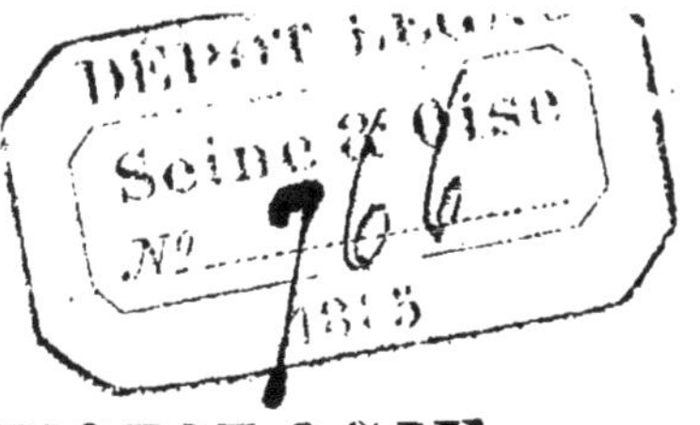

LEÇONS

D'ANATOMIE ET DE PHYSIOLOGIE

ANIMALES

PAR

PAUL BERT

DÉPUTÉ
MEMBRE DE L'INSTITUT
PROFESSEUR A LA FACULTÉ DES SCIENCES DE PARIS

Avec 191 figures dans le texte.

PARIS
G. MASSON, ÉDITEUR
LIBRAIRE DE L'ACADÉMIE DE MÉDECINE
120, Boulevard Saint-Germain, en face de l'École de médecine

M DCCC LXXX VI

LEÇONS

D'ANATOMIE ET DE PHYSIOLOGIE

ANIMALES

GÉNÉRALITÉS

Les êtres vivants et les êtres inanimés. — Plaçons sous une cloche un morceau de pierre; sous une autre, une jeune plante dans un pot de terre; sous une troisième, un animal avec des aliments.

Nous pouvons, vous le savez bien, laisser indéfiniment la pierre sous cloche : ni l'air ni la pierre ne seront altérés, ou bien celle-ci aura complètement changé de nature et de composition chimique. Pour la plante ou pour l'animal, il en est tout autrement : l'air de la cloche est modifié dans sa composition, la terre du pot n'est plus la même, les aliments ont disparu : et cependant la plante ou l'animal sont, sauf la taille peut-être, restés ce qu'ils étaient.

Il y a donc entre la pierre d'une part, le végétal et l'animal de l'autre, une immense différence. L'une est inerte, les autres se modifient sans cesse et modifient ce qui les entoure. Successivement, ils attirent du dehors certaines particules qu'ils s'incorporent, pour en rejeter au dehors certaines autres; ils absorbent et exhalent, comme on dit : en un mot, ils *vivent*.

La nutrition. — Cet échange continuel avec le monde qui les entoure n'a pas lieu seulement pour les parties externes et superficielles. Non, le corps vivant tout entier, si volumineux qu'il soit, le corps d'une baleine comme celui d'une mouche, celui d'un chêne comme celui d'un champignon, est, dans ses plus profondes parties, le siège de transformations sans cesse actives, qui parviendraient assez rapidement à le détruire en partie, s'il ne réparait ces pertes par l'absorption extérieure. Aussi tout être vivant doit-il *se nourrir*, sous peine d'épuisement et de mort.

La plante se nourrit en étendant ses racines dans un sol riche en matériaux nutritifs qu'elle absorbe; l'animal, en introduisant les matériaux nutritifs dans une cavité de son corps, où ils sont absorbés par des espèces de racines intérieures. Mais, si les procédés diffèrent, la réparation est au fond la même, comme est la même aussi l'usure.

Or, en quoi consiste cette usure? C'est un ensemble de phénomènes chimiques très complexes, mais qui se rattachent presque tous à un fait d'une importance capitale.

Dans le cours de chimie, on vous a parlé de l'*oxygène*, de ce gaz qui forme un cinquième de l'air. On vous a dit qu'il est l'agent de presque toutes les combustions et que, s'il disparaissait de notre atmosphère, nous perdrions le feu et la lumière; nous perdrions également la vie, et avec nous tous les êtres vivants, végétants ou animés. C'est, en effet, cet oxygène qui pénètre au dedans des êtres vivants, et qui, s'unissant à la matière qui les constitue, la modifie, la brûle lentement, et entretient la vie en déterminant la mort.

Mais, et cela se comprend de soi-même, pour peu que l'animal présente quelque volume, il est impossible que l'aliment d'une part, que l'oxygène de l'autre, pénètrent directement de la surface extérieure vers les profondeurs. Il est impossible, de même, que les matières brûlées par l'oxygène, et qui doivent être rejetées, puissent sortir directement à travers toute l'épaisseur du corps. Il faut un intermédiaire qui apporte et emporte, à tour de rôle, et les résidus de l'usure organique et les matériaux de la réparation. Cet intermédiaire est le *Sang*.

Contenu dans des canaux d'une distribution très compliquée, ce liquide se met sur certains points du corps en rapport avec l'air dont il absorbe l'oxygène, qui s'y dissout : c'est là ce qu'on appelle la *Respiration*. Dans d'autres, il recueille les aliments qui, sous l'influence d'actes divers nommés *Digestion*, sont tous devenus liquides.

Il emporte dans les profondeurs du corps tout entier ces matériaux réparateurs, les dépose là où il en est besoin, et reçoit en échange tout ce qui est devenu inutile, et partant dangereux. Il est, à la fois, le fleuve qui fertilise, l'égout qui purifie.

Parmi les substances qu'il emporte ainsi, les unes sont liquides ou dissoutes, et s'échappent du corps par des régions variées ; on donne à cette séparation épuratoire le nom d'*Excrétion*. Mais il est en outre une substance gazeuse, d'une immense importance, et qui s'en va dans le lieu même et au moment même où l'oxygène pénètre dans le sang. C'est le gaz de la combustion vitale, comme il est celui de la combustion de nos lampes et de nos foyers : c'est *l'acide carbonique.*

Veuillez remarquer, comme un fait capital, que cette propriété d'absorber de l'oxygène et de rendre de l'acide carbonique est universelle dans toutes les parties des êtres vivants. Que vous placiez sous une cloche un animal entier ou un fragment d'animal, comme un morceau de chair, ou un fragment de végétal, comme un morceau de bois, vous observerez le même résultat. Et cependant, entre un animal entier et un végétal entier, on constate un véritable antagonisme des plus curieux et des plus importants dans l'équilibre du monde.

Antagonisme des animaux et des végétaux verts. — A la fin du siècle dernier, un grand chimiste anglais, Priestley, avait mis sous une cloche exposée au soleil deux souris ; au bout de quelques heures, ces animaux moururent. Dans la cloche, Priestley introduisit alors un pied de menthe aquatique, et, peu après, à sa grande surprise, il vit que d'autres souris pouvaient vivre dans cet air qui avait été mortel pour leurs compagnes. Le végétal avait donc vécu là où l'animal était mort ; bien plus, il avait purifié l'air altéré par celui-ci.

Nous pouvons, aujourd'hui, donner l'interprétation de ce fait. Nous savons que, sous l'influence de la lumière, les parties vertes des végétaux, feuilles, écorce, jouissent de la propriété remarquable de décomposer l'acide carbonique, et d'en rendre libre l'oxygène : le carbone est fixé par la plante et sert à sa nourriture. Ainsi, les souris de Priestley avaient chargé l'air de la cloche d'un acide carbonique composé de son propre oxygène et de leur carbone ; le pied de menthe, au contraire, avait détruit l'acide, repris le carbone et restitué l'oxygène. L'air devenu irrespirable aux souris avait été rendu à sa composition primitive, et le carbone du corps des souris, sorti par la respiration, avait été repris par la plante qui en avait profité. De là, bien évidemment, nécessité pour les souris de chercher dans un aliment, fourni lui-même par une plante, le carbone réparateur, sous peine de périr.

En résumé, animaux et végétaux respirent de la même manière, en s'oxydant, en se brûlant. Mais chez ces derniers existe une matière verte qui agit en sens inverse. Le corps végétal respire comme le corps animal : mais son vêtement vert, si vous me permettez cette comparaison, fait le contraire, et le résultat total est l'opposé de la respiration animale. Encore n'a-t-il lieu que sous l'influence de la lumière. La nuit, la respiration des plantes est identique à celle des animaux. Il en est de même pour les parties non colorées en vert comme les fleurs, pour les champignons et pour certaines plantes parasites qui n'ont pas de parties vertes.

Je me suis longuement étendu sur ces faits généraux; mais leur importance immense méritait ces détails. L'antagonisme, pendant le jour, des animaux et des végétaux, est une des grandes raisons de la pureté constante d'une atmosphère que les combustions vitales ou autres tendent sans cesse à charger d'un acide carbonique mortel.

La nécessité de la lumière pour cette purification nous montre un rapport nouveau entre le soleil et l'existence des êtres vivants. L'expérience de Priestley, dont l'interprétation nous a été rendue facile par les découvertes de Lavoisier, met donc en évidence deux des plus belles harmonies de la nature : harmonie terrestre entre les plantes et les animaux, harmonie céleste entre le soleil et la terre.

Idée générale de la constitution d'un animal. — Ce que nous avons dit jusqu'ici suffit pour que nous nous fassions une idée générale de la constitution du corps d'un animal. Nous pouvons même, par la pensée, créer de toutes pièces un animal théorique.

Quelle que soit la forme que nous lui supposions, nous creuserons d'abord dans l'épaisseur de son corps une cavité digestive, *un appareil de la digestion*, où s'introduiront et se dissoudront les aliments. Sur un point de sa surface, nous amincirons la membrane d'enveloppe, de façon que l'air puisse arriver plus aisément au contact du sang : ce sera l'*appareil de la respiration*. Ce sang, qui devra sans cesse être porté des parois de l'appareil digestif à celles de l'appareil respiratoire, pour s'en aller ensuite baigner toutes les profondeurs du corps, sera renfermé dans un ensemble de tubes ou vaisseaux, auquel on donne le nom d'*appareil de la circulation*. Enfin, les parties inutiles s'échapperont, grâce à l'existence de plusieurs *appareils d'excrétion*.

Par le jeu simultané de tous ces appareils, l'animal *se nourrit*.

Mais ce n'est pas tout ; nous avons dit que sa caractéristique principale est la *sensibilité*, jointe au *mouvement volontaire*.

Il possédera donc un *appareil locomoteur*, formé de *muscles* contractiles, mettant en mouvement des leviers rigides qui sans eux resteraient inertes.

Mais l'appareil locomoteur est sous l'empire de la volonté. D'autre part, celle-ci n'agit souvent qu'en vertu d'une excitation extérieure, qui met en jeu la sensibilité. Or, un grand appareil est au service de ces importantes facultés. Il est constitué par ce que l'on nomme le *système nerveux*.

Il y a d'abord des parties qui sont impressionnées par les phénomènes extérieurs, par la lumière, les sons, les attouchements, etc... : ce sont les *organes des sens*. Il y a ensuite des *nerfs*, espèces de fils comparables aux fils des télégraphes électriques, qui transmettent l'impression reçue par les sens à des parties profondément situées, et dans lesquelles réside la volonté ; ces parties sont les *centres nerveux*. Puis, quand l'intelligence commande, ses ordres sont emportés par d'autres fils, d'autres nerfs, qui s'en vont les transmettre aux muscles, lesquels alors entrent en contraction.

Résumons-nous : notre animal théorique possédera des appareils de **Digestion**, de **Respiration**, de **Circulation**, d'**Excrétion**, qui réaliseront sa **Nutrition**. Il possédera en outre un **Appareil locomoteur** et un **Système nerveux**, des muscles, des nerfs, des centres nerveux, qui établiront des relations incessantes entre le monde extérieur et la volonté qui réside en lui.

LES ÉLÉMENTS ANATOMIQUES

Les diverses parties qui composent le corps d'un animal quelconque peuvent être dures comme des os, fermes comme de la chair ou même semblables à une sorte de gelée tremblotante et transparente, comme chez beaucoup d'animaux inférieurs. Mais, quelle que soit leur consistance, toujours elles sont constituées par la juxtaposition de parties extrêmement petites, de corpuscules, qu'on appelle les *éléments anatomiques.*

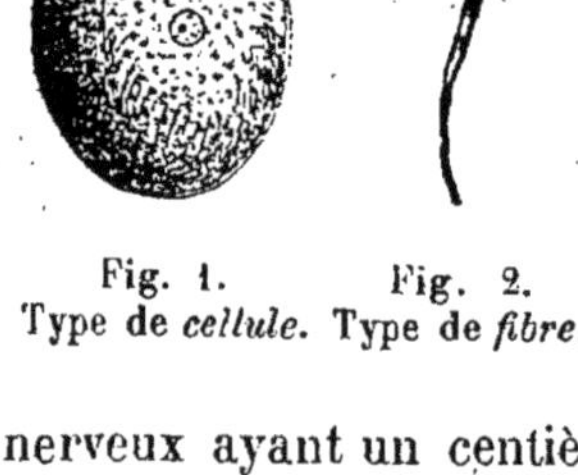

Fig. 1. Type de *cellule*. Fig. 2. Type de *fibre*.

Tantôt ces éléments se présentent avec des dimensions sensiblement égales dans tous les sens : on leur donne alors le nom de *cellules* (fig. 1) ; nos os, notre cerveau, en sont presque exclusivement composés.

Tantôt la longueur l'emporte beaucoup sur la largeur et l'épaisseur; on les nomme alors *fibres* (fig. 2), et c'est ainsi qu'on dit les *fibres musculaires.*

Les dimensions des éléments anatomiques se mesurent par millièmes, ou tout au plus par centièmes de millimètre; le microscope seul peut, par conséquent, permettre de les distinguer. Quant à la longueur, celle des fibres est souvent très considérable. Ainsi, dans chacun de nos muscles, une des fibres qui le constituent va d'un bout à l'autre du muscle; bien plus, c'est un seul filament nerveux qui va, par exemple, de la plante du pied à la région du dos : il peut donc y avoir, chez les très grands animaux, des filaments nerveux ayant un centième de millimètre de largeur et cinq ou six mètres de longueur.

C'est la réunion, l'arrangement de ces diverses espèces d'éléments, qui constitue toutes les parties de notre corps : aussi donne-t-on à juste titre à ces parties le nom de *tissus*. Et c'est ainsi qu'on dit le *tissu nerveux*, le *tissu osseux*, le *tissu musculaire*, etc. La partie de l'anatomie qui s'occupe de l'étude de ces éléments et de leur manière de se réunir est désignée sous le nom d'*Histologie* (ἵστος, tissu); elle prend de jour en jour plus d'importance.

Vie élémentaire. — Notre corps est donc composé d'une agglomération, en nombre presque infini, de ces petites particules élémentaires. Or, c'est dans chacune de ces particules que se passent les phénomènes incessants d'usure et de réparation dont je vous ai entretenues. Lors donc qu'on parle de nutrition, il faut se reporter par la pensée, non pas seulement à de grosses masses organiques comme un membre ou un organe, mais à chacun de ces corps microscopiques, véritables individus qui vivent à côté les uns des autres comme des abeilles dans une ruche, et qui travaillent harmoniquement en communauté, pour entretenir la vie de l'animal tout entier.

Fig. 3. — *Hydres* fixées à des lentilles d'eau (grossies).

Toutes ces particules sont comparables à autant de petits êtres qui vivraient indépendants les uns des autres, comme les petits animaux du corail vivent côte à côte sur la même tige. Des faits bien extraordinaires démontrent cette vérité. Il est de petits animaux, comme les Hydres (fig. 3), que l'on peut impunément hacher, pour ainsi dire, en morceaux; chacune des parties continue à vivre et reproduit un animal entier. Mais des faits analogues sont connus jusque chez les animaux les plus voisins de l'homme, jusque chez l'homme lui-même. Il est vrai qu'ici les parties séparées du corps ne reforment pas ce corps lui-même, mais enfin elles vivent pendant un long temps après une amputation.

Il y a environ un siècle, Garengeot, chirurgien parisien, raconta qu'un individu, ayant eu le nez coupé dans une rixe, vint, plusieurs heures après, le nez à la main, réclamer ses secours. Garengeot nettoya le pauvre nez, le remit soigneusement en place, et, à sa grande surprise, vit se recoller parfaitement ce malheureux organe, qu'il avait fallu ramasser dans la boue et laver avec du vin chaud. On se moqua de Garengeot; on le traita d'imposteur; son nom devint ridicule; et cependant il avait dit la vérité et observé un fait fort intéressant. Beaucoup de faits de cet ordre ont été constatés depuis, et l'on ne compte plus le nombre de nez, d'oreilles et même de doigts, qui furent remis avec succès en place après une séparation qui, dans un cas, avait duré six heures.

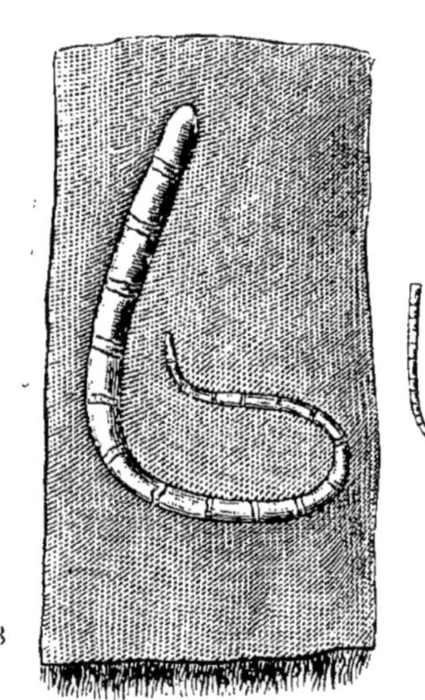

Fig. 4. — Queue de rat : A, avant, et B, six mois après la greffe.

Mais on connaît maintenant des choses plus surprenantes encore. On sait que ce n'est pas seulement pendant des heures, mais pendant des jours, que la vie se conserve dans des parties séparées du corps. Je veux vous citer, à titre de preuve, une expérience dont l'énoncé vous fera peut-être sourire; mais, de votre part, je n'ai pas à craindre les railleries qui ont autrefois poursuivi Garengeot. Voici l'expérience. Je prends un petit rat, tout jeune; je lui coupe la queue sur une longueur de 2 centimètres (fig. 4, A), et j'enferme soigneusement cette queue dans un tout petit flacon. Ceci fait, je laisse le flacon sur cette table ou même sur cette fenêtre. Nous sommes en hiver, la température est assez basse; dans huit jours, je vous l'affirme, cette queue de rat sera encore vivante. Et comment vous le prouverai-je? En la remettant en place? Cela serait trop difficile. Non; je ferai à la peau du dos de mon rat, ou de tout autre animal de la même espèce, un petit trou, et dans cette sorte de loge j'introduirai le fragment de queue, préalablement dépouillé de sa peau. Or, dans sa condition nouvelle, je le verrai vivre, grandir, si bien que six mois après, par exemple, il mesurera 5 centimètres (fig. 4, B), au lieu des 2 centimètres qu'il mesure aujourd'hui. J'obtiens avec une patte le même résultat (fig. 5). Et notez que ces parties qui ont été séparées du corps se développeront dans leur position nouvelle, exactement suivant le même plan, et dans le même temps, que si elles étaient restées à leur place normale.

J'avais donc raison de vous dire que chaque partie du corps vit d'une vie personnelle. Et par chaque partie, il faut entendre non pas seulement chaque organe, chaque membre, mais chacun de ces éléments anatomiques, dont la réunion constitue l'organe, le membre et finalement le corps. Celui-ci est donc comme une sorte de république composée de milliers de citoyens : chacun de ces citoyens est vivant, et c'est la réunion harmonique, le concours pacifique de tous ces citoyens vivants, qui constitue la vie de la société tout entière.

Fig. 5. — Patte de rat A, avant, et B, après la greffe.

Car, dans cette république non plus que dans aucune autre, les citoyens ne peuvent indéfiniment vivre isolés. Chacun travaille pour soi, à coup sûr, mais aussi chacun travaille pour la prospérité de l'ensemble, et avec les ressources que lui fournit l'ensemble. La patte de rat vit un certain temps, parce qu'elle a des ressources acquises, une sorte de magasin de nourriture qu'elle porte avec elle. Celui-ci épuisé, elle périra. Mais, quand elle était en place, le sang lui apportait incessamment des matériaux nouveaux, et renouvelait les produits de l'usure ; il lui arrive la même chose par une voie détournée, lorsqu'on la remet sous la peau, au milieu des sucs de l'animal, qui la nourrissent. Or, ce sang était fabriqué et entretenu par d'autres organes, auxquels la patte rendait à son tour le service d'aller chercher et d'appréhender les aliments formateurs du sang.

Ainsi tout se tient, se lie, s'harmonise en action dans un être vivant ; l'intégrité du tout est la condition de la vie régulière de chaque partie. Ce qui n'empêche pas chaque partie d'avoir sa raison d'être en elle-même, de s'entretenir et de se développer par une vertu propre qui est précisément la *vie*. Celle-ci, on le voit, réside dans chaque particule du corps. Voici un Bœuf tué d'un coup de masse. La vie générale, l'harmonie résultant de l'action simultanée de vies élémentaires, a disparu : celles-ci, non, et elles persisteront tant que ne sera pas épuisé le magasin de nourriture que chaque cellule porte en soi.

LA PEAU

Arrivons maintenant à l'Anatomie des divers organes et à la Physiologie des diverses fonctions. Nous prendrons l'Homme pour exemple, parce que bien évidemment c'est de tous les êtres vivants

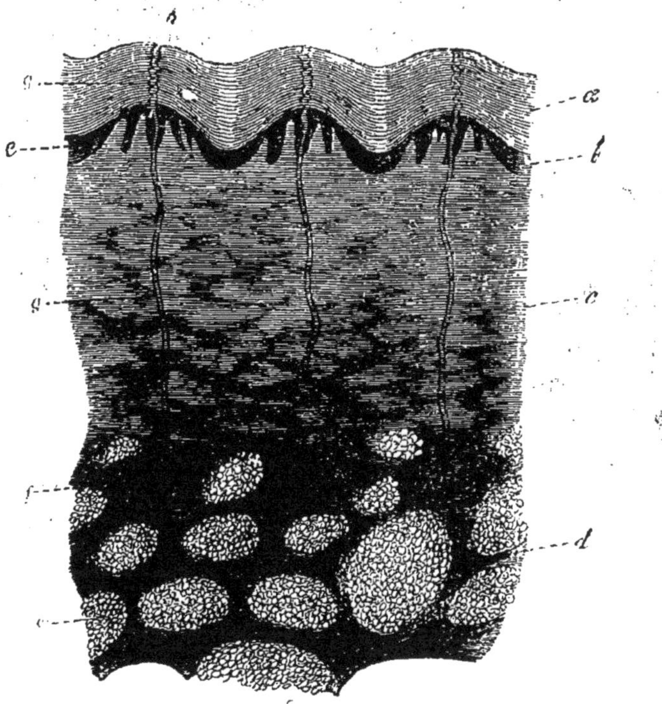

Fig. 6. — Coupe de la peau (grossie 20 fois) : *a*, couche superficielle ou *cornée* de l'épiderme; *b*, sa couche *muqueuse ; c*, *derme ; d*, tissu *sous-cutané* dans lequel se trouvent de petites masses graisseuses, *e ; f*, glandes de la *sueur : g*, leur canal excréteur; *h*, leur orifice.

celui qu'il nous importe le plus de connaître. Mais il m'arrivera souvent de présenter les faits de manière à vous enseigner les conditions de la vie des autres animaux et surtout de ces Mammifères à la classe desquels nous appartenons.

Nous nous occuperons tout d'abord de la *Peau*, de l'enveloppe du corps, qui porte chez les Mammifères des poils, chez les Oiseaux des plumes, des écailles chez les Poissons, et dont la couche superficielle s'épaissit en fausses écailles chez les Reptiles, tandis qu'elle reste molle chez la plupart des Batraciens.

Structure de la peau. — La peau est mobile; on peut aisément, et sans produire de graves désordres anatomiques, la séparer du corps. Elle présente une certaine épaisseur, et, si nous la coupons dans le sens de cette épaisseur, nous la trouvons composée de deux couches (fig. 6).

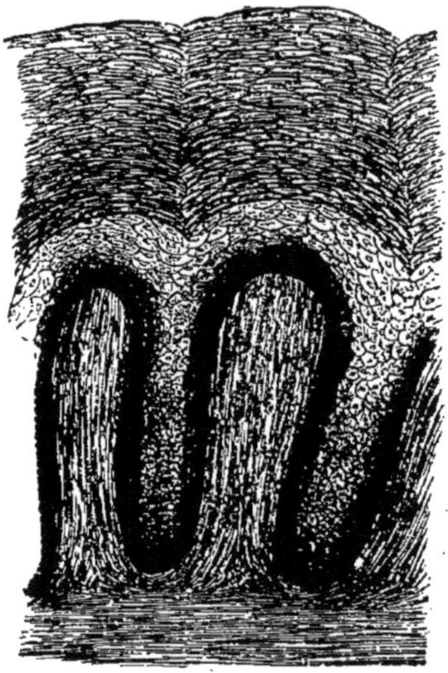

Fig. 7. — Coupe de la peau (grossie 25 fois), montrant les variations de forme des cellules de l'épiderme, depuis la couche muqueuse qui revêt les papilles du derme jusqu'à la surface extérieure.

La plus profonde contient des nerfs et des vaisseaux sanguins nombreux; sa surface libre est hérissée de petites saillies que l'on nomme *papilles* (fig. 7). Dans beaucoup de ces papilles se termine un filet nerveux; c'est à elles que la peau doit son exquise sensibilité; nous en reparlerons quand nous en arriverons à l'étude des sensations. Sur les papilles se voient plusieurs rangées de cellules; les plus profondes sont régulièrement disposées et présentent la forme ovoïde; mais, plus on s'élève, et plus elles deviennent irrégulières, aplaties.

On donne à cette couche cellulaire qui se renouvelle continuellement, et où ne se trouvent ni nerfs ni vaisseaux, le nom d'*épiderme* (ἐπί, sur: sur le derme), parce que le nom de *derme* (δέρμα, peau) appartient à la couche profonde.

Les cellules de l'épiderme, comme je viens de vous le dire, ne sont pas identiques dans toute leur épaisseur. Les plus profondes, qui sont les plus jeunes, et qui naissent incessamment au contact du derme, sont molles, semi-liquides et plus ou moins ovoïdes (fig. 8, A); elles constituent ce qu'on appelle la *couche muqueuse* de l'épiderme.

Ces cellules présentent, au maximum de netteté, la structure type d'une cellule complète, c'est-à-dire qu'on y voit une *membrane d'enveloppe*, un *liquide* épais contenant des *granulations* extraordinairement fines, un *noyau*, et dans l'intérieur de celui-ci un *nucléole*. Je vous dirai en passant que, dans beaucoup d'espèces de cellules, le contenu est demi-solide, et la membrane d'enveloppe, qui n'en est qu'un épaississement, ne se distingue pas de la masse ; l'existence de cette membrane n'a donc pas grande importance. Il en est autrement du noyau, qui ne manque jamais, au moins dans les cellules encore jeunes.

Dans les couches superficielles, dites *cornées*, de l'épiderme, le liquide intra-cellulaire disparaît, et les dimensions verticales des cellules diminuant de plus en plus, elles ne sont plus à la surface que

Fig. 8. — Cellules de l'épiderme très grossies : A, jeunes, dans la couche profonde, gonflées de liquide, montrant le *noyau* et le *nucléole* ; B, vieilles, des couches superficielles, aplaties, avec noyau à peine reconnaissable.

de petites écailles desséchées, qui se séparent sous forme de poussière insensible (fig. 8, B).

Les cellules de l'épiderme ont, dans la couche muqueuse, environ $0^{mm},01$ de haut et $0^{mm},005$ de large ; dans la couche cornée, elles n'ont guère en moyenne que $0^{mm},05$ d'épaisseur, avec $0^{mm},025$ de dimension transversale. Le noyau mesure environ $0^{mm},003$. Toutes ces dimensions varient du reste beaucoup, presque du simple au double. Je n'y ai insisté que pour vous familiariser avec la notion de la cellule.

Les diverses colorations que présente la peau sont dues aux granulations des cellules épidermiques, qui varient singulièrement en nombre et en couleur, non seulement d'une espèce animale à une autre, non seulement d'une race à une autre (comme le nègre comparé au blanc), non seulement chez le même être d'un point du corps à un autre, mais encore, sur le même point, suivant l'intensité de la lumière solaire à laquelle elle est exposée. Vous connaissez toutes des exemples de cette coloration accidentelle, et l'avez observée sur vous-mêmes, j'en suis sûr, au visage et aux mains, après un séjour à la campagne. Ce sont les rayons violets du spectre solaire, ceux qui agissent dans la photographie, qui produisent cette augmentation dans le *pigment cutané*, ces *taches de rousseur*.

L'épaisseur de l'épiderme varie plus encore que sa couleur suivant les régions du corps. D'une manière générale, elle est d'autant plus grande que le point considéré est exposé à plus de frottements ; il suffit de comparer l'épiderme en couche épaisse qui revêt et protège le talon avec celui si mince des lèvres ou des paupières. Les ouvriers qui manient de durs outils voient se développer des épaississements épidermiques sur les points de contact, si bien qu'ils arrivent à porter sur leur corps les marques et comme le signe de leur profession.

PRODUCTIONS CUTANÉES

Les poils. — A la surface de la peau apparaissent presque partout des filaments de forme et d'aspect très variés, qu'on appelle les *poils*.

Les poils sont obliquement implantés dans le derme (fig. 9) : ils prennent naissance sur une petite *papille* située au fond d'une excavation, papille qui, comme les autres, produit des cellules ; mais celles-ci, au lieu de s'aplatir, s'allongent, se soudent les unes aux autres et constituent le long cylindre qu'on appelle le poil.

Il y a donc à considérer dans un poil la *racine*, implantée dans le *follicule*, et la *tige* ou partie libre (fig. 10). La structure du poil est assez compliquée ; on y distingue une écorce dont la couleur détermine celle du cheveu, et une moelle qui est souvent fort réduite.

Les poils s'usent sans cesse par leur extrémité et croissent sans cesse par leur base. Chez certains, la croissance marche plus vite que l'usure, et ils grandissent plus ou moins : tels sont les cheveux, et chez l'homme les poils de la barbe. Les parties dites *nues* de la peau humaine sont toutes couvertes en réalité de petits poils, sauf la plante des pieds et la paume des mains ; mais il faut regarder de près pour les voir. Des excitations incessantes, comme celles du rasoir, les déterminent à grossir; ils grossissent aussi tout seuls avec l'âge, sur certains points, comme à la figure. Mais il ne

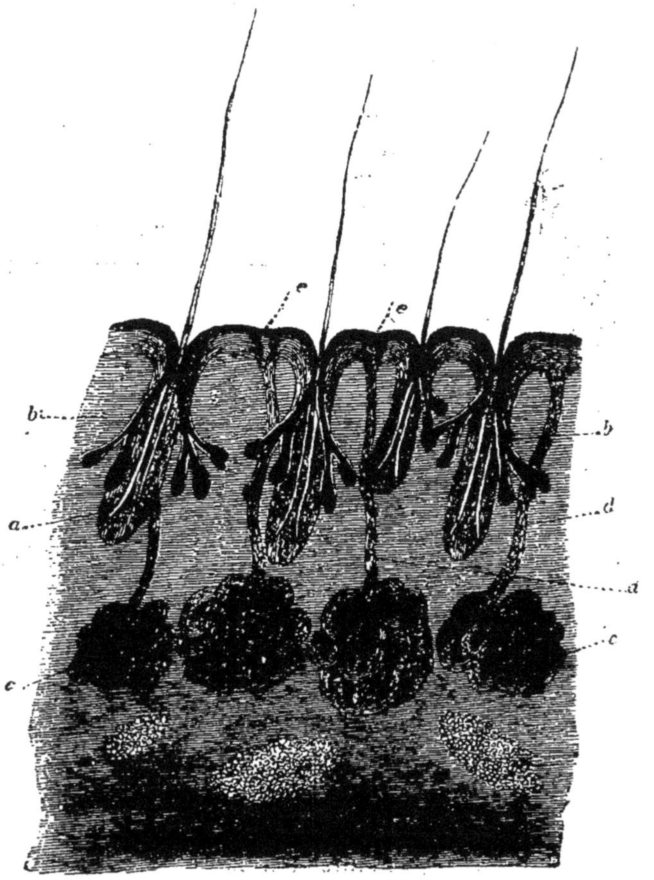

Fig. 9. — Coupe de la peau (grossie 20 fois), montrant des poils avec le follicule *a* dans lequel ils prennent naissance, et les glandes huileuses *b*, qui leur sont annexées *c*, glandes de la sueur, avec leurs conduits *d*, s'ouvrant en *e*, à la surface de la peau.

faudrait pas croire que la barbe qui pousse au menton est composée de poils nouveaux : c'est le duvet de l'enfant, dont chaque élément a grossi. On a vu des hommes, et il s'en faisait une exhibition récemment à Paris sous le nom d'*hommes-chiens*, dont tout le duvet avait ainsi grossi, et qui étaient couverts de poils, sans en avoir cependant un de plus que le commun des mortels (fig. 11).

Quand on arrache un poil, il repousse, sa papille continuant à former des cellules (fig. 12) : jamais l'*épilation* ne détruira le poil. Chez beaucoup d'animaux, il se fait, à des époques régulières, des chutes spontanées des poils, des *mues :* ils repoussent ensuite (fig. 13), généralement plus gros et plus longs en hiver.

Le poil est vivant, au moins dans une grande partie de sa longueur. Quand il blanchit naturellement, par les progrès de l'âge, — ce qui peut arriver quelquefois dans la jeunesse, — c'est toujours par son extrémité libre. Cette transformation du cheveu est caractérisée par la présence d'air dans la partie corticale.

Fig. 10. — Structure du poil et du follicule qui le porte (grossissement, 50) : *a*, tige du poil; *b*, sa racine ; *c*, papille ; *d*, conduits excréteurs des glandes sébacées ; *e*, derme ; *f*, épiderme.

A chaque poil est annexée une petite *glande* (c'est le nom que l'on donne en anatomie à des organes qui forment, qui *sécrètent*, c'est l'expression consacrée, des matières liquides : glandes de la sueur, des larmes, de la salive, etc.). La glande du poil, dite glande *sébacée* (fig. 15, *b*, et 19, *d*), sécrète un liquide huileux, fort utile pour conserver au cheveu sa souplesse. Cette graisse oint notre peau, et est cause qu'elle ne peut être, en réalité, mouillée; mais à la paume et à la plante, les seuls points de notre corps où il n'y a ni poils ni glandes sébacées, la peau peut s'imbiber, gonfler, comme vous l'avez toutes vu dans les bains.

Une autre annexe du poil est un petit muscle (fig. 13, *c*) qui s'insère d'une part à la peau, de l'autre à la partie profonde du poil. Lorsque ce muscle se contracte, il redresse le poil, ce qui donne à la peau un aspect grenu spécial, bien connu sous le nom de *chair de poule* : effet qui peut être produit par l'action du froid, ou par des émotions violentes, comme la terreur : d'où le nom d'*horripilation* qui lui est souvent donné.

Les poils présentent des formes extrêmement variées chez les diverses espèces de mammifères.

Fig. 11. — Une famille velue en Birmanie : Shwe-Maou, sa fille et son petit-fils.

Rappelez-vous et comparez le cheveu de l'homme, la laine frisée du mouton, le poil sec et dur du chien, le crin long et flexible du cheval, etc. Parfois, les changements sont plus étonnants encore : les piquants du hérisson, les dards du porc-épic, ne sont que des poils modifiés. Ce sont des poils dont la réunion, la soudure, forme les écailles du pangolin (fig. 14), et c'est encore de poils agglutinés qu'est composée la corne du rhinocéros.

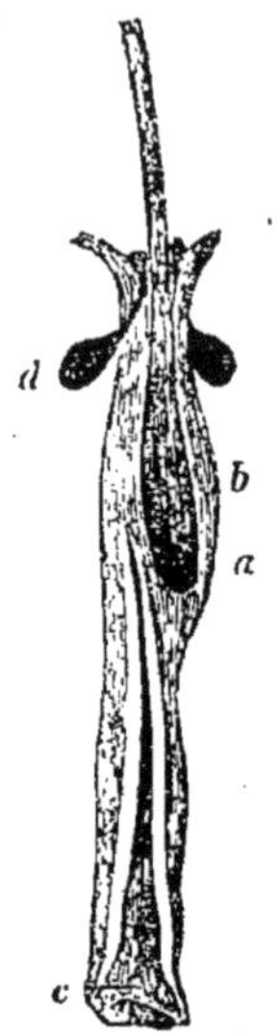

Fig. 12. — *Mue :* le jeune poil se développe au-dessous de l'ancien qu'il va remplacer ; *a*, racine de l'ancien poil ; *b*, sa tige ; *c*, nouveau poil : *d*, glandes sébacées.

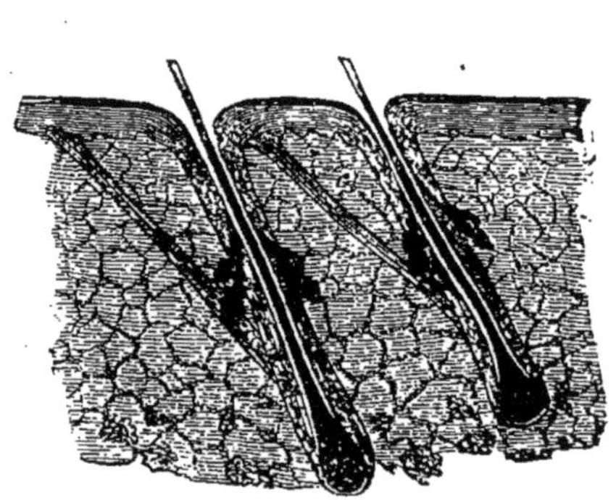

Fig. 13. — Coupe de la peau (cuir chevelu) : *c*, muscle du poil.

Ongles. — Une production cutanée tout à fait analogue aux poils, ce sont les *ongles*.

Ces organes sont en effet constitués, eux aussi, par des cellules

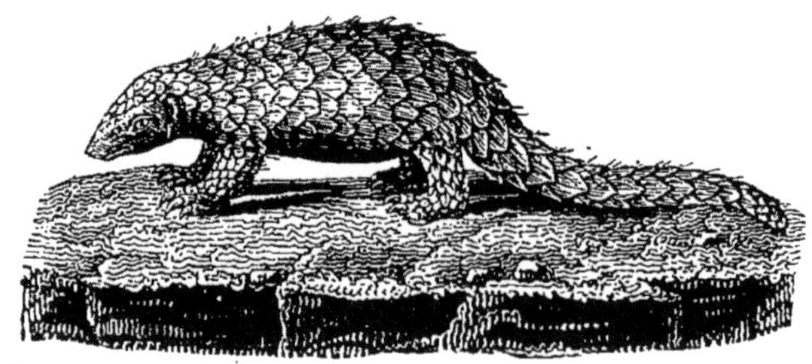

Fig. 14. — Pangolin.

épidermiques se développant en abondance sur des papilles spéciales (fig. 15, 16). Mais ces cellules, au lieu de se réunir en une petite tige, s'accolent en s'aplatissant pour former une lamelle cornée qui se moule sur les parties sous-jacentes, et leur adhère intimement.

L'ongle grandit d'arrière en avant, comme chacun sait, et peut

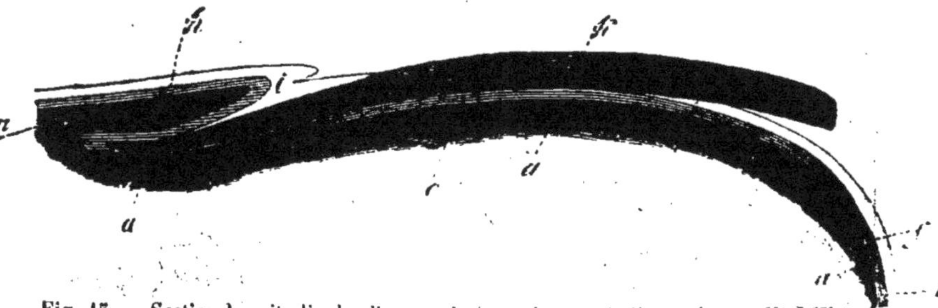

Fig. 15. — Section longitudinale d'un ongle (grossissement, 8) : *a*, derme, lit de l'ongle : *b*, *c*, couche muqueuse de l'épiderme ; *f*, *h*, *i*, sa couche cornée ; *k*, ongle.

atteindre des dimensions très considérables lorsqu'on ne le rogne pas ; on s'en fait un ornement dans certains pays (fig. 17). Il peut

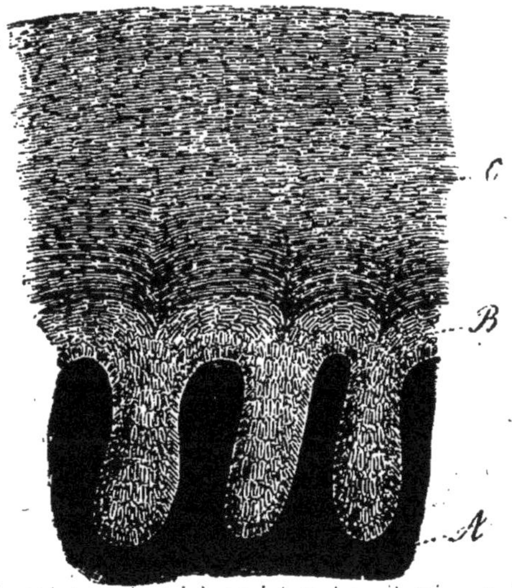

Fig. 16. — Section transversale de l'ongle (grossissement, 350) : *A*, derme ou lit de l'ongle ; *B*, couche muqueuse de l'épiderme ; *C*, ongle remplaçant la couche cornée. On voit les cellules épidermiques s'aplatir et se souder dans l'ongle.

tomber et repousser comme le cheveu, à la suite de diverses maladies. Il est alors reproduit par toute la surface du *lit* sur laquelle il reposait.

Glandes sudoripares. — Pour finir avec l'histoire de la peau, je vous dirai que dans l'épaisseur du derme on trouve encore, de place en place, des corps formés d'un tube enroulé, qui arrive déboucher entre les papilles de la peau, par un canal plus ou moins

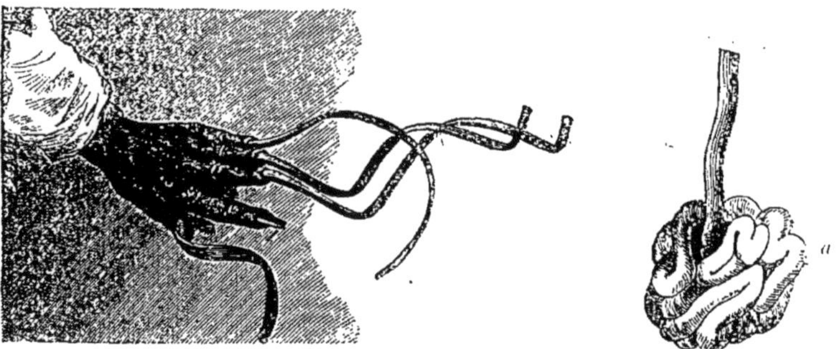

Fig. 17. — Main de grand seigneur Annamite.

Fig. 18. — Glande sudoripare (grossie 22 fois) : *a*, glande; *b*, son conduit.

long (fig. 9, *c*, *d*, *e*, et fig. 18). C'est là que se forme la *sueur*, liqueur acide ; et ces petits corps sont nommés *glandes sudoripares*. Ils sont extrêmement nombreux chez l'homme; on en estime le

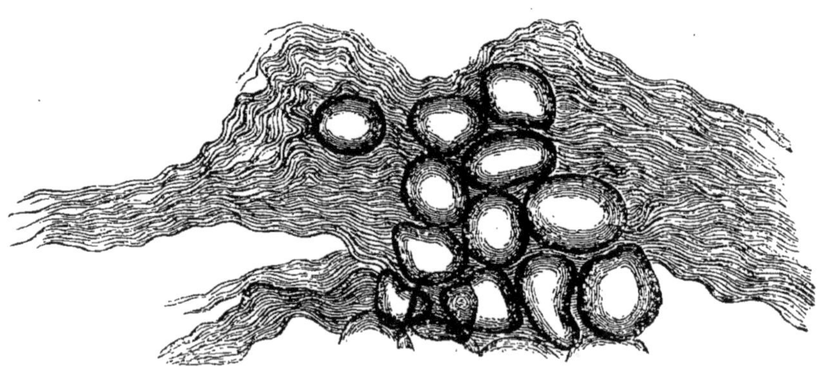

Fig. 19. — *Tissu conjonctif* contenant des *cellules adipeuses* (grossissement, 350).

nombre total à environ 2 millions. Pour le dire en passant, la surface moyenne de la peau humaine est d'environ un mètre carré et demi.

Tissu cellulaire. — La peau recouvre tous les organes. Elle peut, vous ai-je dit, en être facilement détachée, mais cependant elle n'est pas absolument indépendante des parties sous-jacentes, et il suffit d'avoir vu écorcher un lapin pour connaître la nature de ces adhérences sous-cutanées.

Ce sont des filaments, des lamelles, des tractus, fort irréguliers, circonscrivant des mailles, des espaces auxquels, avant de savoir ce qu'est véritablement la cellule, élément anatomique, on avait donné le nom de cellules, d'où le mot de *tissu cellulaire* sous lequel on désigne fréquemment ce tissu. Comme il se rencontre en outre interposé à tous les organes, on l'appelle aussi *tissu conjonctif*. Il s'y trouve en abondance de vraies cellules qui fort souvent se gonflent et se remplissent de graisse, d'où leur nom de cellules *adipeuses* (fig. 19). Chez beaucoup d'animaux et surtout chez les mammifères aquatiques, cette graisse forme une couche continue sous le derme, un *lard*, qui les protège contre le froid.

APPAREIL DIGESTIF ET DIGESTION

APPAREIL DIGESTIF

Bouche. — Son orifice d'entrée est la *bouche*, cavité de formes variables selon les animaux, mais que déterminent des parties osseuses, ou mâchoires. La mâchoire supérieure est fixe, solidement soudée au crâne ; l'inférieure se meut sur elle, et peut alternativement s'élever et descendre, grâce à une articulation qui se trouve un peu en avant de l'oreille.

La *cavité buccale* est déterminée par les *joues* et les *lèvres*, enveloppes cutanées doublées de muscle.

Dents. — Les mâchoires portent des *dents*. Le nombre et la forme de ces dents diffèrent beaucoup, suivant que l'on considère les divers mammifères. La forme surtout est en rapport avec le genre de nourriture : les dents sont tranchantes, coupantes, chez les animaux qui se nourrissent de proie vivante, de chair; élargies et propres à la trituration, chez ceux qui ne broient que des végétaux; hérissées de pointes aiguës, lorsqu'il s'agit de briser des carapaces d'insectes, etc... Au milieu de toutes ces variations de formes, on distingue les dents en trois catégories : les *incisives*, les *canines* et les *molaires*. A la mâchoire supérieure on nomme : *incisives*, les dents qui s'implantent dans les os intermaxillaires; *molaires*, celles qui s'implantent dans les os maxillaires; *canines* (une de chaque côté seulement), celles qui sont sur la limite du maxillaire et de l'intermaxillaire (fig. 20). A la mâchoire inférieure, on nomme canine la dent qui est immédiatement antérieure à la canine d'en haut, incisives celles qui sont en avant de la canine, molaires celles qui viennent après.

Ces noms sont tirés de la forme particulière qu'affectent ces dents chez l'homme, et du rôle qu'elles jouent. Chez lui, en effet, les incisives, plates, tranchantes, incisent; les molaires (de *mola*) triturent; quant aux canines, leur nom vient, il faut bien l'avouer, de leur ressemblance avec la dent aiguë du chien, ou au moins de ce que, chez les chiens et les carnassiers, ces dents sont extrêmement développées.

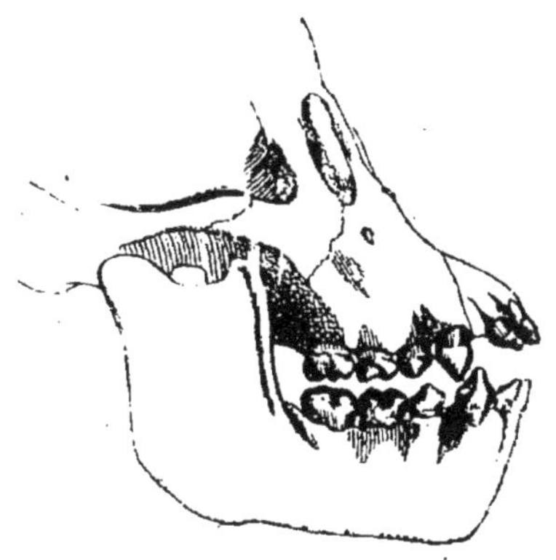

Fig. 20. — Mâchoires de singe, montrant les trois sortes de dents.

La forme des dents diffère extraordinairement d'un mammifère à l'autre. Il suffit de citer, par exemple, à côté des dents humaines, celles du lapin, de l'hippopotame, de l'éléphant. Leurs usages sont naturellement en rapport avec leurs formes. Il a donc fallu, pour s'y reconnaître, leur imposer des noms, et l'on s'est accordé pour employer, si peu exacte qu'elle soit, la nomenclature des dents humaines. Il y a donc, chez certains mammifères, des incisives qui ne coupent pas, des molaires qui ne broient pas, des canines qui ne ressemblent pas à la dent aiguë du chien.

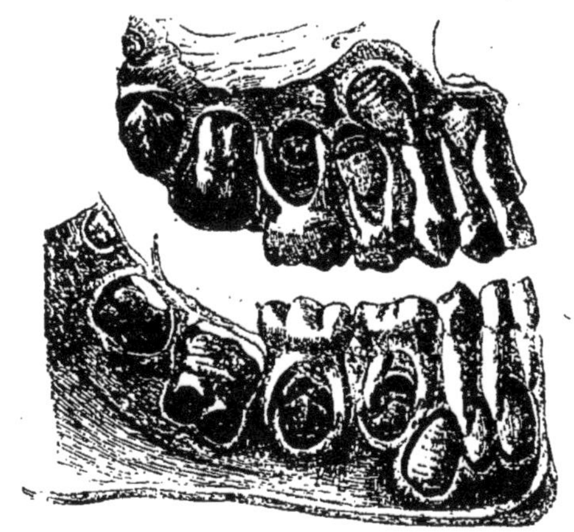

Fig. 21. — Mâchoires humaines, montrant la première dentition et les germes des dents de la deuxième dentition.

Tous les mammifères sont sujets, à un âge qui varie, à la chute de leurs dents (dites dents *de lait*), et à une seconde dentition (fig. 21). Dans celle-ci, on voit toujours apparaître quelques nouvelles molaires en sus de celles qui existaient déjà. Vous les verrez, dans les livres, désignées sous le nom fort mauvais de *vraies molaires*, les molaires de remplacement s'appelant alors *fausses molaires*.

L'homme possède à chaque mâchoire, quand il a sa seconde dentition complète, 4 incisives, 2 canines, 10 molaires, soit 32 dents en tout (fig. 22). Mais lors de sa première dentition les molaires sont

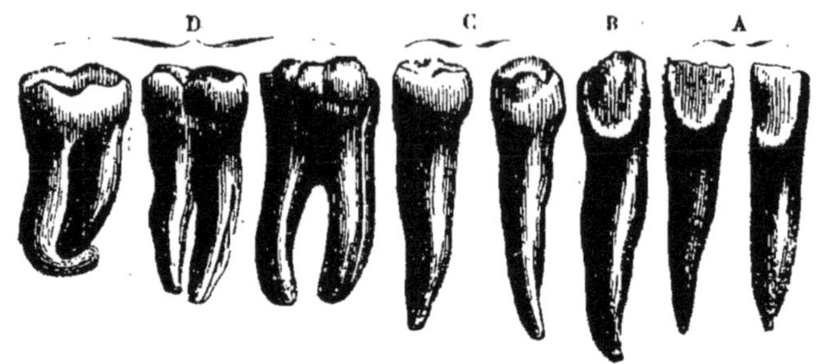

Fig. 22. — Dents humaines : A, incisives; B, canine; C, petites molaires, D, grosses molaires.

au nombre de 4 seulement, ce qui ne donne à l'enfant que 20 dents. La première dentition disparaît de 7 à 12 ans; la seconde n'est parfois complète que très tard : je connais un vieillard illustre, âgé de 76 ans, auquel vient de pousser une des dernières molaires, dites *dents de sagesse*.

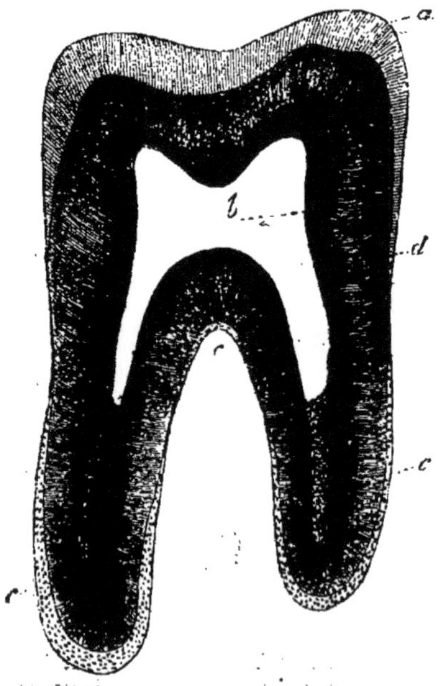

Fig. 23. — Dent molaire humaine, coupe longitudinale : *a*, émail ; *b*, cavité dentaire, *c*, cément ; *d*, ivoire.

Structure des dents. — Quels que soient leur forme et leur nom, les dents sont composées de deux substances (fig. 23) : une enveloppe assez mince, mais dure et brillante, à laquelle on donne le nom d'*émail*, et une masse fondamentale appelée *dentine*, ou *ivoire* ; celle-ci est creusée d'une cavité où se trouve une petite masse charnue, ou *pulpe*, pénétrée par des nerfs et des vaisseaux sanguins. Une troisième partie, le *cément*, qui a la structure de l'os, se superpose en certains points à l'ivoire recouvert ou non d'émail ; peu abondant chez l'homme, le cément joue un rôle important dans les dents de beaucoup d'animaux.

Rien de plus élégant à voir au microscope que la structure d'une dent ; une tranche très mince montre dans l'émail des prismes très fins (fig. 24), dans l'ivoire des tubes ramifiés, dits *canalicules dentaires* (fig. 25). Au point de vue chimique, il y a là, comme nous le verrons pour les os, une partie pierreuse, qui se dissout dans les acides, et une partie animale, qui résiste à leur action.

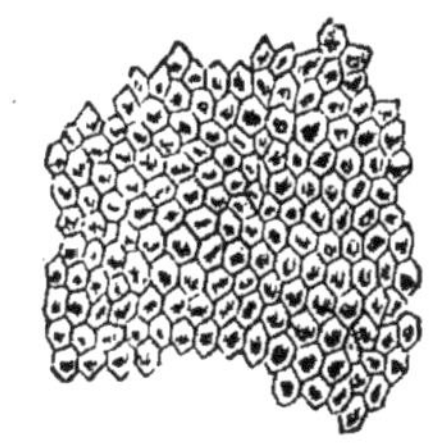

Fig. 24. — Surface de l'émail montrant les extrémités des fibres (grossiss. 350).

L'émail est formé par un organe spécial, une sorte de poche, qui coiffe la dentine, comme un bonnet de coton coiffe la tête.

La papille de la dent forme sans cesse les tubes de la dentine. Cela se voit très nettement dans les incisives des Rongeurs et des

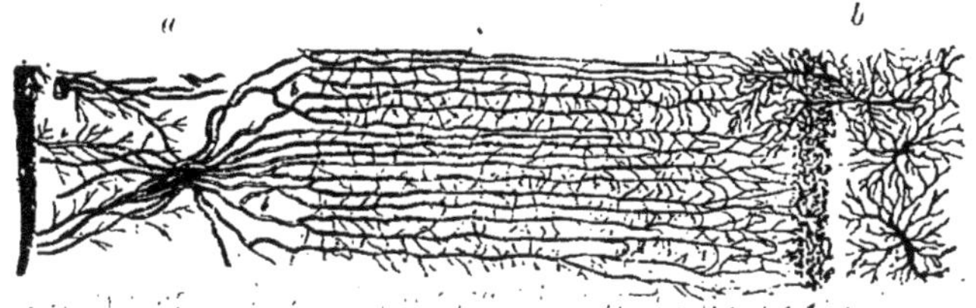

Fig. 25. — Ivoire et cément (grossiss., 175) : *a*, surface profonde de l'ivoire, avec peu de canalicules ; *b*, corpuscules osseux du cément.

Éléphants, qui grandissent indéfiniment, les couches nouvelles d'ivoire poussant les anciennes. C'est pour cette raison, disons-le en passant, que la dent d'un lapin grandit indéfiniment quand on a arraché celle qui frottait contre elle, et l'usait sans cesse (fig. 26). Mais dans la plupart des dents, et notamment dans les nôtres, la forme de la papille fait qu'elle s'étrangle par le développement concentrique des couhes nouvelles ; l'accroissement ne se faisant plus qu'en dedans, la dent ne grandit pas, si bien que sa cavité diminue de plus en plus en dimension, jusqu'à ce qu'enfin la papille s'atrophie, et que la dent tombe de vieillesse.

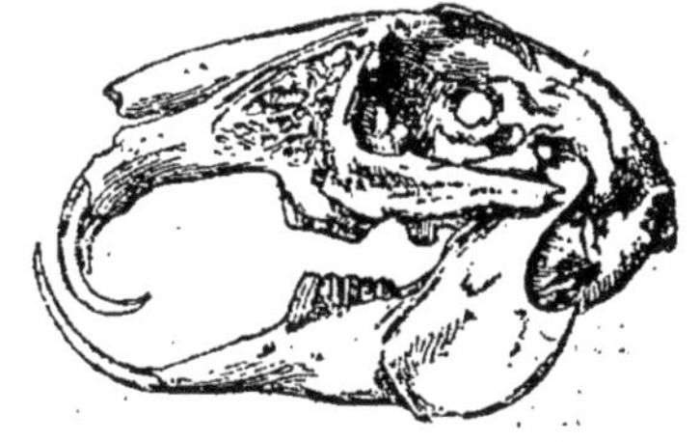

Fig. 26. — Incisives d'un lapin dont on a arraché les dents correspondantes.

Les dents de remplacement se forment sur des papilles à côté des anciennes (fig. 27).

Mastication. — Voici décrite la partie principale de l'appareil de la *mastication;* cet acte, très variable dans ses détails d'exécution, est nécessaire à l'alimentation de presque tous les mammifères.

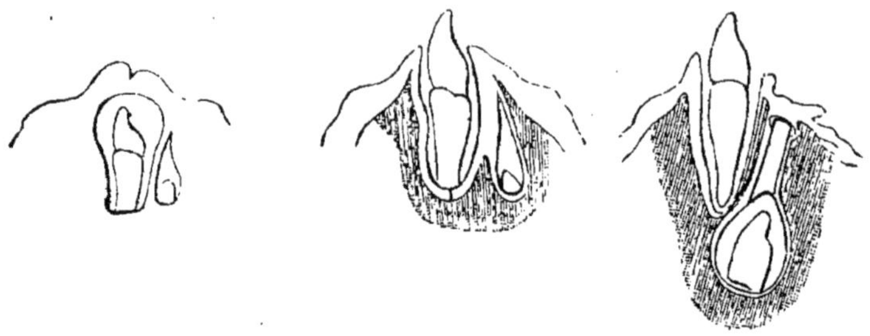

Fig. 27. — Développement d'une dent de lait et de sa dent de *remplacement* (figure schématique).

Les aliments hachés ou broyés par les dents sont promenés dans la cavité buccale et ramenés sous les meules dentaires par la *langue*, organe charnu, de dimensions variables suivant les animaux, formé de nombreux muscles, qui partent les uns d'un os nommé *hyoïde* (Υ, et εἶδος), situé immédiatement au-dessus du larynx, les autres de la mâchoire inférieure. Nous aurons à nous occuper de la langue avec quelques détails en d'autres circonstances. Je me contenterai aujourd'hui de la mentionner en passant.

Son action est favorisée par les liquides *salivaires* dont nous parlerons dans un instant. Réduites ainsi en une sorte de bouillie, les substances alimentaires sont entraînées au fond de l'arrière-bouche, au-delà de deux piliers charnus qu'on voit aisément s'élever de chaque côté, lorsqu'on ouvre largement la bouche devant une glace ; ces deux piliers déterminent l'*isthme du gosier.*

Déglutition. — Jusque-là, la volonté avait sur les aliments tout empire. Nous pouvions les promener dans toutes les parties de la bouche, les rejeter au dehors ou nous décider à les avaler. Mais, une fois cet isthme franchi, c'en est fait; en vain voudrions-nous rappeler dans la bouche le *bol alimentaire*, il est trop tard, et sa course continue fatalement vers les organes qui sont chargés d'achever sa préparation.

C'est le premier exemple que nous rencontrons de *mouvements échappant à la volonté*. Or, presque tous les mouvements qui ont pour résultat d'exécuter quelque acte indispensable à la vie de l'animal font partie de cette catégorie ; tels sont, en effet, tous les mouvements des organes digestifs, dont nous allons dire un mot ; tels sont les battements du cœur ; tels sont encore, en partie du moins, les mouvements respiratoires, car, si nous pouvons les accélérer ou les ralentir à volonté, il nous serait impossible de les arrêter tout à fait. La plupart des mouvements que l'on pourrait appeler *de protection* sont encore dans le même cas : c'est ainsi, par exemple, que nos paupières se ferment malgré nous, lorsqu'un corps étranger menace nos yeux.

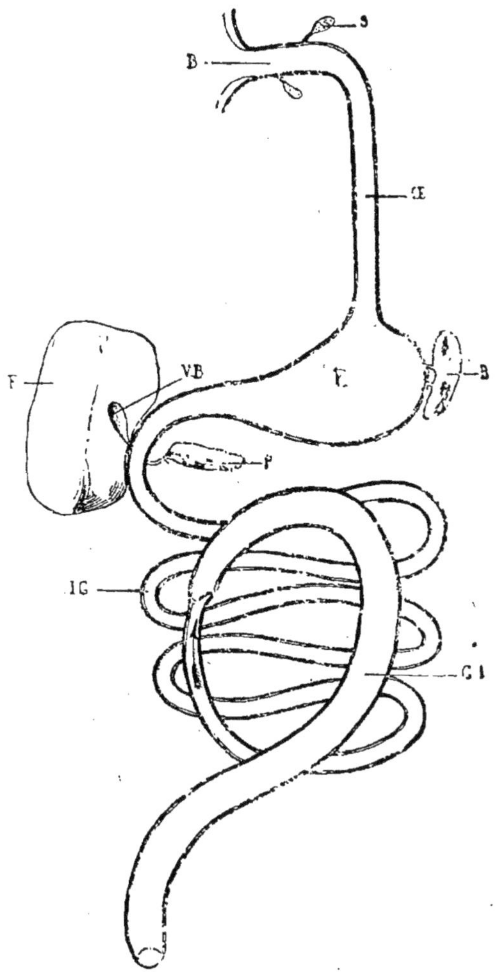

Fig. 28. — Appareil digestif (figure schématique) : B, bouche ; S, glandes salivaires ; Œ, œsophage ; E, estomac ; R, rate ; F, foie ; VB, vésicule biliaire ; P, pancréas ; IG, intestin grêle ; GI, gros intestin.

Tube digestif. — Mais laissons là cette digression, et revenons aux mouvements digestifs. Le bol alimentaire, ayant franchi l'isthme du gosier, passe alors rapidement, arrive dans le haut d'une sorte d'entonnoir musculeux, le *pharynx* (fig. 28), qui le saisit et le lance pour ainsi dire dans un conduit long et étroit. Celui-ci suit la colonne vertébrale dans toute la longueur du thorax, traverse le diaphragme, et, immédiatement au-dessous, débouche dans l'estomac par le *cardia*. Ce conduit, on le nomme *œsophage* (οἴσειν, porter ; φαγεῖν, manger).

Il est musculeux, comme l'*estomac*, comme l'*intestin* qui fait suite à l'estomac. Grâce à ces muscles, l'aliment chemine de haut en bas, imbibé sur son passage par des sucs de diverses natures, qui modifient sa forme, sa composition chimique même, en telle sorte qu'on ne saurait plus reconnaître sa nature primitive. Il est alors apte à être *absorbé* pour aller réparer les pertes incessantes de l'organisme.

L'*estomac* est une cavité simple chez l'homme et la plupart des animaux carnassiers; mais chez beaucoup de mammifères il présente plusieurs loges dont le jeu, chez certains Mammifères, produit la ***Rumination***. Son orifice de sortie, nommé le *pylore*, donne dans l'*intestin grêle*, sorte de tube très long, qui s'enroule sur lui-même en circonvolutions nombreuses. Enfin, vient le *gros intestin*, que les anatomistes divisent en *cæcum*, *côlon* et *rectum*, où arrivent les résidus des matières alimentaires que les actes digestifs n'ont pu utiliser.

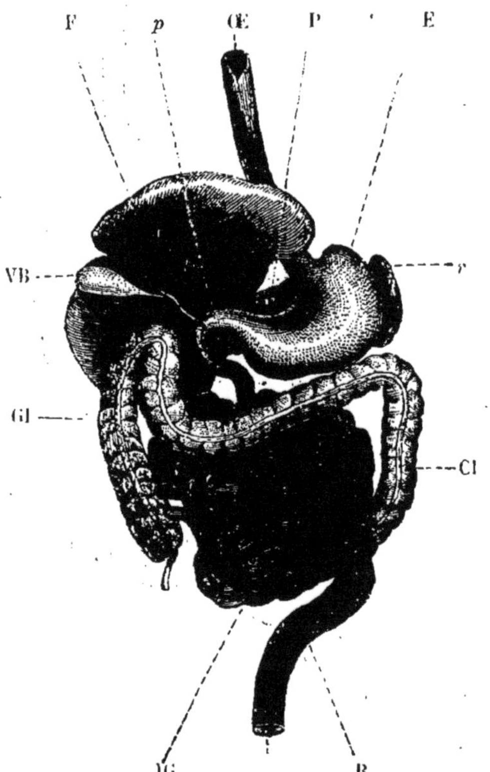

Fig. 29. — Tube intestinal de l'homme ; Œ, œsophage ; E, estomac ; r, rate ; p, pylore ; F, foie renversé ; VB, vésicule biliaire ; P, pancréas ; IG, intestin grêle, Gl, gros intestin ; R, rectum.

Sans parler ici des modifications de forme que présentent chez divers mammifères, et notamment chez les ruminants, comme le Cerf, le Chameau, les diverses parties de l'appareil digestif, je dois vous dire que ses dimensions en longueur et en grosseur varient avec la nature des aliments employés : elles sont d'autant moindres que la nourriture de l'animal est plus riche en matières animales, en chair, aliment facilement assimilable. Je puis vous prouver cette assertion en vous disant que, chez le chat, par exemple, le tube digestif tout entier est seulement 3 ou 4 fois plus long que le corps lui-même, tandis qu'il l'est 28 fois environ chez le mouton. L'homme, qui use d'une nourriture mixte, est intermédiaire, sous ce rapport, aux herbivores et aux carnassiers ; son tube digestif (fig. 29) est 7 à 8 fois plus long que son corps.

Structure du tube digestif. — Le tube digestif est formé par un refoulement de la peau ; figurez-vous, pour vous en donner une idée, un doigt de gant replié sur lui-même. Ainsi repliée, la peau prend le nom de *muqueuse*, et son épiderme celui d'*épithélium* (ἐπί, sur ; θήλη, mamelon).

A sa face profonde, comme du reste à celle de la peau, se voit une tunique musculeuse, composée de fibres dirigées dans le sens de la longueur du tube, *fibres longitudinales*, et de fibres beaucoup plus nombreuses, en couche continue, dirigées transversalement, comme des anneaux juxtaposés, *fibres circulaires* ou *transversales* (fig. 30). Les contractions de ces fibres déterminent le cheminement des aliments, et servent ainsi, en les remuant et les brassant, à les mêler avec les sucs digestifs, dont je vais vous indiquer la source et le mode d'action.

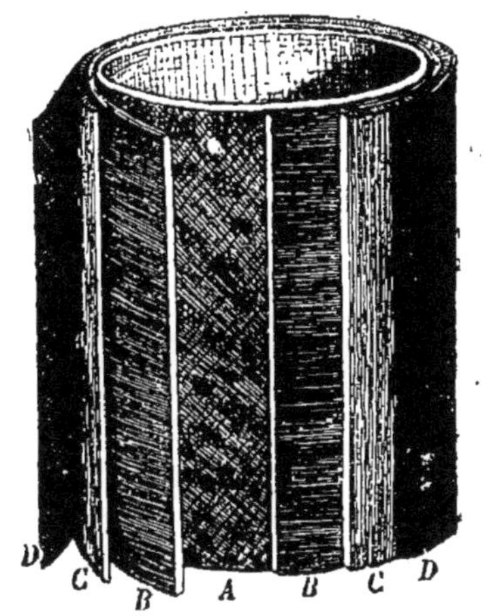

Fig. 30. — Fragment d'intestin. Figure schématique montrant de la superficie à la profondeur : A, la couche *muqueuse* et ses glandes ; B, la couche *musculeuse* à fibres transversales : C, la couche *musculeuse* à fibres longitudinales ; D, la couche *séreuse*.

L'épithélium est composé de cellules qui, au lieu de devenir cornées, comme celles de l'épiderme, restent humides, gonflées, et tombent en se renouvelant sans cesse, si bien que sur plusieurs points il n'en existe qu'une seule couche (fig. 31). C'est l'affluence incessante des liquides qui produit cet effet ; aux lèvres, l'épithélium, qui cesse d'être toujours imbibé de sucs, passe à l'épiderme.

Ces liquides sont, d'une part, ceux qu'introduit l'alimentation ;

d'autre part, ceux que déversent à la surface de l'intestin d'innombrables petites glandes.

Je vous ai déjà dit qu'on appelle *glande* un organe qui fabrique

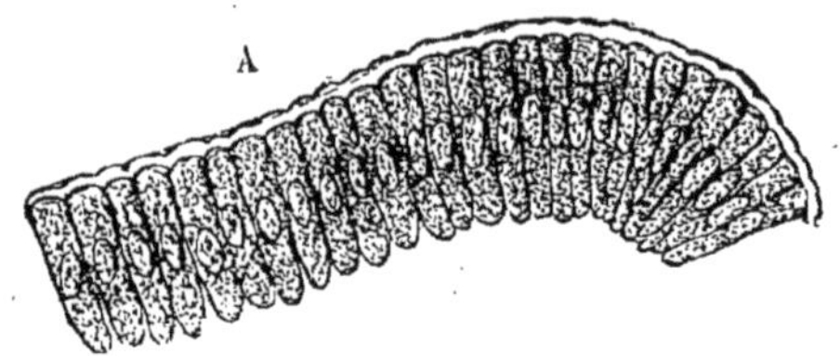

Fig. 31. — Épithélium intestinal à un seul rang de cellules (grossiss., 300).

au moyen de matériaux que lui apporte le sang, des substances particulières, lesquelles en sortent dissoutes dans l'eau qu'a aussi fournie le sang. Nous avons déjà rencontré les glandes sudoripares et les glandes sébacées. Il existe de ces glandes, et non en moindre nombre, sur tous les points de la muqueuse intestinale.

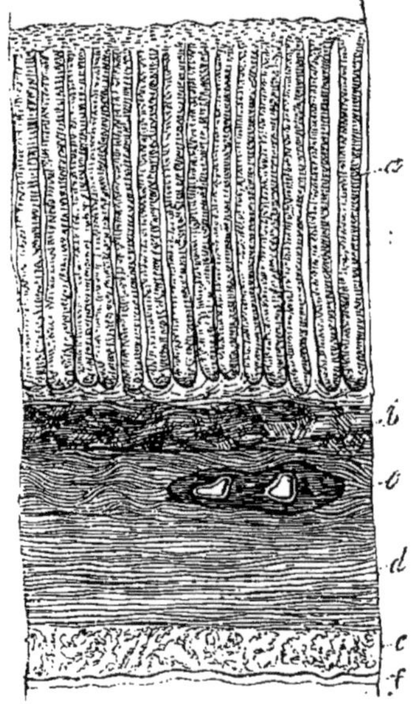

Fig. 32. — Section des tuniques de l'estomac (grossiss., 30) : *a*, glandes dans la muqueuse ; *d*, couche des fibres musculeuses transversales ; *e*, couche des fibres musculeuses longitudinales ; *f*, tunique séreuse.

Leurs formes sont très variées ; tantôt elles sont tubulaires (fig. 32), comme une partie de celles de l'estomac ; tantôt elles forment de petites cavités closes ou ouvertes (fig. 33). Ce sont là les glandes dites *simples*. Il existe aussi des glandes *composées*, auxquelles une comparaison qui s'impose en quelque sorte a fait donner le nom de *glandes en grappe* (fig. 35). Les follicules clos sont quelquefois réunis en masses plus ou moins considérables. C'est ainsi que sont constituées les *amygdales* (ἀμυγδάλη, amande) (fig. 34) placées au fond de la gorge entre les piliers du voile du palais. Sur certains points de l'intestin grêle, des follicules clos sont accumulés en plaques (fig. 35) nommées, à cause de l'anatomiste qui les a décrites, *plaques de Peyer*.

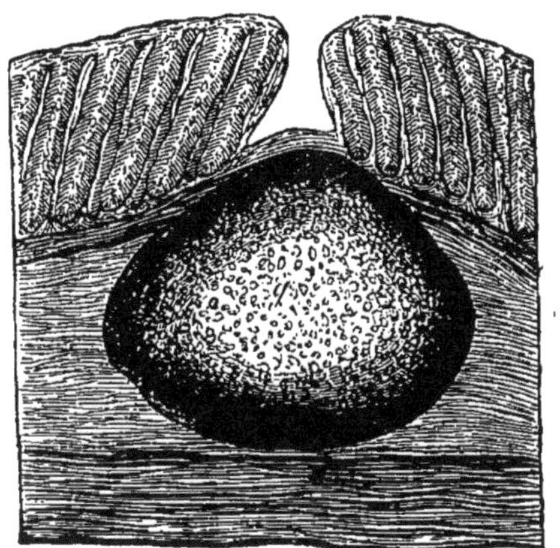

Fig. 33. — Glande simple de l'intestin. (grossiss., 45).

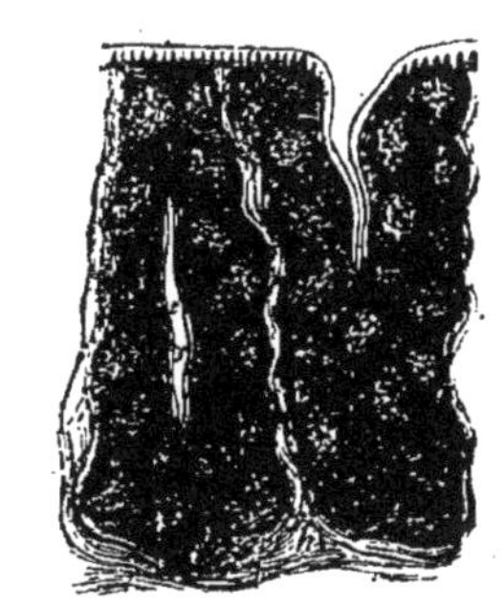

Fig. 34. — Coupe d'une amygdale (grossiss., 10) montrant les nombreux follicules simples.

Je dois vous signaler encore à la face interne de l'intestin grêle des replis nombreux (on en compte un millier chez l'homme) de la muqueuse, dits *valvules conniventes*, dont le rôle semble être simplement d'augmenter la surface d'absorption de l'intestin et le nombre des glandules sécréteurs. Cette disposition a en effet pour résultat d'accroître de plus d'un tiers la surface de l'intestin grêle ; celle-ci, pour le dire en passant, est chez l'homme d'environ un mètre carré, les deux tiers de celle de la peau. On voit encore, dans la même région, une infinie quantité de petites saillies ou *villosités* (fig. 36) qui donnent à la muqueuse l'aspect du velours; nous verrons quel rôle important elles jouent dans l'absorption des aliments modifiés par la digestion. Enfin, à la fin de l'intestin grêle se trouve une valvule qui empêche

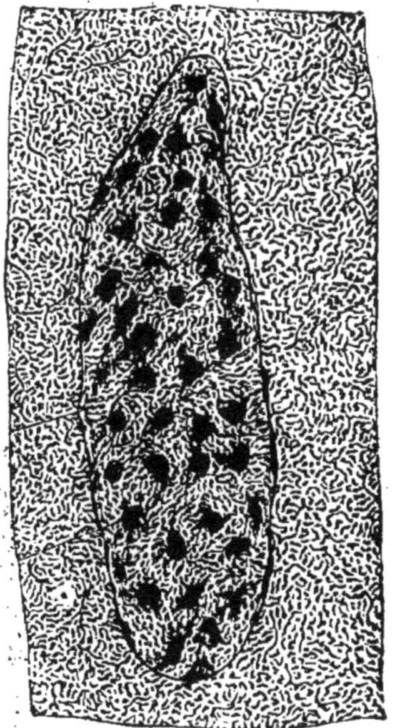

Fig. 35. — Plaque de *Peyer* (grossiss., 4).

tout reflux venant du gros intestin (fig. 28); les anciens anatomistes lui donnaient le nom significatif, et qui rappelle des pratiques dont

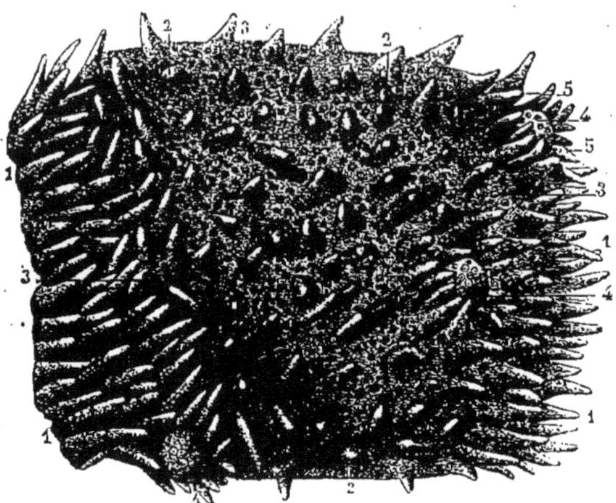

Fig. 36. — Portion de la membrane muqueuse de l'intestin grêle grossie, montrant les villosités (1 et 2), les orifices des glandules (3) et les follicules clos (4 et 5).

Molière a immortalisé le souvenir, de *barrière des apothicaires* (ἀπό, derrière; τίθημι, se placer). J'ajoute, en passant, que dans l'intestin grêle les matières alimentaires ne développent jamais de mauvaises

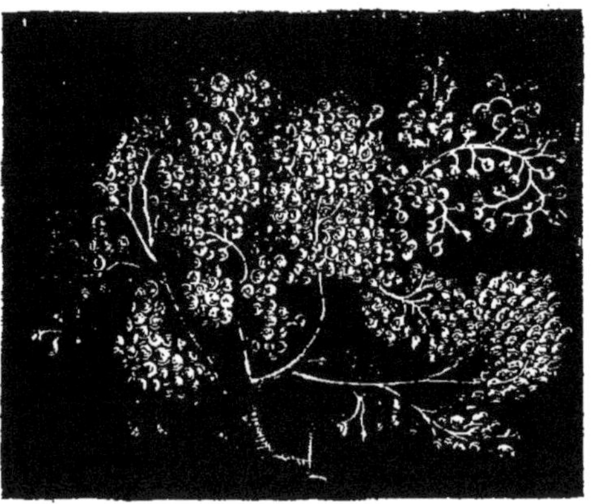

Fig. 37. — Structure intime d'une glande composée *en grappe*.

odeurs : ce sont des phénomènes qui n'apparaissent que dans le gros intestin.

Grosses glandes digestives. — En outre des petites glandes dont je viens de vous entretenir, toutes cachées dans l'épaisseur de la muqueuse, et qui ne laissent sourdre que des gouttes, très nombreuses, il est vrai, de liquide, on en distingue de grandes dimensions, qui ont reçu des noms spéciaux et jouent un grand rôle dans les actes chimiques de la digestion.

Les premières que j'aie à vous signaler sont les *glandes salivaires*, dont les conduits s'ouvrent tous dans la bouche. Ce sont des types de *glandes en grappe*.

Figurez-vous des grappes de raisin dont les pédoncules seraient creux; juxtaposez un grand nombre de ces grappes (fig. 37), en telle sorte qu'elles finissent toutes par se réunir dans un rameau commun; supposez ces grappes très nombreuses, leurs grains très petits, et vous aurez une idée de la structure des glandes salivaires.

On distingue trois paires de glandes portant ce nom : ce sont les parotides, les sous-maxillaires et les sublinguales.

Les *parotides* (παρὰ, proche; ὠτὸς, oreille) sont, comme leur nom l'indique, situées en avant et au-dessous de l'oreille; leur conduit s'ouvre dans la bouche par un petit tubercule qu'on aperçoit aisément dans la joue à la hauteur de la troisième molaire supérieure. Ce sont elles qui se gonflent dans la maladie connue sous les noms vulgaires de *giffles* ou *oreillons*.

Les *sous-maxillaires*, cachées le long de la face interne de la mâchoire inférieure, et les *sublinguales*, placées immédiatement sur les bords de la langue, déversent leurs liquides au frein de la langue, à l'endroit même où elle devient libre dans la cavité buccale.

Dans l'intestin grêle, peu après l'orifice pylorique de l'estomac, débouche un canal qui apporte le liquide sécrété par une glande (fig. 38) dont la ressemblance avec les glandes salivaires est frappante, mais qui est plus grosse à elle seule qu'elles toutes ensemble; c'est le *pancréas* (πᾶν, tout; κρέας, chair), la plus curieuse des glandes digestives, par les effets complexes du suc qu'elle sécrète.

Le *foie*, autre glande, et de beaucoup la plus volumineuse, occupe toute la partie supérieure de l'abdomen, à droite surtout, et se moule sur la concavité du diaphragme. C'est aussi une glande en grappe, mais d'une structure extraordinairement compliquée. Le liquide qu'il sécrète, la *bile*, dont l'alcalinité, la couleur verdâtre et l'extrême amertume sont connues de tout le monde, coule par des *canalicules biliaires*, qui se réunissent pour former le *canal hépatique* (ἥπατος, foie) (fig. 38). Latéralement s'embranche un autre canal (*canal biliaire*) qui mène à un réservoir où s'accumule la bile, la *vésicule du fiel;* de ces deux canaux est formé un gros conduit appelé

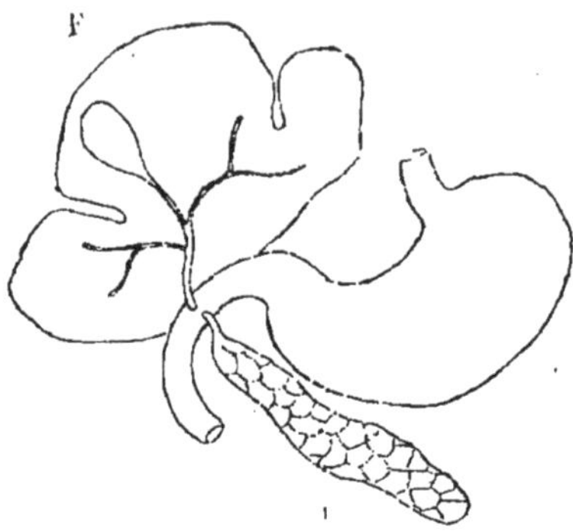

Fig. 38. — Figure schématique montrant l'estomac : A, le foie F, avec la vésicule biliaire et les conduits biliaires, hépatiques et cholédoque ; le pancréas, P.

cholédoque (χολή, bile ; δοχός, qui conduit), qui va s'ouvrir dans l'intestin grêle, au voisinage du conduit pancréatique. Je dois ajouter que la vésicule du fiel manque chez un certain nombre de mammifères.

On a coutume de décrire en même temps que les glandes diges-

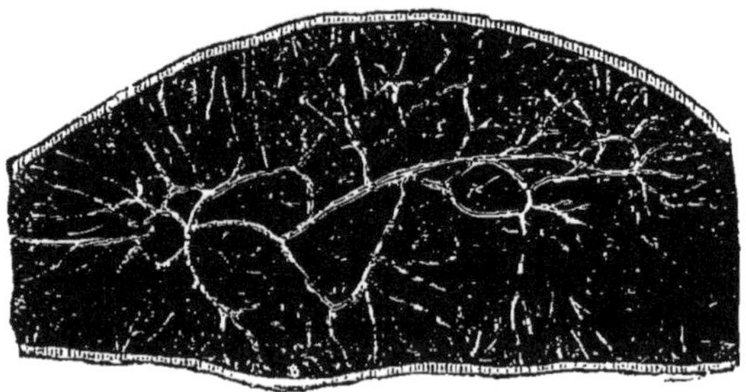

Fig. 39. — Coupe transversale de la rate, montrant les trabécules (grandeur naturelle).

tives un organe fort curieux, la *rate*, sur l'histoire de laquelle nous reviendrons, en parlant de la circulation du sang. La rate est une masse d'aspect charnu, toute gonflée de sang, qui ne présente pas de canal excréteur, et qui se trouve au voisinage de l'estomac (fig. 39, 40). Elle est composée de loges imparfaitement circonscrites par des lamelles ou *trabécules* (fig. 39) irrégulièrement disposées. Sur les artères qui s'y distribuent se voient de petits ($0^{mm},4$) corps, dont le rôle est inconnu (fig. 40). La forme et les dimensions de la

Fig. 40. — Portion d'une artère de la rate avec les corpuscules (grossiss., 10).

rate varient beaucoup chez les mammifères. Sa grosseur varie également beaucoup, chez le même individu, suivant la quantité de sang dont elle est remplie ; comme son tissu est contractile et élastique, elle peut aisément, soit se laisser gonfler, soit expulser le sang.

Péritoine. — Pour en finir avec cette vue générale jetée sur le tube digestif, il me reste à vous décrire la manière dont ces organes peuvent jouer librement les uns sur les autres dans la cavité de l'abdomen, sans cependant se mêler, se nouer, ni se froisser. Ces avantages sont dus au *péritoine* (περὶ, autour ; τείνειν, tendre), membrane dont la distribution détaillée est fort difficile à bien connaître, et que je vais vous décrire à grands traits.

La cavité abdominale est fermée en haut par le diaphragme, en arrière par la colonne vertébrale, en avant, sur les côtés et en bas, par des plans musculaires. Supposez-la vide, et imaginez que ses parois soient tapissées d'une membrane susceptible de s'étendre comme le caoutchouc. Figurez-vous maintenant que les organes digestifs et leurs glandes annexes pénètrent lentement et progressivement dans la cavité, en allant d'arrière en avant, entre la colonne vertébrale et la membrane qui la revêt, comme s'ils poussaient entre un mur et son papier de tenture.

Il va arriver deux choses : d'abord les organes vont, eux, se revêtir de la membrane péritonéale, qui les enveloppera complètement en vertu de son élasticité; puis ils seront retenus à la paroi postérieure de la cavité abdominale par des lames membraneuses plus ou moins étendues (fig. 41).

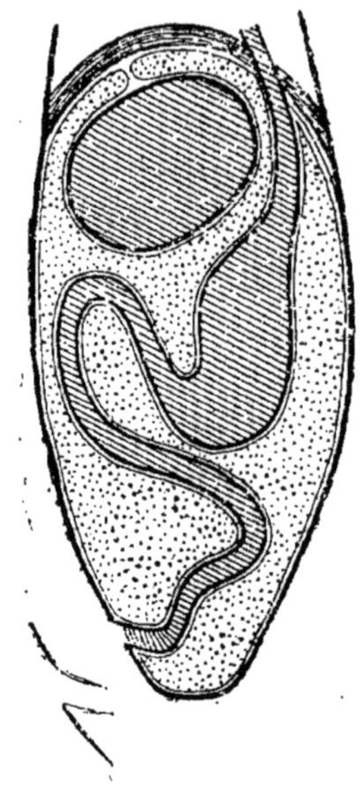

Fig. 41. — Figure schématique montrant les rapports des organes digestifs (hachures) avec la cavité péritonéale (pointillé).

C'est ce qui arrive, en effet, et l'on donne le nom de *mésentère* à ces parties lamelleuses qui soutiennent les divers organes.

Notez, en outre, que ceux-ci remplissent en réalité toute la chambre abdominale; en telle sorte que le feuillet postérieur du péritoine, poussé d'arrière en avant, comme je viens de le dire, arrive à toucher le feuillet antérieur qui n'a pas bougé. La cavité du péritoine est donc en réalité une cavité fictive, comme l'est celle d'une poche vide dont les parois sont rapprochées. On n'y trouve que quelques gouttes d'un liquide qui sourd continuellement à sa surface, la lubrifie, la rend glissante, et permet ainsi aux organes de se déplacer sans frottements.

Le péritoine fait partie des membranes *séreuses*, comme disent les anatomistes. Nous retrouverons d'autres séreuses à propos d'autres organes, notamment des poumons et du cœur.

PHÉNOMÈNES CHIMIQUES DE LA DIGESTION

Maintenant que nous connaissons la route que les aliments parcourent, nous devons étudier les modifications qu'ils subissent, et les agents de ces modifications ; mais tout d'abord, dans quel but, pour quelle fin sont-ils modifiés?

Nature des aliments. — Les aliments, nous avons déjà eu occasion de le dire, ne sont autre chose que des substances plus ou moins semblables à celles qui constituent le corps des animaux, substances qui sont, par conséquent, susceptibles de remplacer dans ces corps les matériaux que détruit sans cesse le feu caché, mais ardent de la vie. La composition chimique des aliments est donc indiquée à l'avance par la composition chimique même du corps des animaux.

Nous étudierons prochainement celle-ci. Mais, pour le moment, je vous dirai seulement que les aliments peuvent être classés, suivant leur composition chimique, en plusieurs catégories :

1° L'eau;

2° Divers autres liquides, souvent alcoolisés, comme le vin, la bière, etc.;

3° Des sels, comme le sel vulgaire, ou chlorure de sodium, des sels de chaux, etc.;

4° Différentes espèces de sucres;

5° Des féculents (farines diverses : blé, maïs, riz, pommes de terre, manioc, etc.);

6° Des matières grasses : beurre, huiles, gras de viande, etc.;

7° La chair des animaux, et les matières analogues contenues dans les œufs, le lait, le blé, etc., matières qu'on a nommées *albuminoïdes*, à cause de leur ressemblance avec l'*albumine* ou blanc de l'œuf, ou *azotées*, à cause de la présence de l'azote, qui manque dans les autres aliments.

Au point de vue de leur origine, on peut diviser les aliments en *aliments végétaux* et *aliments animaux*. Les premiers contiennent surtout des substances appartenant aux cinq premières catégories; celles des deux dernières, et surtout de la dernière, y sont généralement en moindre quantité. Il en est tout autrement pour les aliments d'origine animale, où prédominent surtout les matières grasses et albuminoïdes.

On peut encore considérer les aliments comme solubles dans l'eau, d'une part, et comme insolubles dans l'eau, d'autre part; ces derniers sont surtout les féculents, les corps gras et les matières azotées.

Actes chimiques de la digestion. — Cette division a une véritable importance, car l'un des buts de tous les actes digestifs dont nous allons nous occuper est de rendre solubles les corps insolubles, afin de leur permettre de traverser les parois de l'intestin et de pénétrer dans le sang.

En tête des corps insolubles, nous trouvons les *féculents* : la farine, l'amidon, etc. Comment se fait leur liquéfaction ? Beaucoup d'entre vous ont sans doute remarqué que, lorsqu'on tient pendant longtemps un morceau de mie de pain dans la bouche, il prend un goût sucré. C'est qu'en effet la farine s'est transformée en sucre, en un sucre particulier, très voisin du sucre de raisin ou *glycose* (γλυκὺς, doux), phénomène sur la nature chimique duquel je n'ai pas à insister ici.

Cette transformation a lieu sous l'influence de la *salive*, ou plutôt

Fig. 42. — Chien avec une fistule salivaire, à laquelle on a adapté un petit réservoir en caoutchouc (la glande parotide est figurée en quadrillé).

des salives, car, ainsi que je vous l'ai montré, la salive buccale est un liquide complexe, qui provient de plusieurs glandes.

Les féculents, imbibés de salive, suivent l'œsophage, traversent l'estomac et arrivent dans l'intestin grêle. Leur transformation en glycose n'est pas encore complète. Mais ils rencontrent alors le produit de la glande *pancréatique*, qui fournit un liquide produisant sur les féculents le même effet que la salive. Grâce à son action, la transformation commencée s'achève, et dans la partie inférieure de l'intestin grêle on ne trouve plus de matières féculentes.

On peut répéter hors du corps, dans un simple verre, ces actions chimiques. Il n'est pas très difficile, en effet, sur un animal vivant, d'introduire un petit tube d'argent dans le conduit d'une glande salivaire (fig. 42) ou même du pancréas (fig. 43). En y adaptant une petite vessie de caoutchouc, on arrive à recueillir ainsi une certaine quantité de liquide qui, mise à une douce température en contact avec de la farine, la dissout complètement et en fait du sucre. Quand la farine a été cuite, la transformation est immédiate : de là l'utilité de la cuisson du pain, des légumes, etc.

Les *matières albuminoïdes* ne sont pas chimiquement impressionnées par la salive, qui ne fait que faciliter leur trituration dans la bouche. Mais le suc fourni par les petites glandes logées en abon-

Fig. 43. — Chien avec une fistule pancréatique, à laquelle on a adapté un petit réservoir en caoutchouc.

dance dans les parois de l'estomac (fig. 43) agit énergiquement pour produire leur liquéfaction. Ce *suc gastrique* est notablement acide, et sous son influence, en effet, elles finissent par se ramollir et se dissoudre ensuite.

A côté des fécules, il faut placer les sucres cristallisables, comme ceux de la betterave et de la canne. Ceux-ci, bien que solubles, ne sont pas absorbés tels quels. Il faut que les sucs intestinaux les transforment en sucre incristallisable, en glycose, semblable à celui qui a été formé aux dépens des féculents.

Il ne s'agit pas là d'un simple ramollissement, d'une simple dissolution. L'albumine de l'œuf est liquide, elle, et cependant elle a besoin d'être digérée. Quand le suc gastrique a agi sur elle, on la trouve singulièrement modifiée. Ainsi, si on la fait cuire, elle ne devient plus dure, ainsi qu'elle faisait auparavant; elle ne se *coagule* plus, comme on dit; l'alcool, les acides, ne la solidifient pas non plus. D'albumine elle est devenue *albuminose* ou *peptone*, deux termes synonymes.

Or, quelle que soit la nature primitive de la matière albuminoïde, qu'elle soit muscle (*musculine*), fromage (*caséine*), *albumine* de l'œuf, *albumine* du sang, *albumine* végétale (*gluten* du blé, *légumine* du haricot, etc.), elle devient toujours de l'albuminose, sous l'influence des sucs digestifs. Nous verrons, en parlant de l'absorption, l'utilité de cette transformation.

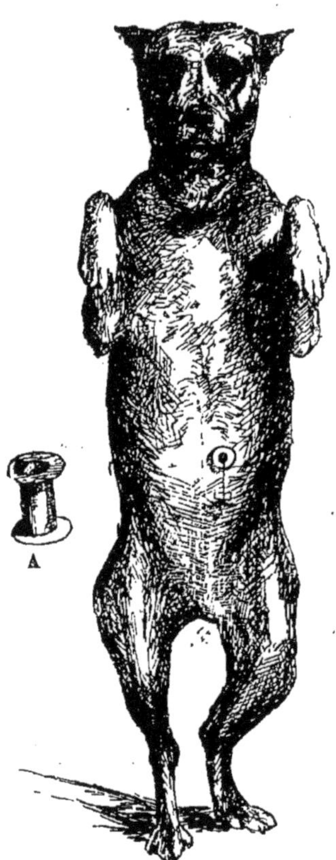

Fig. 44. — Chien auquel on a pratiqué une fistule gastrique; A, tube placé dans la fistule.

On peut obtenir tous ces effets dans des vases où l'on a mélangé de la viande avec le suc gastrique. Spallanzani, qui, à la fin du siècle dernier, a découvert son action, et qui a le premier fait des *digestions artificielles*, se le procurait en faisant avaler à des oiseaux de petites éponges sèches, attachées au bout d'une ficelle qui servait à les retirer lorsqu'elles étaient imprégnées de liquide. Maintenant, on fait une incision aux parois mêmes de l'estomac d'un chien, et on y place un tuyau (fig. 44, A), qui ne paraît gêner en rien l'animal; c'est ce qu'on nomme une *fistule gastrique* (fig. 44). Enfin, on retire encore le suc gastrique de l'estomac des veaux qu'on met à mort pour le service des boucheries; c'est là qu'on va chercher un médicament fort actif, la *pepsine*, que l'on donne aux personnes dont la digestion est difficile, médicament dont vous comprenez maintenant très bien l'action énergique sur les viandes et les autres matières albuminoïdes.

On a observé sur l'homme, à la suite d'accidents ou d'opérations chirurgicales, des ouvertures de l'estomac qui ont permis d'obtenir d'intéressants renseignements sur les différentes phases de la digestion stomacale. Vous pourrez lire, dans les ouvrages spéciaux, de longs détails sur l'histoire d'un chasseur canadien à qui un coup de feu avait enlevé une partie des parois de l'abdomen et de l'estomac, qui guérit et servit, pendant des années, aux innombrables observations du docteur de Beaumont. Tout récemment, M. le professeur Verneuil a pratiqué avec succès, chez l'homme, une véritable fistule permanente, pour remédier aux effets d'une oblitération complète du pharynx due à un empoisonnement par l'acide sulfurique ; le malheureux patient, qui se mourait de faim, a pu être rappelé à la vie en introduisant directement dans son estomac, par l'orifice de la fistule, les aliments nécessaires à son existence.

La physiologie a tiré parti de ces opérations. En examinant les parois stomacales de ces intéressants malades, on a vu que le suc gastrique se sécrète lorsqu'on introduit dans l'estomac des matières alimentaires, mais non si l'on y place des corps inertes, des pierres ou des morceaux de bois. On l'a vu aussi perler en gouttes nombreuses lorsqu'on présente au patient quelque mets savoureux : *l'eau lui vient à l'estomac* comme à la bouche.

C'est du reste là un effet général pour toutes les sécrétions des glandes digestives. Dès le moment où l'aliment est en vue, et surtout où il est placé dans la bouche, toutes ces glandes entrent en action et déversent dans l'intestin leurs sucs actifs. « Toutes les puissances digestives, dit excellemment Brillat-Savarin, se mettent sous les armes. »

Le suc *pancréatique* agit, lui aussi, sur les matières albuminoïdes qui ont échappé à la digestion stomacale, de la même manière que le suc gastrique. Grâce à cette double influence, ces matières passent toutes, lorsqu'elles ne sont pas en quantités exagérées, à l'état de peptones solubles et absorbables.

Il ne nous reste donc plus que les matières grasses. Mais pour celles-ci, les sucs digestifs n'auront pas seulement pour effet de les liquéfier. Lors même qu'elles sont liquides, comme les huiles, elles devront changer d'apparence, sinon de nature. Au contact de certains liquides, elles se divisent en petites gouttelettes extrêmement ténues, si bien que le liquide avec lequel elles se mélangent devient blanc, opaque, et prend tout à fait l'aspect du lait. Cette *émulsion*, comme on l'appelle, est produite par le contact du suc pancréatique et aussi par le contact de la *bile*.

C'est cette propriété remarquable d'émulsionner les matières grasses qui fait utiliser ce dernier liquide dans l'industrie du dégraissage.

Grâce à l'action successive et simultanée de ces liquides : salives, suc gastrique, suc pancréatique, bile, auxquels il faut ajouter les sécrétions des innombrables petites glandes qui tapissent d'un bout à l'autre l'intestin, sécrétions désignées sous le nom de *sucs entériques* (ἔντερον, intestin), les aliments sont modifiés de telle manière qu'ils peuvent traverser les parois digestives pour pénétrer dans le sang, pour être, comme on dit, *absorbés*. La plupart le seront sous forme liquide, réduits soit à l'état de glycose, soit à l'état d'albuminose, les matières grasses seules étant sous forme d'émulsion. Je vous parlerai bientôt de cette absorption, de ses moyens, de ses voies.

LA RESPIRATION

Nous avons étudié l'appareil dans lequel les aliments solides et liquides sont modifiés de manière à pouvoir pénétrer dans l'organisme; nous allons maintenant nous occuper d'un autre appareil, grâce auquel l'aliment gazeux, l'oxygène de l'air, peut à son tour pénétrer; je veux dire l'*appareil respiratoire*.

APPAREIL RESPIRATOIRE

Thorax. — La partie centrale de cet appareil est logée dans cette cage osseuse que constituent les vertèbres, le sternum et les côtes, et que nous avons appelée le *thorax*. Les parois de cette cage sont revêtues de muscles qui la transforment en une cavité hermétiquement close (fig. 45). Son ouverture inférieure est fermée par un muscle aplati, convexe en haut, nommé le *diaphragme*, que traversent seuls l'œsophage et quelques gros vaisseaux sanguins dont nous nous occuperons plus tard. L'ouverture supérieure, beaucoup plus étroite, n'est pas revêtue de parois aussi résistantes; elle est, du reste, traversée à la fois par l'œsophage et par un tube qui établit communication entre la partie centrale de l'appareil respiratoire et l'extérieur. Ce tube est la *trachée artère;* cette partie centrale est formée par les deux *poumons*.

Poumons. — Nous pouvons nous faire rapidement une idée assez exacte de la structure du poumon. Considérons le tube trachéal à la région moyenne du cou, et suivons-le tandis qu'il pénètre dans le thorax, ou, comme on dit d'ordinaire, dans la poitrine. Il n'y fait qu'un court trajet et se bifurque bientôt : chacune de ces bifurcations, de ces *bronches primaires*, comme on les nomme en anatomie, donnera naissance à un poumon, et voici comment : la bronche primaire se divise bientôt pour former un grand nombre de *bronches secondaires;* celles-ci, à leur tour, fournissent des *bronches de troisième ordre*, et ainsi de suite (fig. 46). L'arbre pulmonaire, comme on le nomme parfois, se constitue de la sorte, à la façon de la tête d'un arbre véritable, par ramifications successives, de plus en plus ténues. Enfin, les ramuscules de l'arbre portent des feuilles : ceux de l'arbre pulmonaire se terminent chacun dans une *vésicule*

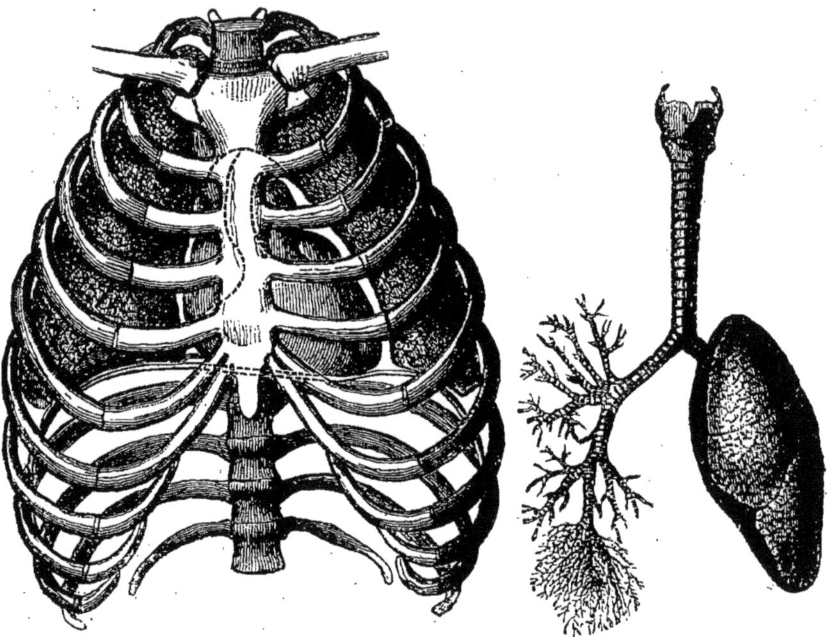

Fig. 45. — Cage thoracique ; figure montrant les poumons, le cœur et la limite supérieure du diaphragme.

Fig. 46. — Appareil respiratoire. Le tissu pulmonaire a été détruit à gauche de manière à montrer les ramifications des bronches.

pulmonaire, au moment où leur diamètre n'est plus que $0^{mm},2$ environ. Imaginez une sorte de sac très petit, garni de bouillons qui déterminent dans son intérieur des cloisons incomplètes (fig. 47). Ces sacs ont des dimensions minimes (de 1 à 3 dixièmes de millimètre) et des parois d'une minceur extrême. Ils sont accolés les uns aux autres, et leur ensemble constitue une masse spongieuse qui crépite lorsqu'on l'écrase entre les doigts, et qui, lorsqu'on la coupe, se montre perforée d'orifices de toutes dimensions.

Si, en reprenant notre comparaison première, nous nous figurons un arbre dont toutes les branches, grosses et petites, seraient hérissées de feuilles si nombreuses qu'elles arriveraient à se toucher, à s'unir et à ne former de toute la tête de l'arbre qu'une masse indivise; si maintenant nous supposons que ces branches et ces feuilles sont creuses, et que celles-ci sont boursouflées et forment de petits sacs bouillonnés, nous aurons une idée assez exacte de la structure du poumon.

Nous avons suivi la trachée du côté de la poitrine; remontons maintenant avec elle du côté de la tête. En chemin, nous rencontrons une assez vaste dilatation, sur la structure de laquelle nous reviendrons tout à l'heure; c'est le *larynx*, l'appareil producteur des sons. Enfin, nous voyons que la trachée s'ouvre au fond de la bouche, en arrière et à la base de la langue.

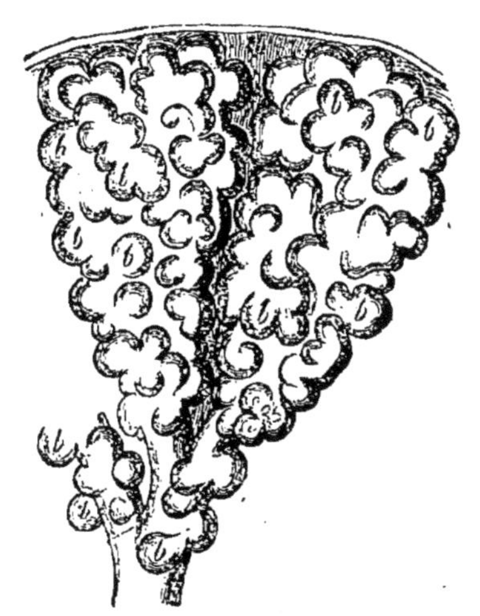

Fig. 47. — Deux vésicules pulmonaires (grossiss., 25): *b*,*b*, cellules aériennes.

Chez beaucoup d'animaux, et dans l'espèce humaine en particulier, l'air peut s'introduire directement de la bouche dans la trachée : on peut, comme on dit, respirer par la bouche, les narines étant fermées. Mais ce n'est pas là un fait général chez les mammifères : par exemple, si l'on ferme les naseaux d'un cheval, il périt vite asphyxié. Chez nous-mêmes, dans l'état de calme, la respiration s'exécute exclusivement par les narines, et la bouche ne s'ouvre que lorsqu'il se rencontre quelque obstacle dans les voies naturelles.

C'est qu'en effet la véritable communication naturelle de la trachée et des poumons avec l'extérieur, ce sont les *fosses nasales*.

Fosses nasales. — Les fosses nasales sont composées de deux cavités s'ouvrant en avant par deux orifices que prolongent et protègent plus ou moins des parties cartilagineuses. Ces deux cavités, qui correspondent avec diverses anfractuosités osseuses de la face et du crâne, ne sont séparées de la bouche que par une cloison horizontale, plafond pour celle-ci, plancher pour elles. Séparées l'une de l'autre par une cloison verticale, elles communiquent entre elles en arrière, et n'ont au fond de la bouche qu'un vaste orifice commun, situé précisément au-dessus de l'orifice du larynx. Si celui-ci s'élevait un peu, il entrerait directement dans cet orifice ; c'est ce qui arrive chez certaines espèces, chez les baleines, par exemple, où

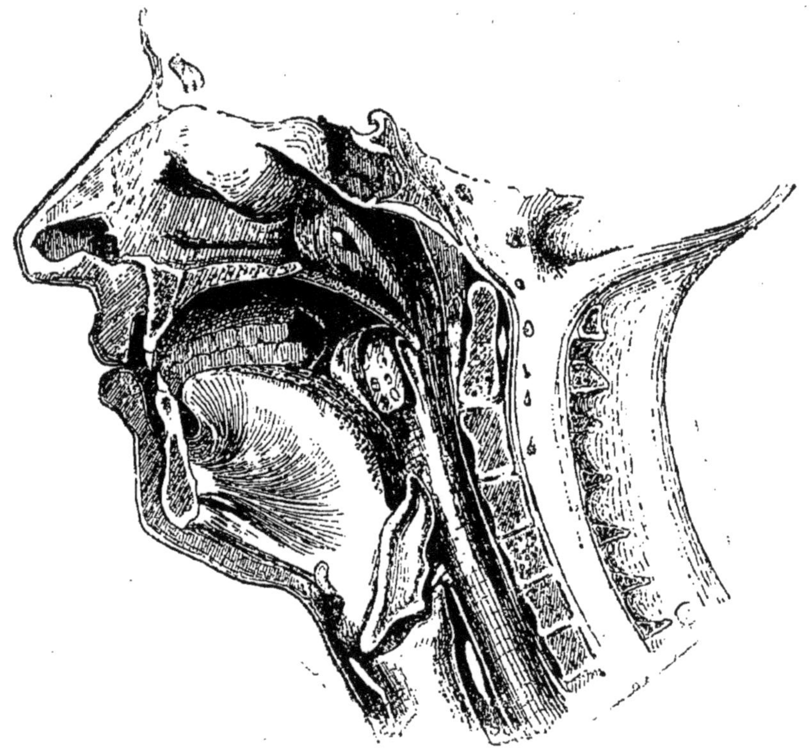

Fig. 48. — Coupe médiane antéro-postérieure, montrant la cavité buccale, la langue, le larynx au-dessous, surmonté de l'épiglotte, le pharynx, l'œsophage, le corps des vertèbres coupées, la moelle épinière.

le larynx va assez loin dans cette voie. C'est par là que l'air passe le plus volontiers, et cette direction lui est facilitée par deux petits organes très remarquablement disposés : l'*épiglotte* en bas, le *voile du palais* en haut. Ceci est assez difficile à expliquer et exige pour être compris une certaine attention.

Pharynx. — Demandez à quelqu'un de vos camarades de se prêter de bonne grâce, et à charge de revanche, à une petite expérience. Priez-le de se tourner la figure du côté du jour et d'ouvrir la bouche tout au large; puis, avec le manche d'une cuiller, abaissez la base de la langue. Si vous apportez dans cette tentative quelque précaution, si vous n'enfoncez pas trop loin la cuiller, votre ami n'éprouvera qu'un désagrément très supportable. Dans cette position vous voyez le fond de la bouche (fig. 48); la gorge est à demi fermée par une membrane tendue transversalement, membrane qui descend de la paroi supérieure et est terminée par une petite languette médiane qu'on appelle la *luette*; c'est là le *voile du palais*. Un peu plus au fond, et tout à fait à la base de la langue sur laquelle il faut alors énergiquement presser, vous pourrez voir une petite crête saillante, triangulaire: c'est l'*épiglotte*. Ces deux parties sont séparées par une notable distance.

La trachée est, à la région du cou, située en avant; l'œsophage est plus près de la colonne vertébrale, en arrière. A la tête, au contraire, les fosses nasales, prolongation de la trachée, sont en arrière; la cavité buccale, prolongation de l'œsophage, est au-dessous et en bas. Il y a eu là une sorte d'entre-croisement en forme d'X. Le tube respiratoire a traversé le tube alimentaire, beaucoup plus large que lui. Ce tube alimentaire, qui va sans cesse en s'élargissant de l'œsophage à la bouche (fig. 49), est comme une sorte d'entonnoir que traverseraient à sa partie moyenne deux tubes venant l'un d'en haut, l'autre d'en bas, et se rejoignant à peu près en son milieu, pour former une sorte de carrefour.

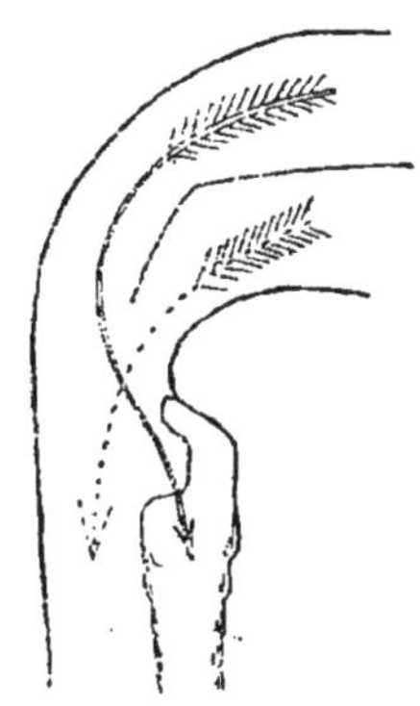

Fig. 49. — Figure schématique montrant la coupe de l'arrière-gorge au repos.

Déglutition. — Mais, pourrez-vous me demander maintenant, comment se fait-il que les aliments contenus dans la bouche, au moment où ils vont entrer dans l'œsophage, ne tombent pas dans le larynx, dont l'ouverture est là béante, sur le plancher du conduit qu'ils parcourent? C'est que, au moment où l'aliment a franchi ce détroit dont je vous ai parlé, cet *isthme du gosier*, un mouvement violent, soudain, tout à fait indépendant de la volonté, s'exécute dans l'arrière-gorge, partie que les anatomistes appellent le *pharynx*. La base de la langue s'élève, refoule l'épiglotte, qui se recourbe en arrière pour protéger, à la manière d'un toit, l'ouverture du larynx, et les aliments passent à droite et à gauche, sans pénétrer dans la partie inférieure du tube aérifère. Pendant ce temps, le voile du palais se relève, se tend, et par un mécanisme fort curieux, mais qu'il serait trop long de décrire, oblitère complètement l'orifice postérieur des fosses nasales. L'aliment, réduit, par le jeu des mâchoires, de la langue et des joues, en une sorte de boule (le *bol alimentaire*) imprégnée d'une salive gluante qui favorise son cheminement, est pressé d'avant en arrière entre la langue et la voûte du palais; il culbute pardessus l'épiglotte et entre dans l'œsophage (fig. 50).

Mais, si quelque trouble survient pendant que s'exécute cet acte fort délicat de la déglutition, si l'on parle, si l'on rit, si l'on respire, en un mot, il arrivera très probablement que quelque parcelle alimentaire et surtout que quelque goutte de liquide, attirée par le courant d'air, pénétrera dans le larynx. Ce contact insolite éveille dans cet organe une susceptibilité extraordinaire, et un accès de *toux* survient, qui a souvent pour résultat de chasser par les fosses nasales le liquide indiscret, prouvant ainsi que les fosses nasales sont bien la prolongation naturelle de la trachée. Mais lorsque ces régions sont insensibles, comme il arrive parfois chez les vieillards, des parcelles alimentaires peuvent entrer dans les voies aériennes. J'ai vu une aliénée s'étouffer ainsi et mourir après avoir rempli d'une assiette de potage ses bronches et sa trachée.

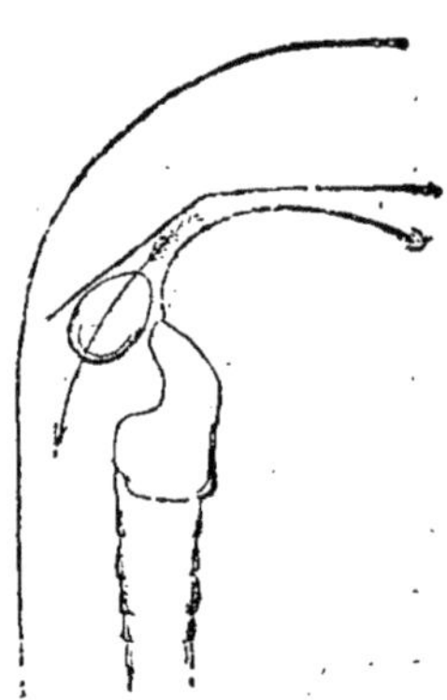

Fig. 50. — Figure schématique montrant la coupe de l'arrière-gorge pendant la déglutition.

Trachée. — Revenons maintenant à celle-ci. Si nous l'envisageons vers le milieu de la région du cou, nous voyons qu'elle est composée d'anneaux cartilagineux, qui peuvent jouer les uns sur les autres, grâce à d'étroits intervalles membraneux. Mais j'ai tort de dire des anneaux : car ce ne sont que des demi-anneaux; la partie postérieure de la trachée est entièrement membraneuse.

Larynx. — Un peu avant de s'ouvrir sur le plancher de l'arrière-bouche, la trachée se renfle, avons-nous dit, pour constituer le *larynx*. Deux des anneaux cartilagineux prennent ici un très grand développement et deviennent des anneaux complets; ils acquièrent aussi un appareil musculaire considérable, qui leur permet de basculer l'un sur l'autre, de manière à agrandir ou à rétrécir la cavité du larynx, et à rendre plus ou moins rigides deux rubans, ou plutôt deux replis tendus d'avant en arrière, et qu'on désigne sous le nom de *cordes vocales*. Le courant d'air expiré frappant fortement ces replis les fait entrer en vibration sonore, et la hauteur comme la force du son dépendent de la tension des cordes et de la forme de la cavité laryngienne; il y a là des conditions très complexes que je ne puis que vous laisser pressentir en ce moment, mais que nous étudierons plus tard.

Le larynx est protégé, comme nous venons de le dire, par l'épiglotte, et il est uni par une membrane et des muscles à un os transversal, l'*os hyoïde*, sur lequel s'insèrent la plupart des muscles de la langue. Ainsi, tout cet ensemble d'organes, langue, voile du palais, pharynx, os hyoïde, larynx, est réel, par des muscles très compliqués, dont le jeu permet des mouvements d'ensemble pouvant servir tantôt à la respiration, tantôt à la déglutition, tantôt à la *phonation* (de φωνή, voix).

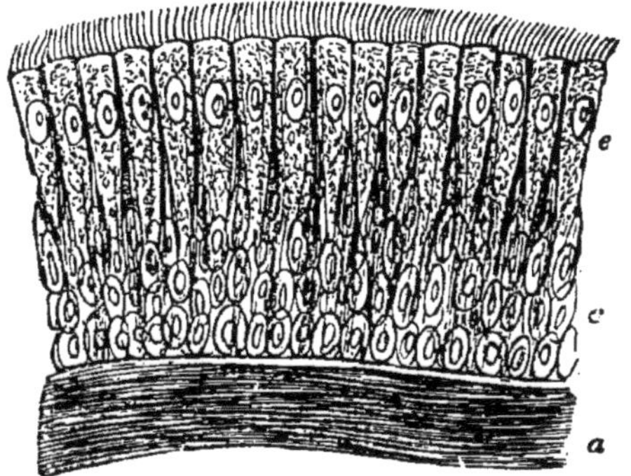

Fig. 51. — Épithélium vibratile (grossiss., 350) : *a*, muqueuse; *c*, cellules sans cils vibratiles; *e*, cellules à cils.

L'intérieur du larynx et de la trachée est tapissé par une membrane muqueuse analogue à celle qui revêt la cavité digestive. Mais l'épithélium qui en forme la couche la plus superficielle est très curieux à examiner (fig. 51). Chacune de ses cellules porte un certain nombre de filaments extrêmement fins et délicats qui sont dans une agitation continuelle; ils s'abaissent, puis se relèvent, comme les tiges d'un champ de blé que courbent des coups de vent successifs. C'est là ce qu'on appelle un *épithélium à cils vibratiles*. Ces mouvements infiniment petits ont pour résultat de faire cheminer, des parties profondes vers l'extérieur, les particules qui se trouvent dans les canaux respiratoires. C'est en grande partie grâce à eux que nos poumons ne sont pas souillés et bientôt remplis par les poussières ténues qui flottent dans l'air que nous respirons.

De pareils mouvements existent sur le palais de la grenouille, où il est très facile de les mettre en évidence en plaçant sur la muqueuse quelque poudre colorée (fig. 52).

Poumons. — Si nous passons de la trachée aux bronches, nous

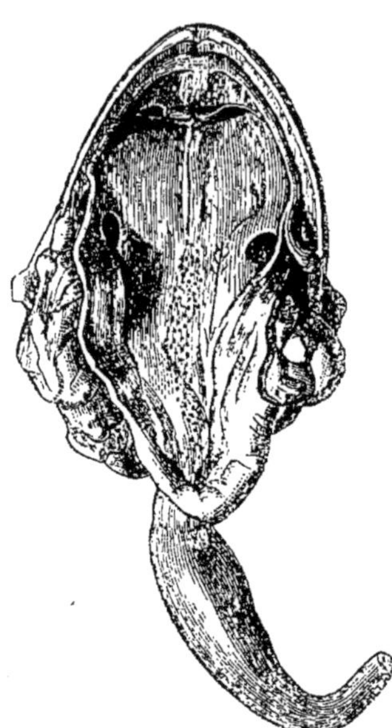

Fig. 52. — Figure montrant le mouvement de poudres entraînées par les cils vibratiles du palais de la grenouille.

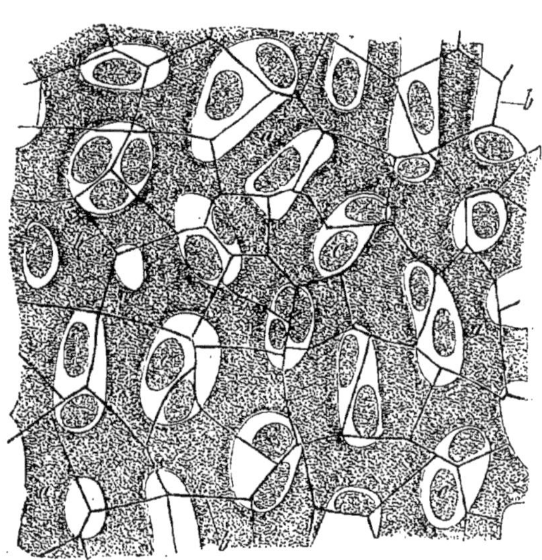

Fig. 53. — Épithélium d'une cellule aérienne du poumon (grossiss., 350) : *a*, vaisseaux capillaires : *b*, cellules épithéliales avec leurs noyaux : *c*.

trouvons, dans les divisions de premier rang, une structure identique. Puis, graduellement, le tube s'amincit, les anneaux cartilagineux deviennent de moins en moins distincts et finissent par disparaître; la paroi membraneuse diminue d'épaisseur, et finalement se réduit à une couche d'une minceur extrême portant toujours l'épithélium à cils vibratiles. Enfin, nous arrivons à la vésicule pulmonaire, et là les cils disparaissent, et la cellule épithéliale s'aplatit en devenant d'une délicatesse extraordinaire (fig. 53).

MOUVEMENTS RESPIRATOIRES

Nous nous sommes longuement étendus sur la structure des poumons. Il faut maintenant nous occuper de la manière dont ils fonctionnent. L'air y entre et en sort par des mouvements alternatifs,

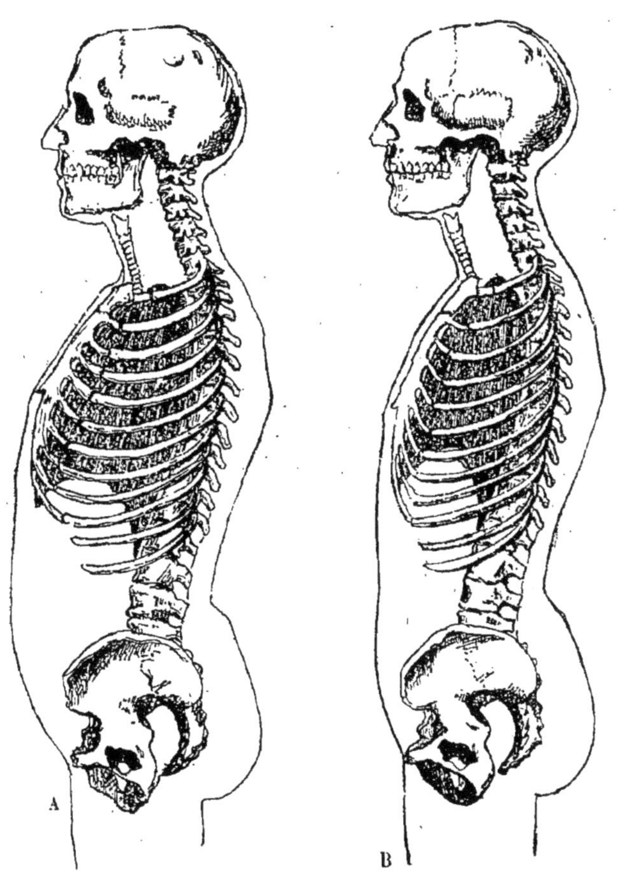

Fig. 54. — A, état d'inspiration ; B, état d'expiration.

auxquels on a donné le nom d'*inspiration* et d'*expiration*. Dans l'inspiration, la cage thoracique se dilate, et l'air pénètre par les fosses nasales et la trachée dans le poumon, absolument comme il entre par la douille d'un soufflet dont la soupape est bouchée, quand on écarte les valves du soufflet. Dans l'expiration, l'effet inverse a lieu par le rétrécissement de la cage thoracique (fig. 54).

Inspiration. — Le principal agent de la dilatation de la poitrine est le diaphragme. Celui-ci, avons-nous dit, présente, dans l'état de repos, une voûte à convexité supérieure, dont tous les bords sont fixés à des os. Quand ses fibres se contractent, se raccourcissent, elles s'efforcent de prendre la direction de la ligne droite, et la voûte s'aplatit, de manière à augmenter la cavité de la poitrine.

Celle-ci s'agrandit encore par le jeu des côtes. Des muscles partent des vertèbres du cou, et viennent s'insérer sur les côtes. Quand ils se contractent, ces côtes se trouvent soulevées. Vous pouvez vous faire une idée fort simple du mouvement qu'elles exécutent alors. Laissez tomber vos bras avec les mains jointes, puis ramenez-les à l'horizontale, en faisant légèrement tourner vos coudes en dehors : vous aurez ainsi assez exactement reproduit le mouvement des côtes. Ce mouvement a donc pour résultat d'agrandir chez nous la poitrine dans le sens antéro-postérieur et dans le sens transversal, tandis que le diaphragme l'agrandit principalement dans le sens vertical.

Expiration. — Quant à l'expiration, elle se fait tout simplement par le relâchement des muscles qui ont produit l'inspiration, et par l'action de l'élasticité pulmonaire, qui est très considérable. Les poumons, dilatés par l'air, reviennent sur eux-mêmes quand l'inspiration a cessé, à peu près comme ces petits ballons de caoutchouc, dont s'amusent les enfants, se rétractent lorsqu'une piqûre leur permet d'expulser le gaz qui les gonflait. Et dans son mouvement de retrait il entraîne à la fois toutes les parties de la cage thoracique, qui s'affaissent, et le diaphragme, qui remonte dans la poitrine.

Mécanisme respiratoire. — Bien que les poumons suivent tous les mouvements de la cavité thoracique, il ne faudrait pas se figurer qu'ils lui sont accolés sur tous les points de leur surface. Au contraire, ils glissent librement le long de ses parois internes, auxquelles rien ne les attache. Ainsi, pas de moyen d'union, et cependant application intime. Cela est fort étonnant au premier abord, et cependant les notions les plus élémentaires de la physique suffisent pour faire comprendre ce problème.

Supposons, en effet, la cage thoracique dans l'état d'affaissement, d'expiration. Les poumons, par leur surface extérieure, sont exactement appliqués sur sa paroi intérieure. Vient-elle alors à se dilater par l'action des muscles inspirateurs, l'air se précipite dans les poumons, et ceux-ci, nécessairement, doivent suivre le mouvement du thorax, et lui rester toujours appliqués. Car, sans cela, il faudrait que le vide se fît entre les poumons et les parois de la cage, ce qui est impossible.

Plèvre. — Cet espace dans lequel l'air s'introduit lors des blessures pénétrantes de la poitrine, cet espace qui n'existe pas dans l'état normal, pas plus qu'il n'existe d'espace entre les deux parois d'un sac vide appliquées l'une sur l'autre, porte le nom de *cavité de la plèvre*.

La *plèvre* (πλευρά, côte, flanc) est la membrane qui la tapisse comme un papier de tenture tapisse les murs d'une chambre. C'est une membrane *séreuse* ayant la même structure que le péritoine (v. p. 35).

Aération pulmonaire. — Pour en revenir aux mouvements respiratoires, il est facile de comprendre qu'ils renouvellent l'air dans les poumons, en en ventilant, peut-on dire, le contenu. Il ne faudrait pas croire, cependant, qu'à chaque expiration les poumons soient complètement vidés de l'air impur qui s'y trouvait, et qu'après l'inspiration ils ne soient plus remplis que d'un air nouveau. Il s'en faut de beaucoup qu'il en soit ainsi, et ceci m'amène à vous citer quelques chiffres intéressants sur la valeur des mouvements respiratoires dans l'espèce humaine.

Nous faisons, en moyenne, 12 à 18 mouvements respiratoires par minute. Chacune des inspirations introduit environ 1/2 litre d'air dans nos poumons, et 1/2 litre en est chassé à l'expiration suivante. Or, il reste dans les poumons, après une expiration moyenne, environ 2 litres 1/2, soit 5 demi-litres; l'inspiration n'introduit donc qu'un sixième d'air frais. Si nous faisons une inspiration aussi grande que possible, nous pouvons faire entrer à peu près 2 litres d'air nouveau. Nos poumons contiendront donc alors 4 litres 1/2 d'air. Si maintenant nous faisons une expiration aussi forte, aussi prolongée que possible, nous chasserons d'abord nos 2 litres d'air, plus 1 litre 1/2 encore; mais il en restera toujours 1 litre, qu'aucun effort ne pourra rejeter au dehors; c'est ce qu'on appelle le *résidu pulmonaire*.

Toux, rire, etc. — Un certain nombre d'actes, qui ont peu ou point de rapports avec la respiration, mettent en action l'appareil respiratoire. Telle est la *toux*, tels sont le *hoquet*, le *rire*, le *bâillement*, le *sanglot*, le *vomissement*, etc. Le rire est produit par des alternatives rapides d'inspirations et d'expirations brusques, le hoquet par des contractions soudaines et violentes du diaphragme, le vomissement par la contraction simultanée du diaphragme et des parois abdominales, à laquelle aide la contraction propre de l'estomac.

Dans l'*effort*, nous faisons une grande inspiration; puis le larynx se ferme par la contraction des muscles qui forment les cordes vocales, et nous donnons ainsi aux muscles du bras un point d'appui solide sur le thorax gonflé et immobile.

CHIMIE DE LA RESPIRATION

L'air que nous chassons par une expiration n'a pas la même composition que celui que vient d'introduire l'inspiration. Celui-ci, vous le savez tous, est composé d'oxygène et d'azote, dans la proportion de 1 à 4 environ, ou plus exactement de 21 d'oxygène et de 79 d'azote; on n'y trouve que des traces à peu près insignifiantes d'acide carbonique. Au contraire, dans l'air expiré on ne trouve plus que 15 à 16 p. 100 d'oxygène, et les quatre ou cinq centièmes qui manquent sont remplacés par de l'acide carbonique.

Air expiré. — Ainsi, dans l'acte respiratoire, il y a absorption d'une certaine quantité d'oxygène, et exhalation d'une quantité un peu plus faible d'acide carbonique. Si nous voulons nous rendre compte de la quantité de ces gaz que l'homme consomme ou rejette dans un temps donné, nous n'avons qu'à nous reporter aux chiffres que nous venons de donner. Un homme fait en moyenne, par minute, 15 inspirations de 1/2 litre chacune : il lui passe donc par les poumons 7 litres 1/2 en une minute, soit 450 litres environ par heure, c'est-à-dire près d'un demi-mètre cube. Ces 450 litres d'air contenaient 94 litres d'oxygène ; après la respiration, ils n'en contiennent plus en moyenne que 70 litres. Il y a donc eu 24 litres d'oxygène consommés par heure, soit par jour 576 litres. En revanche, les 450 litres d'air expiré contiennent 20 litres d'acide carbonique à peu près. Il y a donc, en 24 heures, dans les conditions moyennes que je viens d'indiquer, 480 litres d'acide carbonique exhalé ; ces 480 litres pèsent 944 grammes, et contiennent 256 grammes de carbone. Je vous prie de remarquer ce chiffre ; il vous donne, en effet, une idée de la déperdition à laquelle est quotidiennement soumis notre organisme. Sans cesse, en effet, l'oxygène s'introduit par les actes respiratoires, et son introduction a pour conséquence une série d'actes chimiques, dont le dernier terme est la formation d'acide carbonique.

Poumon et foyer. — On a maintes fois comparé le corps d'un animal à un foyer dans lequel, en effet, l'oxygène de l'air entretient une combustion qui fournit l'acide carbonique. Mais il faut bien savoir que, dans le foyer, l'oxygène se combine immédiatement au carbone du bois ou de la houille pour former de l'acide carbonique, tandis que, dans le foyer vivant, cette formation est le résultat ultime de modifications chimiques très compliquées, et dont la science n'a pas encore pu établir la succession.

J'ajoute qu'il ne faudrait pas croire que la combustion organique se fait dans le poumon même. La quantité de chaleur produite ainsi serait capable de cuire le poumon ; la combinaison de l'oxygène avec la matière vivante se fait dans toute l'étendue du corps. Je reviendrai du reste sur ce point.

Asphyxie. — La respiration ne s'exécute avec cette régularité que dans le cas où l'air se renouvelle d'une manière normale. S'il en est autrement, des troubles surviennent, l'oxygène s'épuise, et l'animal ou l'homme éprouve des accidents qui vont en augmentant, et peuvent entraîner la mort. Lorsque, dans l'air que l'homme respire, la proportion d'oxygène descend à 16 ou 14 pour 100, il y a gêne respiratoire très notable. La mort survient chez les mammifères maintenus en vases clos dans l'air confiné, quand il n'y a que 4 ou 5 pour 100 du gaz vital, ce qui manque étant remplacé par de l'acide carbonique. Mais ce dernier ne joue dans cette mort par *asphyxie* (α, négatif ; σφύξις, pouls : mauvaise expression, car le pouls ne cesse pas d'abord) aucun rôle actif. La mort arrive pour la même raison lorsqu'on raréfie, à l'aide de la machine pneumatique, l'air du vase où est enfermé un animal, ou lorsque des aéronautes comme Civel et Crocé-Spinelli s'élèvent en ballon dans une région où l'air est par trop raréfié.

Absorptions gazeuses. — Il n'y a pas que l'oxygène qui puisse être absorbé par le poumon lorsque l'inspiration l'a rempli d'air. Tous les gaz qui se trouvent accidentellement mélangés à cet air le sont également.

Ce fait a parfois des conséquences redoutables. C'est ce qui arrive pour le *gaz des égouts*, pour le *gaz d'éclairage*, etc.; mais c'est la combustion du charbon qui occasionne les accidents les plus nombreux. En effet, dans les conditions où elle s'exécute incomplètement dans nos foyers, il se produit, outre l'acide carbonique (CO^2), un gaz bien autrement dangereux, l'oxyde de carbone (CO). De très faibles proportions de ce gaz, introduites dans les poumons, sont absorbées et entraînent la mort par suite d'un acte des plus curieux, dont je vous parlerai plus tard. Les journaux sont remplis de récits d'accidents et de suicides occasionnés de la sorte. Dans ces douloureuses circonstances, il peut arriver deux choses : ou bien la combustion du charbon produit une quantité considérable d'acide carbonique et fait disparaître l'oxygène de l'air ; la mort alors arrive avec calme et presque sans douleur, par asphyxie simple. Ou bien l'oxyde de carbone apparaît en proportion notable, et il détermine une mort accompagnée de terribles douleurs et d'une agitation effrayante.

L'absorption des gaz par le poumon est, dans un ordre de faits tout différents, utilisée par la médecine. Il y a une trentaine d'années, le plus célèbre des chirurgiens français, Velpeau, déclarait que c'était rêver que de vouloir dans les opérations supprimer la douleur, et presque aussitôt les Américains Wells et Morton et le Français Flourens découvraient que le protoxyde d'azote, l'éther et le chloroforme, absorbés par les voies respiratoires, suppriment la sensibilité et sauvent les patients des angoisses et des douleurs qui précèdent ou accompagnent l'action du chirurgien. Après quelque agitation, il se produit un sommeil paisible, et, dans l'immense majorité des cas, sans danger. C'est que ces matières volatiles, mélangées à l'air, s'introduisent avec l'oxygène dans le sang, et vont, emportées par celui-ci, agir directement sur les centres nerveux.

LA CIRCULATION

LE SANG

Il n'est aucun de vous qui ignore que le sang des animaux mammifères est un liquide d'une belle couleur rouge. C'est même là, comme nous l'avons vu en sixième, un caractère général chez tous les Vertébrés, et qui leur avait valu l'antique dénomination d'*animaux à sang rouge*, par opposition à la plupart des animaux Invertébrés.

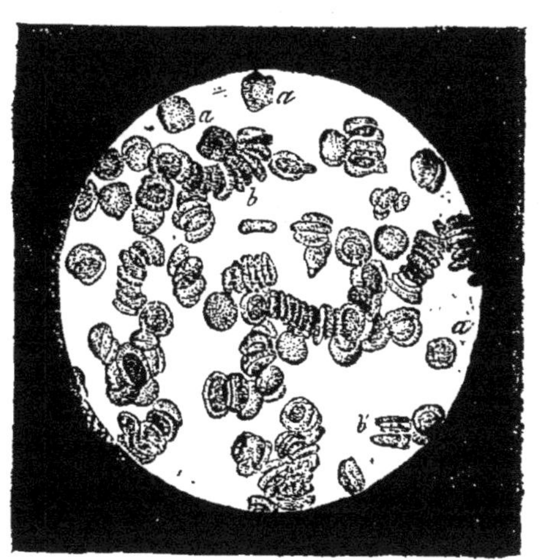

Fig. 55. — Globules du sang très grossis : *a*, vus de face ; *b*, sur la tranche.

Globules rouges. — Vous serez donc étonnés d'apprendre qu'en réalité le liquide sanguin n'est pas rouge, mais bien jaunâtre, et que sa couleur rouge est due uniquement à une quantité immense de petits corps qu'il contient en suspension et qui possèdent eux-mêmes cette couleur à un degré très intense. Ces corps sont ce qu'on appelle les *globules* ou *corpuscules sanguins*.

Ils ont, chez les mammifères, une forme singulière, qui rappelle tout à fait celles des pièces du jeu de dames ; ils sont en effet circulaires, aplatis et moins épais au milieu que sur leur pourtour (fig. 55). Dans un petit nombre de mammifères, chez les chameaux et les lamas seulement, leur contour a la forme d'un ovale et non d'un cercle. Leurs dimensions varient ; chez l'homme, leur diamètre est d'environ $0^{mm},007$ sur une épaisseur de $0^{mm},002$. Le mammifère qui possède les plus petits globules est le chevrotain porte-musc ($0^{mm},002$). Celui qui a les plus gros est l'éléphant ($0^{mm},009$). Il n'y a aucun rapport entre leurs dimensions et la taille des animaux qui les possèdent ; le rhinocéros et la souris ont des globules de $0^{mm},006$. C'est là, du reste, un fait général pour tous les éléments anatomiques ; les fibres musculaires, pas plus que les globules sanguins, n'ont un plus grand diamètre chez les animaux de grandes dimensions.

Le nombre de ces petits corps est extraordinairement grand (fig. 88). On a supputé qu'il y en a environ cinq millions par millimètre cube dans le sang humain. Or, comme les estimations moyennes portent de 5 à 6 litres environ la quantité du sang qui existe dans le corps d'un homme pesant 60 kilogrammes, vous voyez qu'il posséderait 25 trillions de globules sanguins. Si, pour nous faire une idée de ce nombre, nous supposons que tous ces corpuscules, mesurant 7 millièmes de millimètre, soient placés en ligne les uns à côté des autres, nous aurons une chaîne de

$$0^{mm},007 \times 25\,000\,000\,000\,000 = 175\,000 \text{ kilomètres},$$

c'est-à-dire que cette chaîne pourrait faire presque cinq fois le tour de la terre.

En comparant maintenant le poids de ces globules au poids du sang, nous trouvons que, chez l'homme, 1000 grammes de sang contiennent environ 140 grammes de globules. Chez la femme, la proportion est moindre et s'abaisse à 120 environ, dans l'état normal.

La matière qui colore en rouge les globules sanguins est cristallisable et contient du fer. On l'appelle *hémoglobine*.

Globules blancs. — A côté des globules rouges se trouvent des globules blancs, en nombre beaucoup moindre, dans la proportion de 1 à 500 environ ; leurs dimensions sont extrêmement irrégulières. Dans certaines maladies ils augmentent en proportion jusqu'à égaler le nombre des globules rouges qui, du reste, a beaucoup diminué. Ces globules blancs sont absolument identiques à ceux qui se forment dans les inflammations, dans les abcès, et qui constituent ce qu'on appelle le *pus*.

Chose curieuse, ces éléments sont doués de la propriété de changer de forme, de s'étendre, de pousser des prolongements (fig. 56), etc., et, comme ils se conduisent alors comme certains animalcules microscopiques nommés *amibes*, on dit qu'ils présentent des mouvements *amiboïdes*. Ils peuvent même ainsi traverser les membranes, et, par exemple, sortir des vaisseaux sanguins. On ne sait pas encore bien sûrement ni s'ils servent à former les globules rouges, ni

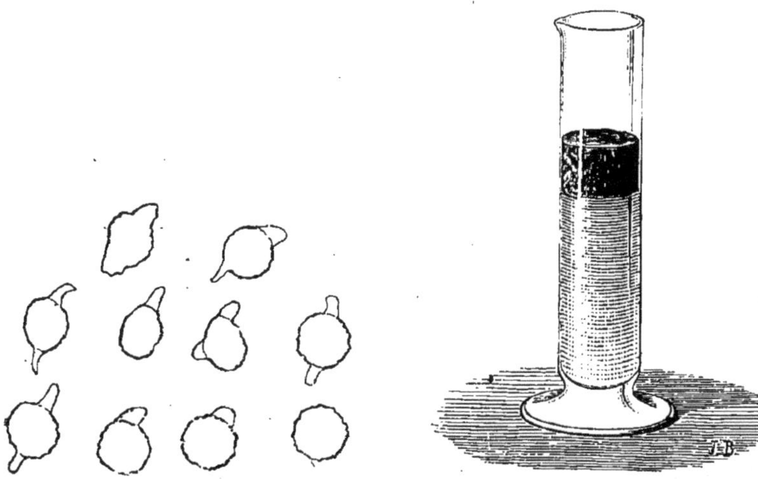

Fig. 56. — Un globule blanc du sang, changeant de forme sous le microscope (figure schématique).

Fig. 57. — Caillot sanguin dans une éprouvette.

combien de temps ils vivent, ni dans quelles parties du corps ils naissent et se détruisent.

Plasma. — Quoi qu'il en soit, nous savons que le sang dans les vaisseaux est composé de deux parties : un liquide nommé *plasma* (πλάσμα, ouvrage façonné, parce que le sang est le grand fabricateur de toutes choses dans l'organisme), et des globules rouges et blancs en suspension.

Coagulation. — Mais quand, par une saignée, on l'extrait du corps et qu'on le reçoit dans un vase, on voit se produire un phénomène curieux : après quelques minutes, il se transforme en une masse solide, un *caillot* rouge, contenant tous les globules; quelques heures plus tard, ce caillot se contracte et nage au-dessus d'un liquide jaunâtre (fig. 57). C'est là le phénomène de *coagulation* du sang.

Fibrine. — Si, au lieu de recevoir tranquillement le sang dans un vase, nous l'avions, au fur et à mesure de sa sortie des vaisseaux, vigoureusement battu à l'aide d'un petit balai (fig. 58), il serait resté indéfiniment à l'état liquide. Seulement, en examinant notre petit balai, nous aurions vu ses rameaux chargés d'une substance visqueuse, attachée en filaments. On peut laver ces filaments dans l'eau, et on recueille ainsi une matière blanchâtre, assez élastique, à laquelle on a donné le nom de *fibrine*. C'est cette fibrine qui, dissoute dans le sang normal, passe à l'état solide lorsque celui-ci sort des

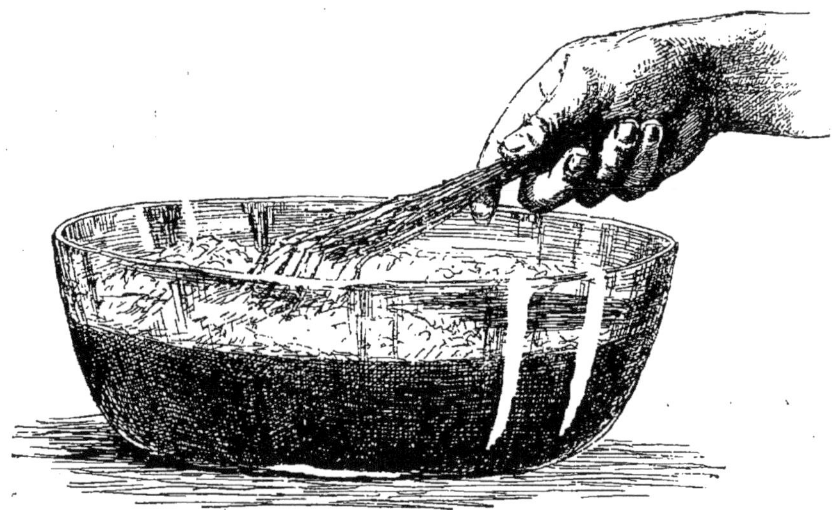

Fig. 58. — Défibrination du sang à l'aide d'un balai.

vaisseaux, et qui forme ainsi la trame du caillot dans lequel se trouvent emprisonnés les globules sanguins. Et cependant la quantité de cette fibrine est bien peu considérable, puisqu'elle ne s'élève qu'à 3 ou 4 grammes pour 1000 grammes de sang.

Maintes circonstances, dans le détail desquelles je ne puis entrer, modifient la rapidité de cette caogulation sanguine. Le froid, par exemple, la ralentit. Il en est de même des sels alcalins, et notamment du sulfate de soude. En ajoutant au sang une certaine quantité de ce sel, la coagulation est assez lente pour qu'on puisse filtrer le sang ; tous les globules restent alors sur le filtre, et il ne passe qu'un liquide blanc jaunâtre, qui se prend ensuite en une masse semblable à de la gelée, à cause de la fibrine qui y est restée dissoute.

Sérum. — Je vous disais tout à l'heure qu'après la coagulation le caillot flotte sur un liquide qui va en augmentant, à cause de la rétraction du caillot, lequel se resserre pendant plusieurs heures, et exprime son contenu comme une éponge qui se contracterait elle-même. Ce liquide, très semblable à la *sérosité* des vésicatoires, aux liquides épanchés dans les articulations, dans la plèvre ou le péritoine malades, est nommé *sérum*. Si nous le faisons chauffer, il se prendra en une masse solide, absolument comme du blanc d'œuf cuit. Ceci nous indique qu'il contient, comme le blanc d'œuf, une forte proportion d'*albumine*.

Composition chimique du sang. — En examinant les choses de plus près, nous en arriverons à déterminer la composition exacte du sang, comme l'indique le tableau suivant donnant l'analyse du sang d'un homme. Pour mille parties (en poids) il y avait :

Eau	779
Globules secs	140
Albumine sèche	70
Fibrine sèche	2
Graisses	3
Sels divers	6

Gaz du sang. — Le sang contient en outre des gaz ; on les voit se dégager en bulles nombreuses, lorsqu'on place ce liquide sous la cloche de la machine pneumatique. Ces gaz sont l'oxygène, l'acide carbonique et l'azote. Chose remarquable, tout l'oxygène est combiné avec la matière rouge, l'hémoglobine, des globules sanguins. Au contraire, c'est dans le liquide qu'est contenu l'acide carbonique, uni aux sels de soude. L'azote y est simplement dissous, et en très petite quantité.

On peut extraire l'oxygène en agitant le sang avec de l'oxyde de carbone (CO). Ce gaz a la propriété de déplacer l'oxygène des globules, sans changer la couleur du sang ; ceci fait, l'oxygène ne peut plus revenir se combiner avec l'hémoglobine. C'est ce qui explique, comme je vous le disais récemment, les accidents si facilement mortels dans certains cas d'empoisonnement par le charbon, et leur persistance lorsqu'ils n'ont pas occasionné tout de suite la mort.

Mais, si l'on veut se procurer tous les gaz du sang, il faut faire bouillir ce liquide dans le vide barométrique. On se sert pour cela d'un appareil nommé *pompe à mercure*, et qui n'est autre chose qu'un baromètre dont la chambre A est très grande, et la cuvette B mobile dans le sens vertical (fig. 59).

Sang rouge et sang noir. — Le sang n'a pas partout et toujours la même couleur. Celui que l'on retire d'une saignée, par exem-

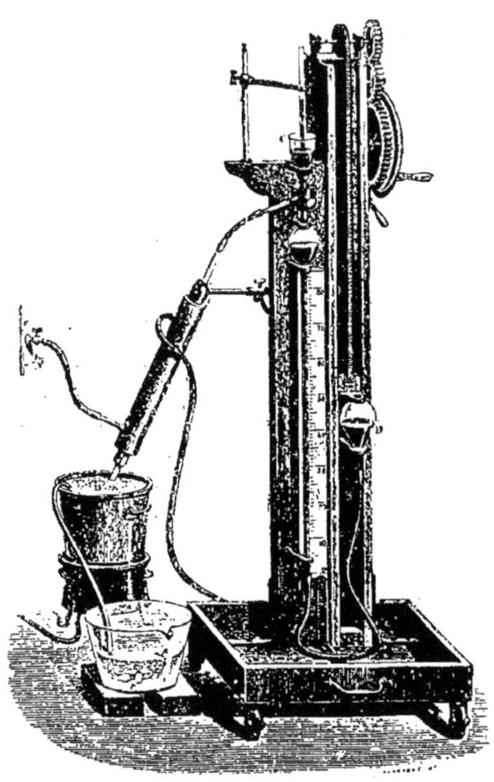

Fig. 59. — Machine à extraction des gaz du sang : A, chambre barométrique ; B, cuvette de baromètre pouvant monter ou descendre à l'aide d'engrenages ; C, tube où seront recueillis les gaz ; D, ballon où l'on introduit le sang par le robinet *r* et où il est soumis à l'ébullition ; R, robinet à trois voies, pouvant faire communiquer alternativement C et A, A et D, ou fermer toute communication.

ple, est d'un pourpre sombre; mais bientôt, au contact de l'air, il rougit, et cela d'autant plus vite qu'on l'aura plus agité, de manière à le mêler avec l'oxygène de l'air. Dans le corps même, il existe du sang de deux couleurs : du sang *veineux*, sombre, *noir*, comme on dit; du sang *artériel, rouge*. Cette différence de couleur tient simplement à ce que le sang rouge contient plus d'oxygène que le sang noir. Lorsqu'un animal périt par asphyxie, tout l'oxygène finit par disparaître de son sang, qui devient beaucoup plus noir que le sang veineux.

L'animal périt parce que ce sang ainsi désoxygéné est incapable d'entretenir la vie et l'activité des éléments anatomiques. Cette propriété maîtresse est l'apanage exclusif du sang oxygéné, du sang rouge.

Lorsque, par une ligature portée sur les artères, on empêche le sang rouge d'arriver dans une partie du corps, celle-ci est bientôt

Fig. 60. — Cochon d'Inde paralysé des membres postérieurs quelques minutes après la ligature de l'artère aorte au milieu du corps.

paralysée (fig. 60). Au bout de quelque temps, la contractilité musculaire elle-même disparaît. Mais, si on lève la ligature, on voit reparaître dans les parties paralysées la sensibilité et le mouvement. Enfin, si l'arrêt du sang dure trop longtemps, les éléments anatomiques finissent par périr; il se fait ce qu'on appelle de la *gangrène*.

Si, dans un membre séparé du corps, ou dans un membre d'un cadavre, alors que la contractilité musculaire disparue a fait place à cette raideur particulière qui dure plusieurs heures, et que les physiologistes appellent la *rigidité cadavérique*, on injecte par l'artère du sang rouge très oxygéné, au bout de quelque temps on voit, lorsqu'on les excite, les muscles se contracter. Sur une tête de chien coupée, le même effet se produit : l'œil cligne quand on le touche, et l'on prétend même avoir ainsi obtenu des signes d'intelligence.

CIRCULATION DU SANG

Le mot *circulation* semble impliquer l'idée d'un cercle. Cependant vous aurez une idée plus exacte du parcours du sang chez les mammifères en vous le représentant sous la forme d'un *huit* dont les deux cercles seraient inégaux (fig. 61). En leur point de rencontre, au centre du 8, se trouve l'organe impulseur, le *cœur*.

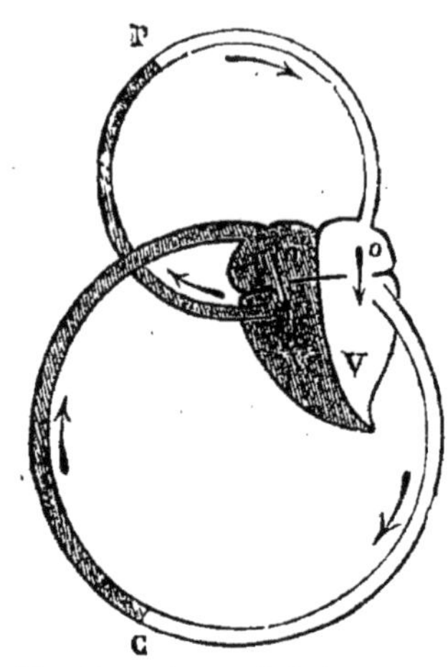

Fig. 61. — Appareil de la circulation : figure schématique représentant le 8 avec ses deux anneaux passant l'un par le poumon P, l'autre par tout le corps C. Les flèches indiquent le cours du sang.

Le cœur. — Le cœur est un organe creux, de nature musculaire, qui, se contractant énergiquement à des intervalles réguliers, chasse le sang qu'il contient et, cessant alors de se contracter, est distendu à nouveau par le sang qui y afflue de toutes parts. Alternativement il recommence ainsi ses diverses phases, à raison de 60 à 80 fois par minute chez l'homme.

Dans sa contraction, il est capable de soulever une colonne de mercure mesurant 15 à 18 centimètres de hauteur, ce qui équivaut à environ une colonne d'eau de 2 mètres à 2m,50. C'est donc là la distance à laquelle le cœur peut projeter le sang, et cela vous donne une idée du jet effrayant qui s'élance lorsqu'un des vaisseaux qui partent du cœur et qui sont nommés *artères* se trouve accidentellement divisé. Il est curieux de voir que, chez tous les mammifères où l'on a mesuré cette puissance du cœur, depuis le lapin jusqu'au cheval, on l'a toujours trouvée sensiblement la même.

J'ai à peine besoin de vous rappeler la place du cœur, il est situé dans le thorax, entre les deux poumons, près du sternum (fig. 62); chez la plupart des mammifères, il occupe sensiblement la ligne médiane; chez l'homme, il est situé un peu à gauche, et présente à peu près la forme d'un triangle dont la base serait en haut, et la pointe obliquement dirigée en bas et à gauche.

Cet organe est enveloppé d'une membrane séreuse qui se comporte vis-à-vis de lui comme la plèvre pour le poumon, et le péritoine pour les intestins : c'est le *péricarde* (περὶ, autour; καρδία, cœur).

Chez tous les mammifères, le cœur est divisé en deux loges complètement séparées, et chacune de celles-ci est, à son tour, incomplètement divisée en deux cavités communiquant l'une avec l'autre. On pourrait dire, en considérant la position de l'organe, qu'il y a un *cœur droit* et un *cœur gauche* (fig. 63), chacun biloculaire; on dirait même encore, en considérant le sang qu'on y trouve, qu'il y a un *cœur à sang noir*, c'est le cœur droit, et un *cœur à sang rouge*, c'est le cœur gauche.

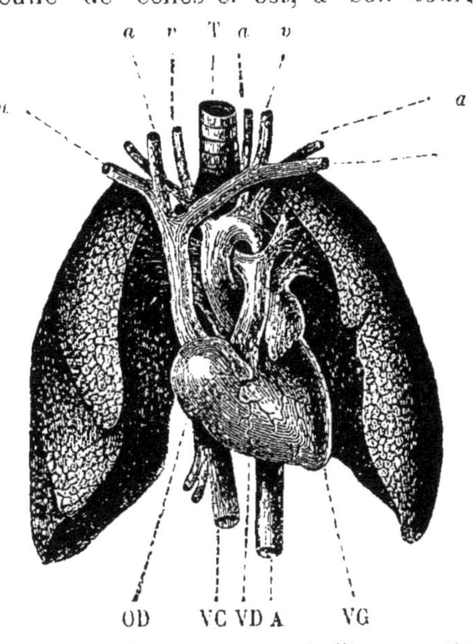

Fig. 62. — Cœur et poumon de l'homme : VG, ventricule gauche ; VD, ventricule droit ; OD, oreillette droite ; A, artère aorte ; VC, veine cave : *a*, artères ; e, veines ; T, trachée.

Le sang noir, disons-le tout de suite, c'est le sang qui revient de toutes les parties du corps ; il est dépouillé d'une grande partie de son oxygène, ce qui l'a fait foncer en couleur et l'a rendu, comme nous venons de le voir, incapable d'entretenir la vie des tissus ; il est de plus chargé d'acide carbonique. Le sang rouge, au contraire, est riche en oxygène, contient notablement moins d'acide carbonique, est essentiellement apte à entretenir la vie des tissus musculaire, nerveux, etc. En moyenne, chez le chien, le sang artériel contient, pour 100 cent. cubes, 20 cent. cubes d'oxygène et 40 cent. cubes d'acide carbonique; le sang veineux du cœur droit contient 12 cent. cubes d'oxygène et 50 cent. cubes d'acide carbonique. Or, nous l'avons dit, la transformation du sang noir en sang rouge se fait dans le poumon. Ces indications doivent vous faire, pour ainsi dire, deviner la manière dont le sang circule (fig. 64).

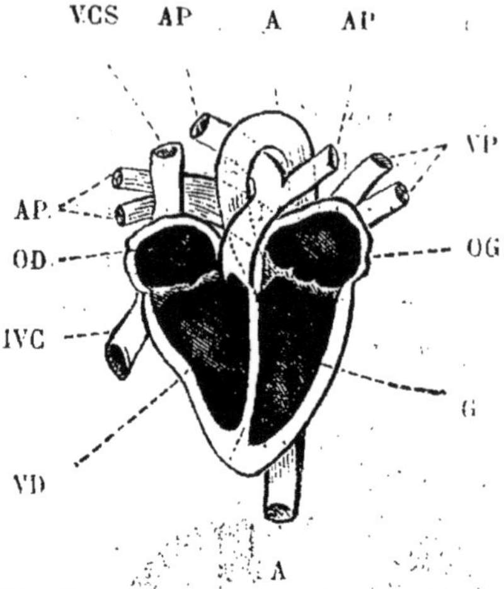

Fig. 63. — Coupe du cœur (figure schématique) : VG, ventricule droit ; OG, oreillette gauche ; OD, oreillette droite ; A, aorte ; AP, artère pulmonaire ; VCI, veine cave inférieure ; VCS, veine cave supérieure ; VP, veines pulmonaires.

Chacun des deux cœurs est composé d'une *oreillette* en haut, d'un *ventricule* en bas. Le sang noir qui revient de toutes les parties du corps débouche dans l'oreillette du cœur droit. Cette cavité, en se contractant, pousse le sang dans la cavité inférieure ou ventricule.

La contraction de l'oreillette est faible, car ses parois sont minces ; le ventricule est beaucoup plus épais ; ses contractions lancent le sang dans un gros vaisseau qui, sous le nom d'*artère pulmonaire* (fig. 63), l'emporte dans les poumons, où l'artère, unique d'abord, se bifurque pour aller à chaque poumon. De là par les *veines pulmonaires* le sang, qui est devenu rouge, revient au cœur gauche ; il arrive, là aussi, dans l'oreillette d'abord, puis dans le ventricule.

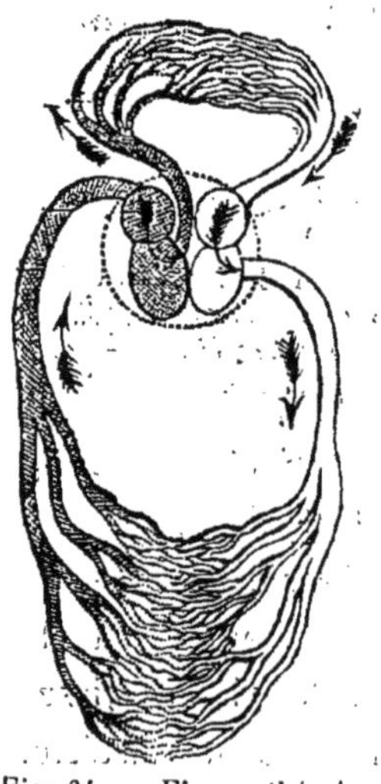

Fig. 64. — Figure théorique de la circulation.

Ce ventricule gauche est encore plus épais et plus puissant que le ventricule droit. Cela est en rapport avec son rôle, car il doit envoyer le sang rouge jusqu'aux extrémités du corps, tandis que le ventricule droit n'a affaire qu'aux poumons, organes voisins de lui. Du ventricule gauche, comme du droit, il ne part qu'un vaisseau : l'*aorte*, tube qui, chez l'homme, est assez gros pour admettre un doigt dans sa cavité, et qui, après s'être contourné en crosse, descend dans le thorax, puis dans l'abdomen, le long de la colonne vertébrale. Sur tout son parcours, il envoie des branches nombreuses qui se distribuent aux diverses parties du corps, et se termine en se bifurquant pour correspondre aux deux membres postérieurs.

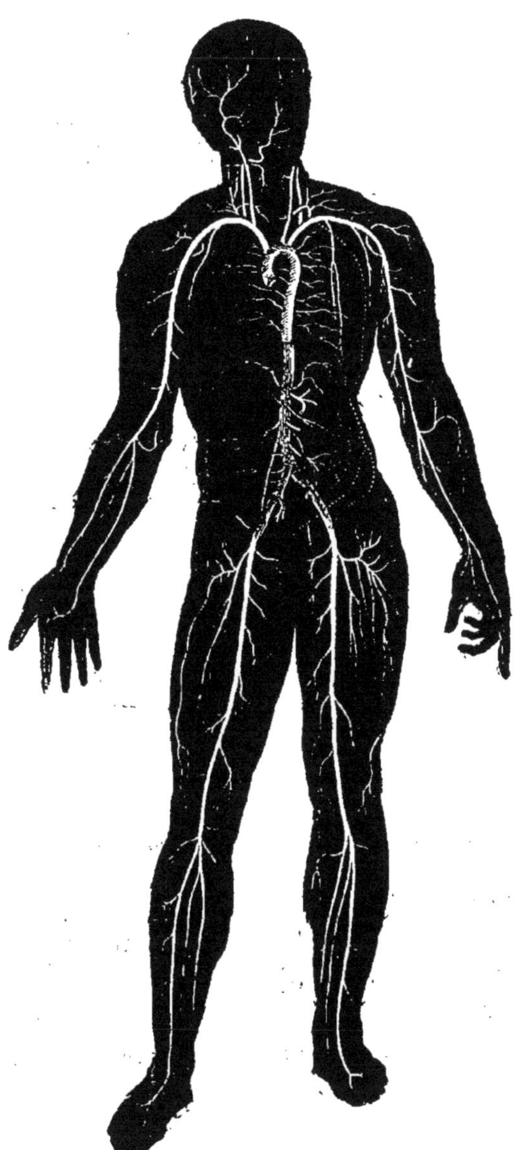

Fig. 65. — Vaisseaux artériels.

Les artères. — Je ne puis songer à entrer dans le détail descriptif des vaisseaux qui se détachent ainsi de l'aorte pour se rendre aux organes (fig. 65). Ils portent le plus souvent des noms qui sont en rapport avec leur distribution; c'est ainsi qu'on dit : les artères *humérale, fémorale, intercostales, bronchiques, hépatique*, *splénique*, etc., parce qu'elles sont voisines de l'humérus, du fémur, des côtes, ou parce qu'elles se ramifient sur les bronches, dans le foie, la rate. Je citerai seulement les *carotides*, grosses artères dont on sent très bien les battements en appuyant le doigt à côté de la trachée artère, et qui portent le sang à la tête et au cerveau.

J'ai appelé tous ces vaisseaux *artères* : c'est, en effet, le nom qu'on donne à tous les vaisseaux qui emportent du sang venant du cœur, qu'il soit noir ou rouge, qu'il provienne du ventricule droit (*système de l'artère pulmonaire*) ou du ventricule gauche (*système de l'artère aorte*). Ces artères possèdent des parois solides; quand on les coupe, leur orifice reste béant; si l'opération est faite sur un animal vivant, il s'élance un jet de sang à une distance énorme, et la mort peut rapidement s'ensuivre. Chez l'animal mort, on ne trouve rien dans les artères : aussi les anciens croyaient-ils qu'elles étaient, pendant la vie, pleines d'air, et il est curieux de voir quels efforts d'imagination ils faisaient pour accorder cette erreur avec ce qu'ils connaissaient de l'entrée de l'air dans les poumons, et ce

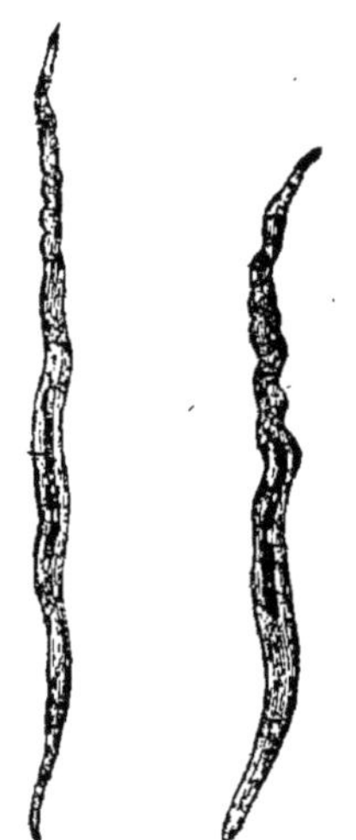

Fig. 66. — Fibres musculaires des artères (grossiss., 350).

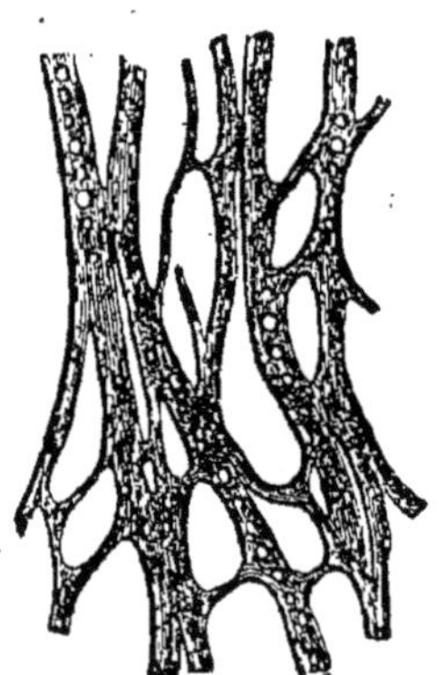

Fig. 67. — Réseau élastique de l'artère pulmonaire (grossiss., 350).

Fig. 68. — Cellules épithéliales des artères (grossiss., 350).

que leur avait appris sur le sang artériel la pratique de la chirurgie. C'est au physiologiste Harvey que revient l'honneur d'avoir démontré (son livre est de 1629), et cela par voie expérimentale, la réalité des faits. Ses contemporains protestèrent énergiquement contre les doctrines des « circulateurs », comme disait le Thomas Diafoirus de Molière.

Ces parois solides des artères sont très élastiques; elles possèdent de plus des fibres musculaires lisses d'autant plus nombreuses que l'artère est plus petite, et disposées circulairement, de sorte que leur contraction rétrécit la lumière du vaisseau. Enfin, en dehors, existe une membrane d'enveloppe et de protection. Tout cela constitue trois couches ou *tuniques :* la plus extérieure est composée de fibres du tissu cellulaire entrelacées ; la moyenne, de fibres musculaires lisses (fig. 66), avec plus ou moins de lamelles élastiques ; l'in-

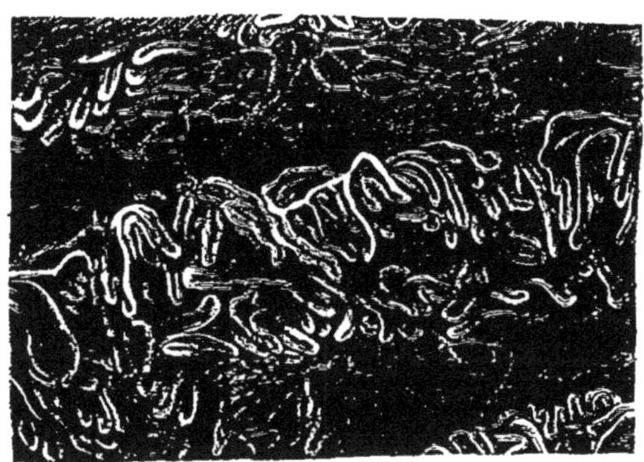

Fig. 69. — Capillaires de la peau (très grossi).

terne, de fibres élastiques entre-croisées en réseaux, d'où son nom de *tunique fenêtrée* (fig. 67) ; à l'intérieur se trouve un épithélium extrêmement délicat (fig. 68).

Les capillaires. — Les artères deviennent de plus en plus petites

Fig. 70. — Capillaires du foie (grossiss., 45).

et de plus en plus nombreuses au fur et à mesure qu'on s'éloigne du cœur ; d'artères, elles deviennent *artérioles*. Enfin elles finissent par donner naissance à un lacis extraordinairement serré de petits vaisseaux, si étroits qu'on leur a donné le nom de *capillaires*, par comparaison avec les cheveux : comparaison bien au-dessous de la vérité, car il en est qui ne peuvent laisser passer qu'un globule sanguin à la fois, et n'ont par conséquent guère plus de un demi-centième de millimètre de diamètre. Les capillaires se trouvent partout, dans la profondeur des organes comme à la surface de la peau ; et la preuve en est qu'il n'est pas un point du corps où l'on puisse piquer une aiguille sans amener une goutte de sang.

La forme des capillaires, leur manière d'être, varient étonnamment d'un organe à un autre; je mets sous vos yeux deux figures qui vous donneront une idée de cette variété, et en même temps de la prodigieuse richesse de la *vascularisation capillaire* (fig. 69, 70).

Les veines. — Les parois des artérioles, qui étaient encore assez épaisses et, comme nous le savons, munies de fibres musculaires, se sont soudain amincies pour former les délicates membranes des capillaires, qui ne sont plus composées que d'une paroi extrêmement fine de cellules épithéliales aplaties. Elles reprennent presque leur épaisseur primitive quand des capillaires naissent les *veines*. Celles-ci, très petites et très nombreuses d'abord, grandissent et se simplifient en se réunissant, de façon à former des troncs de plus en plus gros, qui finalement débouchent dans l'oreillette du cœur droit par deux gros vaisseaux, la *veine cave supérieure*, qui ramène le sang de la tête, du cou et des bras, et la *veine cave inférieure*, par où revient le sang du thorax, de l'abdomen et des membres inférieurs (fig. 63).

Il existe de même dans le poumon des capillaires, en communication avec l'artère pulmonaire, et desquels naissent des veines, et en définitive deux *veines pulmonaires* qui arrivent à l'oreillette gauche (fig. 63).

Les parois des veines sont beaucoup moins épaisses que celles des artères, bien qu'elles présentent trois tuniques de structure analogue ; leur calibre est généralement plus considérable. Parmi ces vaisseaux, les uns accompagnent les artères dans les régions profondes où elles sont protégées ; d'autres sont superficielles, et on les voit se dessiner en bleu à travers la peau.

Ensemble de la circulation. — Nous pouvons maintenant nous faire une idée de l'ensemble de la circulation (V. fig. 64 et 65). Considérons, par exemple, un globule sanguin arrivant par une des veines caves à l'oreillette droite du cœur, et suivons sa marche. L'oreillette le lance dans le ventricule droit; celui-ci se contracte à son tour, et le pousse dans l'artère pulmonaire. Il en suit une branche, puis un rameau, traverse les capillaires du poumon, entre dans une petite veine, puis dans une plus grosse, et arrive enfin dans l'oreillette gauche par l'une des veines pulmonaires. Il a ainsi décrit une des branches du 8 et accompli ce qu'on appelle la *petite circulation.*

Mais il n'est pas au bout, tant s'en faut! L'oreillette gauche l'envoie au ventricule gauche; de là, il s'élance dans l'aorte, la suit plus ou moins longtemps, en sort, par exemple, par l'artère fémorale, descend le long de la jambe et peut aller jusqu'au bout du pied, en parcourant des artères de plus en plus étroites. Il traverse alors le réseau des capillaires, remonte par des veines de plus en plus grosses, et revient en définitive à son point de départ, à l'oreillette droite, par la veine cave inférieure. C'est la seconde branche du 8, la *grande circulation*.

Le poète Barbier a exprimé ce trajet par des vers que je crois pouvoir vous citer :

Lorsque le sang, chassé par de puissants ressorts,
Du cœur de l'homme a jailli comme l'onde,
Il va roulant sa pourpre vagabonde
Par les mille canaux qui sillonnent le corps;
De toutes parts il anime, il féconde,
Donne aux pieds la vigueur et la splendeur aux yeux.
Et du cerveau, caché sous une voûte ronde,
Fait sortir la pensée en éclairs radieux;
Puis, lorsqu'il sent mourir sa chaleur souveraine
Et qu'il rentre aux poumons, noir, sans force et malsain,
L'air, le grand air, de sa vivante haleine.
Comme le vieil Eson, le rajeunit soudain.
Et, tout renouvelé par l'élément divin,
Riche de sève et fort de nourriture,
Voilà qu'il redescend dans l'édifice humain,
Avec une substance et plus rouge et plus pure.

Vitesse et pression du sang. — Tout ce trajet se fait avec une rapidité prodigieuse. Le sang court dans les grosses artères avec une vitesse d'environ 30 centimètres par seconde. Mais dans les veines elle n'est plus guère que du tiers. Ainsi, c'est en une demi-minute environ qu'il parcourt chez un homme le chemin que nous venons de décrire.

Je vous ai dit, il y a un instant, la force avec laquelle le sang est lancé par le cœur, ce qui détermine cette vitesse. Ceci mérite quelques explications.

Si l'on coupe une artère chez un chien en expérience, et qu'on introduise dans son extrémité la plus voisine du cœur un tube de verre courbé communiquant avec un réservoir dans lequel se trouve du mercure, un *manomètre* (fig. 71), comme disent les physiciens, on voit que la colonne de mercure opposée au sang est repoussée par celui-ci, et soutenue à une certaine hauteur. A chaque pulsation du cœur, la colonne monte de 5 à 8 centimètres ; mais au moment du repos elle ne descend guère au-dessous de 10 centimètres. Il y a donc dans les grosses artères une pression constante, qui s'augmente à chaque pulsation d'une quantité notable. C'est cette augmentation qui produit, si l'artère repose sur un corps solide, contre lequel on peut la comprimer avec le doigt, ce choc particulier auquel on donne le nom de *pouls*, et qu'on ressent si aisément au poignet ou à la tempe. C'est elle qui amène la saccade violente avec laquelle le sang s'échappe d'une grosse artère, lorsqu'elle a été piquée ou coupée.

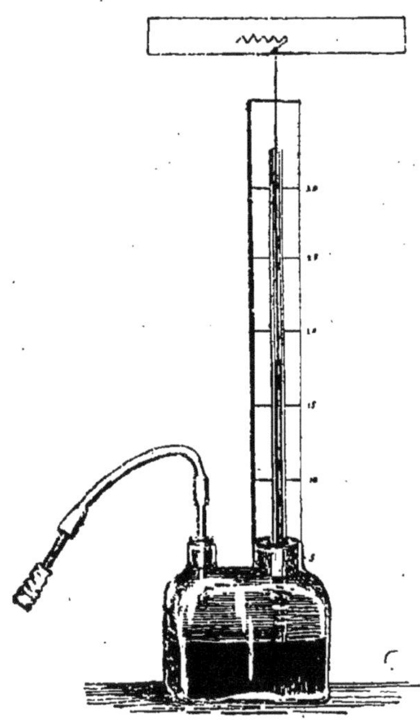

Fig. 71. — Manomètre placé dans une artère.

Dans les petites artères, la pression constante du sang est moindre, moindre aussi le choc du cœur. Dans les capillaires et surtout dans les veines, les frottements ont presque tout absorbé : la pression ne peut plus soutenir que quelques millimètres de mercure, et, si l'on pique le vaisseau, le sang en sort d'un mouvement lent et régulier, en *bavant*, suivant l'expression des chirurgiens.

La faiblesse de cette pression dans les petits vaisseaux et dans les veines fait qu'on peut aisément arrêter la circulation dans un doigt, par exemple, par une compression légère, comme celle d'un anneau ou d'un doigtier de caoutchouc. La peau devient toute blanche, sans qu'on ait rien senti. En sens inverse, si l'on place sur la peau un vase de verre dont les bords soient bien appliqués, et qu'on y diminue la pression, soit en aspirant l'air avec une petite pompe, soit en y brûlant du papier avant de le placer, afin d'y faire un vide partiel, la circulation veineuse de retour est empêchée, et le sang s'accumule sous le verre. C'est ce qu'on appelle une *ventouse*.

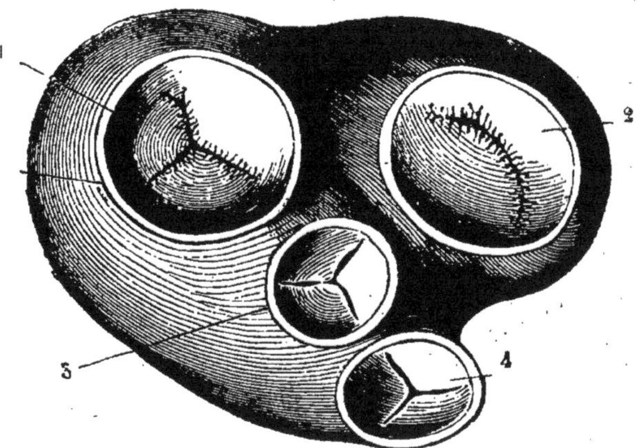

Fig. 72. — Valvules du cœur vues par en dessus : 1, auriculo-ventriculaire droite ; 2, auriculo-ventriculaire gauche (deux valves seulement) ; 3, artère aorte ; 4, artère pulmonaire.

Jeu du cœur. — Les deux oreillettes du cœur se contractent ensemble, puis les deux ventricules se contractent, tandis que les oreillettes se relâchent; dans un troisième temps, les quatre cavités restent en plein repos, le sang affluant et gonflant les oreillettes; puis le cycle recommence. Au moment où les ventricules se contractent, la pointe du cœur est poussée contre les parois de la poitrine, où on la sent battre aisément.

On appelle *systole* (συστέλλω, je contracte) le mouvement de contraction, et *diastole* (διαστέλλω, je dilate) celui de dilatation des cavités cardiaques.

Vous comprenez bien que, lors de la contraction des ventricules, le sang, pressé de tous côtés, tend à s'échapper à la fois par l'artère et par l'orifice de communication avec l'oreillette. Si rien n'y venait faire obstacle, un reflux se produirait qui gênerait singulièrement le jeu de l'oreillette. Ce danger est évité, grâce à des membranes ou *valvules*, qui oblitèrent l'orifice juste au moment de la contraction (fig. 72). Ce sont de petites voiles à convexité supérieure qui, au nombre de deux pour le cœur gauche, de trois pour le cœur droit, sont tirées en bas par de petits muscles qui agissent comme des matelots qui carguent une voile en la tirant à l'aide de cordages ; leurs bords se juxtaposent exactement, ferment tout passage au sang, et cela avec d'autant plus d'énergie que le cœur pousse plus fort.

Le sang lancé dans les artères aorte et pulmonaire tendrait de même, au moment où les ventricules se relâchent, à refluer dans l'intérieur, repoussé qu'il est par l'élasticité des artères. Mais à l'entrée du cœur se trouvent d'autres valvules semblables à de petits nids de pigeons, dites valvules *sigmoïdes* (c'est-à-dire ressemblant à un *sigma*), qui retombent sous cette pression et ferment le passage.

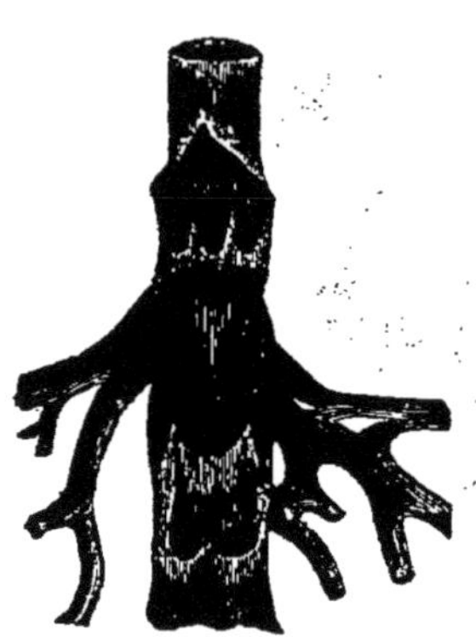

Fig. 73. — Veine ouverte montrant les valvules.

Il existe dans les veines des valvules (fig. 73) qui, bien qu'étant incomplètes, favorisent cependant la circulation de retour, sur laquelle le cœur n'agit plus avec beaucoup de force ; dans les membres inférieurs, où le sang veineux doit, pour remonter, lutter contre la pesanteur, ces valvules rendent de signalés services.

Une cause d'accélération du cours du sang veineux est la respiration. Lorsque, en effet, la poitrine se dilate, elle attire dans sa cavité agrandie à la fois l'air qui vient par la trachée-artère, et le sang que ramènent les gros vaisseaux veineux. Lors de l'expiration, elle aide à lancer le sang dans les artères, et occasionne dans les veines un certain reflux, qui se fait sentir jusqu'à la première valvule. Vous avez très souvent remarqué ce reflux, j'en suis sûr, dans les grosses veines du cou, surtout lorsque, comme il arrive après la gymnastique, les mouvements respiratoires sont exceptionnellement violents.

La veine porte. — Nous n'en avons pas fini avec la circulation du sang. Aux deux systèmes de la petite et de la grande circulation, que je viens de vous décrire rapidement, il faut en ajouter un troisième, dont la distribution est des plus singulières.

Les artères de l'intestin, après s'être terminées en capillaires, donnent naissance à des veines qui se réunissent pour former un tronc appelé *veine porte* (fig. 74). Mais celle-ci ne se rend pas, comme toutes les autres veines, au cœur : elle va au foie, s'y divise et subdivise en veinules et capillaires, d'où le sang rejoint ensuite la

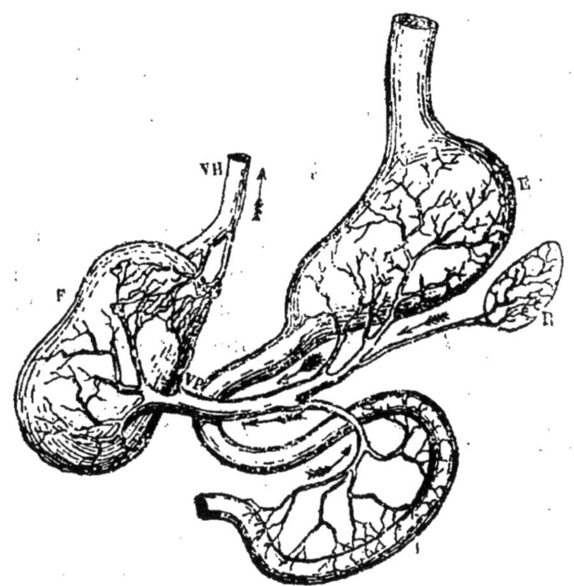

Fig. 74. — Le système de la veine porte : E, estomac ; I, intestin . F, foie ; R, rate DP, veine porte ; VH, veine sus-hépatique.

veine cave inférieure par les veines *sus-hépatiques*. Le *système porte*, comme on l'appelle, pourrait donc être comparé à un arbre creux, dont les racines seraient sur l'intestin, et les derniers ramuscules dans l'épaisseur du foie.

La rate. — Accolé à l'estomac, et sur le trajet des vaisseaux sanguins qui viennent de ce viscère pour rejoindre le tronc de la veine cave, se trouve un organe très singulier, sorte d'éponge pleine de sang, de la structure duquel je vous ai dit quelques mots (V. p. 49). C'est la *rate*, dont nous ne savons guère qu'une seule chose, c'est qu'on peut s'en passer, son ablation n'étant presque jamais suivie d'accidents chez les animaux, — ni chez l'homme, comme de hardis chirurgiens ont pu s'en assurer. Il paraît à peu près certain que les globules rouges du sang s'y détruisent habituellement en proportion assez forte.

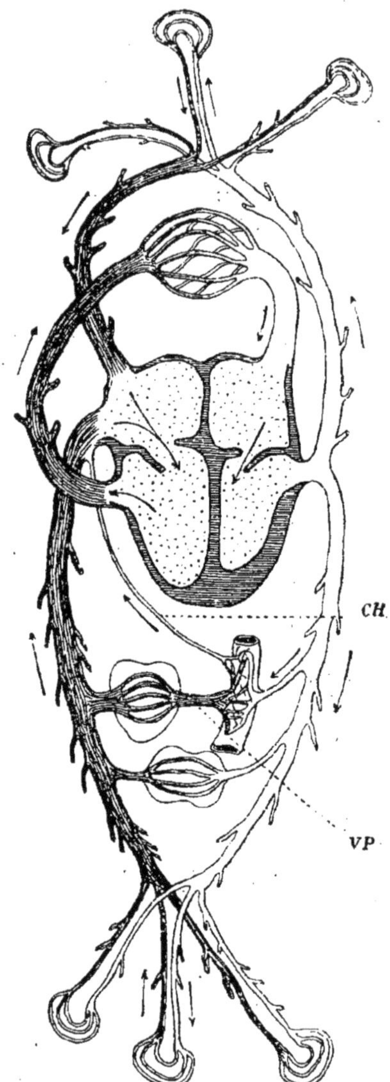

Fig. 75. — Appareil de la circulation. Figure schématique complète, comprenant la grande et la petite circulation, la circulation de la veine porte VP, les chylifères CH.

La rate grossit lorsque la circulation veineuse est gênée, comme il arrive après une course rapide, d'où parfois le *point de côté* de gauche, — et la réputation imaginaire des *dératés*. Dans certaines maladies, et surtout dans les fièvres intermittentes, elle prend de grandes dimensions. Les préjugés populaires font jouer un grand rôle à cet organe énigmatique; mais, tandis que les uns y voient le siège de la joie et parlent de « se dilater la rate », d'autres y logent la tristesse, et *spleen* est son nom anglais.

Le corps thyroïde. — Il existe un autre organe dont le rôle est plus problématique encore que celui de la rate, et qui a de commun avec elle d'être facilement gonflé par le sang : c'est le *corps thyroïde*, situé sur les côtés du larynx.

VAISSEAUX LYMPHATIQUES

Telle est, dans ses traits généraux, l'histoire de la circulation sanguine. Mais le sang n'est pas le seul liquide qui circule dans notre organisme, dans l'organisme des Vertébrés. D'autres vaisseaux, nommés *lymphatiques*, charrient un liquide incolore qui finit par arriver au sang et dont je dois vous dire quelques mots.

Ces vaisseaux, qui débutent, dans la profondeur de tous les orga-

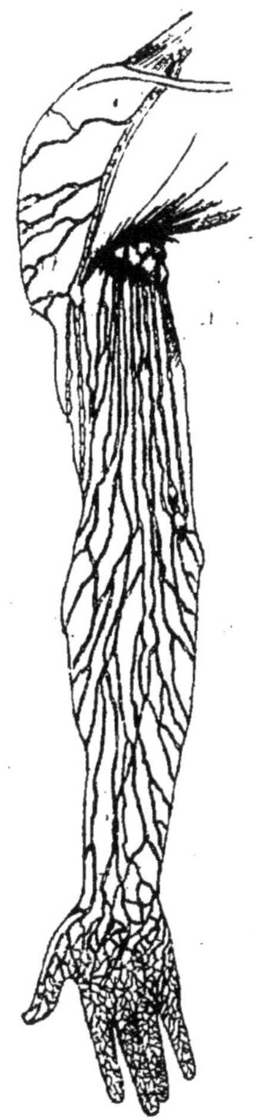

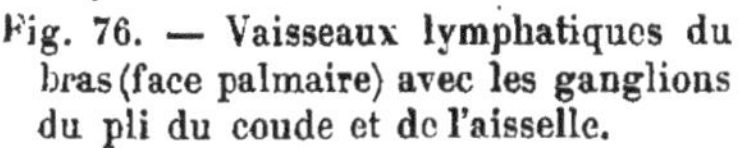

Fig. 76. — Vaisseaux lymphatiques du bras (face palmaire) avec les ganglions du pli du coude et de l'aisselle.

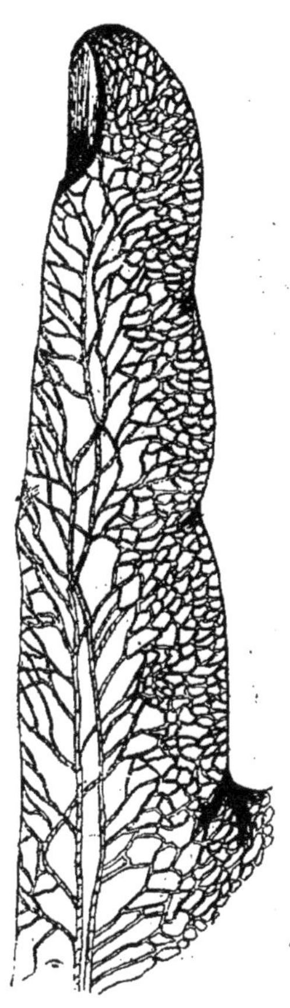

Fig. 77. — Vaisseaux lymphatiques du doigt.

nes, par des extrémités très fines, et dont l'origine n'est pas encore bien connue, vont en grossissant à la manière des veines au fur et à mesure qu'ils se rapprochent du cœur; ils forment notamment à la surface de la peau un inextricable lacis (fig. 76 et 77). Leurs troncs sont munis de valvules, comme les veines. Ils finissent par aboutir dans le système veineux, au voisinage du cœur, ceux de gauche par un gros tronc nommé *canal thoracique*, ceux de droite par d'autres troncs moins considérables. Le liquide qu'ils y déversent, la *lymphe*, est incolore et contient en suspension un certain nombre de globules blancs, tout à fait semblables à ceux du sang, lesquels en proviennent sans aucun doute.

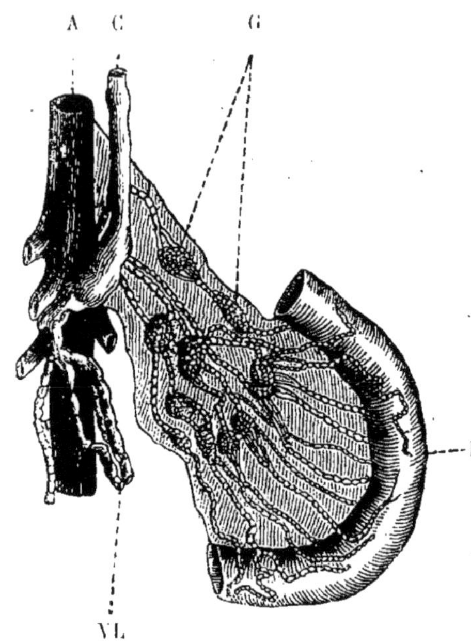

Fig. 78. — Vaisseaux chylifères : I, intestin ; A, aorte ; VL, vaisseaux lymphatiques ; C, canal thoracique : G, ganglions lymphatiques.

Sur la route des vaisseaux lymphatiques se trouvent de petits organes, dits *ganglions lymphatiques*, où ces vaisseaux s'enroulent d'une manière fort compliquée.

Chylifères. — Il n'y a pas de lymphatiques que dans la peau et les membres ; il en naît également de l'intestin, qui traversent des ganglions nombreux, et en se réunissant forment les affluents les plus importants du *canal thoracique*, lequel débouche dans la veine sous-clavière gauche.

Ces lymphatiques, qu'on nomme plus spécialement *vaisseaux chylifères* (fig. 78), jouent un rôle de premier ordre dans l'absorption digestive, et nous en parlerons bientôt avec quelques détails.

ABSORPTION, SÉCRÉTION, EXCRÉTION

L'ABSORPTION

Nous avons étudié jusqu'ici les voies d'accès par lesquelles l'air d'un côté, ou pour mieux dire l'oxygène, et de l'autre les aliments pénètrent dans l'organisme. Pour l'air, ce sont les poumons; pour les aliments, le tube intestinal, où l'action de divers sucs a pour effet de les modifier dans leur état physique et même dans leur constitution chimique.

Difficultés de l'absorption. — Mais, en y réfléchissant un peu, il semble que nous ne soyons guère plus avancés. En effet, le poumon, malgré la complexité de sa structure et l'innombrable quantité de ses ramifications, n'est, en définitive, qu'un sac, sur les parois duquel se réfléchit, en se modifiant et s'amincissant, l'enveloppe extérieure, la peau, avec son derme et son épiderme. Bien qu'introduit dans la poitrine, l'air n'en reste pas moins véritablement en dehors de nous, de notre organisme.

Il en faut dire autant des aliments. Le tube intestinal, ouvert à ses deux extrémités, est simplement un canal qui traverse le corps, et que garnit une muqueuse en continuité directe avec la peau. Peu importent les variations de son diamètre, le renflement stomacal, les replis intestinaux ; peu importent les glandes grosses et petites qui y versent leurs produits, l'aliment est en réalité tout aussi bien extérieur à l'organisme dans ce tube tortueux que dans la bouche ou dans la main.

Or, ce qu'il faut, c'est que l'oxygène, c'est que les aliments pénètrent dans l'organisme, ou, pour parler avec plus de précision, dans le sang. L'obstacle à franchir, c'est la muqueuse pulmonaire ou intestinale. Comment sera-t-il traversé ?

Examinons les choses de plus près. La muqueuse est un lacis inextricable de fibres entre-croisées, quelque chose de comparable à un tissu feutré. Elle est, comme tout l'organisme, imprégnée d'eau ou, plus exactement, d'un liquide chargé d'albumine, qui a les plus grandes analogies avec le *plasma* du sang ou de la lymphe. Dans son épaisseur, près de sa surface extérieure, rampent les capillaires sanguins, aux parois extrêmement minces, et où circulent, par deux ou trois de front tout au plus, les corpuscules du sang. Mais cette surface est protégée à son tour par un vêtement continu de cellules épithéliales juxtaposées. Ces cellules sont très variables de formes, suivant les régions (fig. 30, 51, 53), et nous en avons déjà parlé; mais toujours elles sont placées à côté les unes des autres, comme les pièces d'une mosaïque, sans aucun intervalle. Il a fallu renoncer à trouver rien qui ressemble à des trous, à des canaux traversant la membrane muqueuse; point de *pores absorbants*. Ce n'est pas faute de les avoir cherchés, que dis-je? de les avoir décrits par avance, et dessinés.

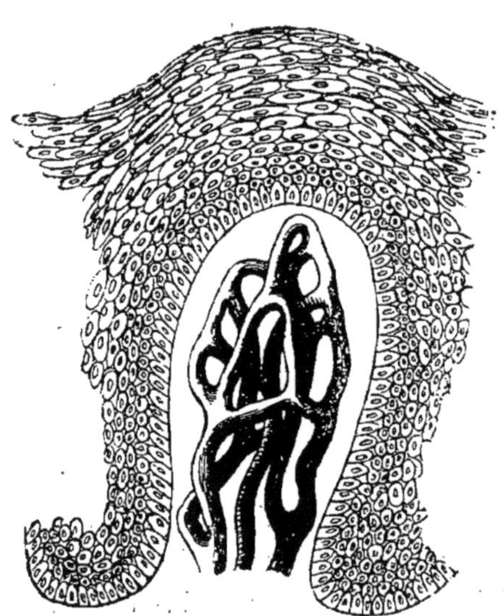

Fig. 79. — Papille intestinale montrant le revêtement continu de l'épiderme : V, vaisseaux sanguins (grossiss., 250).

D'ailleurs, y eût-il de semblables pores, que la question ne serait pas résolue pour cela, car il n'y en a certainement pas à travers les parois des vaisseaux sanguins, sans quoi le sang transsuderait en nature. De ce côté, en effet, mêmes difficultés; sur la membrane-paroi du vaisseau, à sa face interne, autre revêtement épithélial, il faudrait presque dire un vernis épithélial, — tant est extrême sa minceur, au moins dans les capillaires.

Ainsi, double obstacle, double membrane continue; et cependant l'absorption se fait, et se fait avec une étonnante rapidité, comme le prouve surtout l'absorption des poisons. Qu'on place sous le nez d'un animal un flacon d'acide prussique, presque instantanément il roule à terre frappé à mort. Qu'on injecte dans l'estomac une dissolution de strychnine, les convulsions caractéristiques apparaissent en quelques secondes. Or, aucune substance ne peut agir sur l'organisme qu'après avoir été absorbée, qu'après avoir pénétré dans le sang. L'absorption n'est pas moins nette, nous le savons tous, pour l'oxygène et pour les aliments.

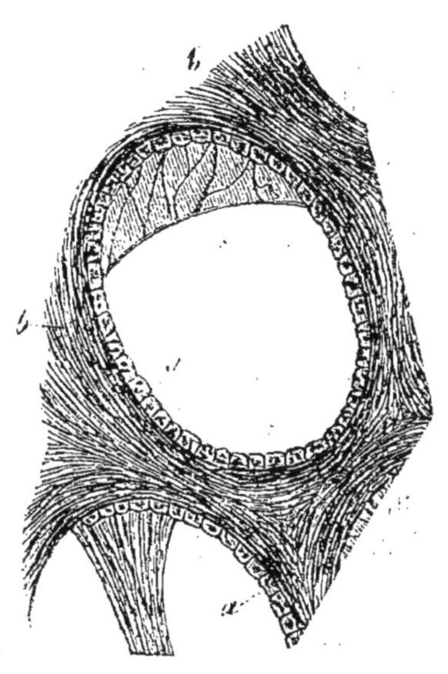

Fig. 80. — Une vésicule pulmonaire (grossiss., 330) : *a*, épithélium ; *b*, tissu élastique.

Absorption des gaz. — Voyons l'oxygène d'abord. Dans le sang où il doit pénétrer se trouve, nous l'avons vu, unie aux globules, une substance rouge, l'hémoglobine, qui en est très avide, qui en absorbe de grandes quantités. Le sang veineux qui va au poumon contient peu d'oxygène ; il en résulte que l'hémoglobine non saturée s'empare de l'oxygène qui s'est dissous dans la membrane pulmonaire elle-même au contact de l'air ; celui-ci absorbé, il s'en dissout de nouveau, que prend encore l'hémoglobine des globules suivants. Et ainsi de suite, l'oxygène passant ainsi de l'air dans la membrane, et de la membrane dans le globule sanguin.

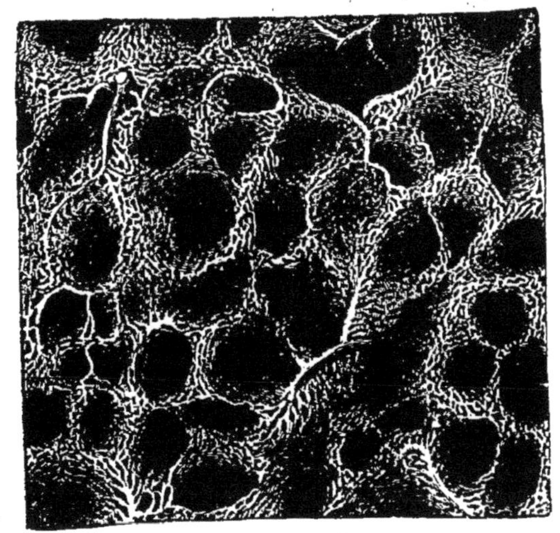
Fig. 81. — Réseau capillaire des vésicules pulmonaires (grossiss., 60).

Ce cheminement compliqué est facilité, quant à la rapidité de son exécution, d'un côté, par l'étonnante minceur, la diaphanéité de la membrane pulmonaire réduite, au fond des culs-de-sac où se fait l'absorption, à un revêtement épithélial qui présente à peine l'épaisseur d'un globule sanguin (fig. 80), et d'un autre côté, par la richesse du réseau des capillaires sanguins (fig. 81), eux-mêmes extrêmement ténus.

Absorption des aliments. — Passons aux aliments. Ici, c'est encore le principe de la dissolution dans la membrane intermédiaire qui domine le phénomène, mais celui-ci est plus compliqué et demande, pour être bien compris, un certain effort d'attention.

On démontre en physique que, lorsque deux liquides différents, ou, pour nous rapprocher de notre cas particulier, deux dissolutions aqueuses de principes différents, sont susceptibles de mouiller une membrane sans trous, et même une gelée, il se fait entre elles un échange qui finit par les amener à certain état d'équilibre, les matières contenues dans l'une passant dans l'autre, et réciproquement. Ce sont les faits qu'on a successivement désignés sous les noms d'*osmose* et de *dialyse*.

Certaines substances traversent ainsi très aisément les membranes pour se rendre dans le liquide où elles font défaut : on les nomme *cristalloïdes*, parce que généralement elles sont capables de cristalliser. D'autres sont au contraire très rebelles à ce passage : on les nomme *colloïdes*, parce que la gélatine, dont on fait la colle, en est le type. Or, les actes digestifs ont pour but de transformer les matières solides en matières liquides cristalloïdes, ou les matières liquides colloïdes en matières cristolloïdes. C'est ainsi, nous l'avons vu, que les fécules deviennent de la glycose, que l'albumine des œufs ou du sang, que la matière constituante de la chair animale, que le gluten du blé, etc., deviennent de l'albuminose ou peptone, substance du groupe des cristalloïdes.

Ainsi, après la digestion, tout ce qui est dans l'intestin, eau, alcool, sels dissous dans l'eau, sucres, féculents devenus glycose, albuminoïdes devenus peptones, tout est cristalloïde, capable de mouiller la paroi, de s'y dissoudre, de pénétrer de là dans le sang.

Et de celui-ci, rien ou presque rien ne peut sortir.

Son albumine, en effet, est éminemment de l'ordre des colloïdes, et quant aux autres principes, aux sels, ils existent dans les liquides de la digestion, au moins en proportion égale, et n'ont nulle tendance à s'en aller du sang.

Il est clair que, moins épaisse sera la paroi, mieux s'opérera l'absorption : aussi, dans le lieu où, plus spécialement, se fait l'absorption intestinale, la distance entre la surface de l'intestin et la paroi interne du vaisseau sanguin est-elle très faible.

L'absorption de la majeure partie des produits digestifs a lieu dans l'intestin grêle. Là, comme nous l'avons vu, la muqueuse fait de nombreux replis qui multiplient sa surface et, par suite, sa puissance absorbante. De plus, on y voit, semblables aux filaments du velours, de petites saillies d'environ un demi-millimètre de longueur, dites *villosités*. Examinons de près une de ces villosités (fig. 82).

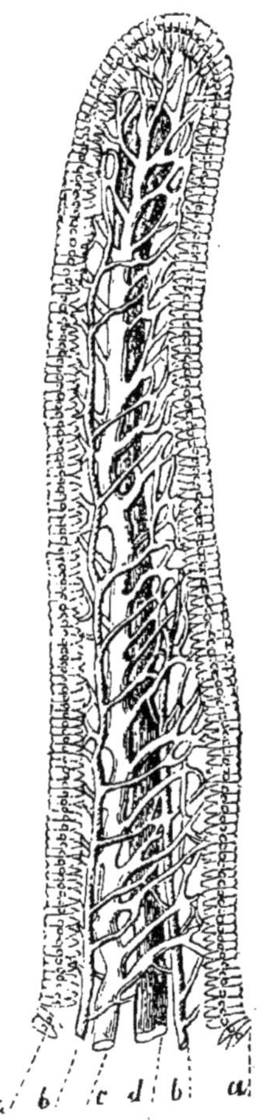

Fig. 82. — Villosité intestinale grossie environ 20 fois : *aa*, épithélium ; *b*, artères ; *c*, veine ; *d*, vaisseaux chylifères.

A sa surface, sous la couche de cellules épithéliales qui la revêt, rampe un fin réseau de capillaires sanguins ; au centre, un espace vide : c'est l'origine d'un vaisseau lymphatique, de ceux que nous avons appelés *chylifères* (fig. 78), qui, après avoir traversé de nombreux ganglions, se rendent dans la veine sous-clavière gauche. L'épaisseur totale d'une villosité est d'environ $0^{mm},2$; la largeur du capillaire lymphatique de $0^{mm},1$: reste donc, pour pénétrer dans les vaisseaux, une distance maximum à franchir de un demi-dixième de millimètre pour les aliments dissous qui vont imbiber la paroi.

Ceux-ci paraissent passer assez indifféremment par l'une et l'autre voie des chylifères ou des veines. Mais il faut que je vous rappelle que, par l'un ou l'autre chemin, elles ne s'en vont pas directement à la circulation générale. Si elles passent par les chylifères, elles traversent les ganglions ; si elles passent par la veine porte, elles vont au foie. Dans l'un et l'autre cas, elles peuvent éprouver des modifications chimiques.

Absorption des matières grasses. — Mais c'est par les chylifères que pénètrent presque exclusivement les matières grasses. Celles-ci, nous l'avons vu, sont émulsionnées par les sucs digestifs, principalement par le suc du pancréas. Elles entrent dans les chylifères qui, jusque-là invisibles, deviennent alors d'un blanc de lait; c'est même là ce qui les a fait découvrir sur un animal en pleine digestion.

Mais comment ces globules gras, si petits qu'ils soient, peuvent-ils pénétrer à travers des parois parfaitement closes? C'est pour eux qu'on a cherché, qu'on a décrit des trous, des pores hypothétiques! Il n'y en a pas, on peut l'affirmer aujourd'hui. Les globulins gras traversent directement les parois, à travers les cellules, et pénètrent comme par effraction dans le canal chylifère; ils y arrivent en nature, comme on s'en assure en faisant avaler à un animal des matières grasses différentes (oléine, margarine, etc.), et en faisant l'analyse chimique du *chyle*, c'est-à-dire de l'émulsion blanche, prise dans les vaisseaux qui lui doivent leur nom.

C'est ainsi que les matières alimentaires, devenues cristalloïdes, ou mises sous forme d'émulsion, traversent la muqueuse intestinale et pénètrent dans le sang.

Action de l'épithélium. — Certaines substances introduites dans le canal digestif n'y éprouvent pas de modifications suffisantes pour être absorbées. Telle est la *gélatine*, substance extraite des os par la coction, sur laquelle on avait, il y a quelque quarante ans, fondé de grandes espérances nutritives, et qu'on recommandait fort aux populations : elle est à peu près complètement inattaquable par les sucs digestifs. Tels sont encore, chose bien curieuse, les *venins* des serpents ou d'autres animaux, qui ne s'absorbent pas, ou du moins ne s'absorbent qu'avec une telle lenteur, qu'ils n'occasionnent aucun accident; tel aussi le *curare*, poison fort curieux dont arment leurs flèches les naturels des bords de l'Amazone.

Mais (et j'appelle spécialement votre attention sur ce fait) c'est le revêtement épithélial seul qui s'oppose à l'absorption des venins et du curare. La moindre excoriation qui l'aura détruit permet l'entrée de la substance toxique, qui produit rapidement alors ses redoutables effets. Aussi l'on a raison de dire qu'on peut impunément sucer la piqûre d'un serpent venimeux, mais c'est à la condition de n'avoir à la bouche aucune écorchure par laquelle le venin pourrait pénétrer.

Absorption par la peau. — L'action protectrice de la couche des cellules épithéliales ne se manifeste nulle part avec plus d'énergie que sur l'enveloppe extérieure du corps, sur la peau. Il est bien établi aujourd'hui que, dans les conditions ordinaires, la peau n'absorbe pas ; des bains où se trouvaient en dissolution des poisons énergiques, et dont l'action est facile à reconnaître, comme la belladone, ont pu être pris impunément. Elle doit cette imperméabilité à deux causes qui se confondent en définitive, son revêtement épidermique et la couche graisseuse qui la recouvre toujours.

Vous savez tous que l'eau ne mouille pas la peau. Au sortir d'un bain, même prolongé, l'eau coule en gouttelettes sur tout le corps, et la peau n'a pas changé d'aspect, sauf à la paume des mains et à la plante des pieds : là, en effet, elle est imbibée et boursouflée. Cela tient, comme je vous l'ai dit, à ce que sur tout le corps, sauf aux deux endroits indiqués, se trouvent de petits poils, et que, à chaque poil, sont annexées des glandes sébacées qui sécrètent un liquide huileux, lequel conserve à la fois au poil sa souplesse et à la peau son imperméabilité.

C'est cette huile qui, mêlée à l'épiderme, forme vernis et empêche l'absorption cutanée des dissolutions aqueuses. Mais si l'on frotte la peau avec une graisse contenant des substances médicamenteuses ou toxiques, celles-ci pénètrent l'épiderme et sont absorbées par les vaisseaux du derme. Ce sont ces pommades chargées de belladone, de mandragore, de datura, qu'employaient autrefois les sorcières qui, s'en frottant sous les aisselles, s'empoisonnaient, éprouvaient des hallucinations, et chevauchaient en rêve au sabbat.

On obtient le même résultat en enlevant les couches cornées, superficielles, de l'épiderme, à l'aide d'un vésicatoire à l'ammoniaque ou à la poudre de cantharide. La surface mise à nu absorbe parfaitement les substances qu'on y applique, et la médecine se sert avec avantage de cette méthode dite *méthode endermique* (ἐν, dans; δέρμα, peau).

Absorption par diverses muqueuses. — Ce n'est pas seulement la peau et la muqueuse intestinale qui sont susceptibles d'absorber. La muqueuse pulmonaire absorbe non seulement l'oxygène et d'autres gaz, comme nous l'avons dit, mais des liquides. Ceux-ci mêmes disparaissent avec une rapidité étonnante. On peut impunément laisser couler pendant trois heures dans la trachée d'un cheval un robinet d'eau gros comme un crayon : le liquide s'absorbe dans les poumons au fur à mesure qu'il y entre.

Toutes les autres surfaces extérieures absorbent aussi, avec une énergie qui dépend de l'épaisseur de leur épithélium et des enduits dont il peut être revêtu. C'est ainsi que la muqueuse de l'oreille, revêtue de graisse, absorbe peu les solutions aqueuses, tandis que les huiles ou les alcoolats y agissent assez bien. Au contraire, la muqueuse de l'œil absorbe avec une telle rapidité les solutions aqueuses, que si l'on y instille une goutte d'un *collyre* à la belladone, presque aussitôt la pupille sous-jacente se dilate par l'effet du médicament absorbé.

Les surfaces intérieures ont la même propriété. Lorsque, dans des expériences sur les animaux ou dans des opérations chirurgicales on injecte dans la plèvre, le péritoine, les cavités articulaires, de l'eau avec ou sans quelque substance étrangère dissoute, elle y disparaît assez vite par absorption. Tout naturellement, les liquides qui, dans les inflammations, s'accumulent dans les séreuses, y sont absorbés lors de la guérison : on dit alors qu'il y a *résorption*.

Tous les tissus, tous les organes, toutes les régions du corps, peuvent être le siège d'absorption, de résorption : c'est que partout se trouvent des vaisseaux sanguins et des vaisseaux lymphatiques. Ces résorptions jouent un très grand rôle dans la guérison de diverses maladies, la disparition de certaines tumeurs ; mais je ne saurais insister davantage sur ce point.

Parmi toutes les membranes organiques, une seule fait exception, et se refuse d'une manière absolue à toute absorption : c'est la muqueuse qui revêt la vessie urinaire. Et il y a là une relation très importante à signaler avec le rôle physiologique du réservoir qu'elle tapisse. C'est là qu'aboutissent et séjournent quelque temps toutes les substances qui doivent être rejetées de l'organisme : il était nécessaire qu'elles ne pussent être résorbées à nouveau. Mais, pour être ainsi rebelle à l'absorption, il faut que la muqueuse vésicale ait son épithélium intact. Quand il est malade ou enlevé, l'absorption s'y fait comme partout ailleurs.

LES SÉCRÉTIONS ET LES EXCRÉTIONS

Différences entre les sécrétions et les excrétions. — Nous venons de voir comment les substances diverses, solides, liquides, gazeuses, pénètrent dans le sang, les unes par le poumon, les autres par l'intestin, pour de là se rendre aux tissus. Parmi les organes qu'elles nourrissent, il en est qui fabriquent à leurs dépens des substances qu'ils s'incorporent, substances qui ne les quitteront qu'après s'être usées, brûlées : c'est là la règle générale, et dans cette catégorie il convient de placer les organes nerveux, les muscles, les os. D'autres ne gardent pas pour eux les substances qu'ils ont fabriquées, mais les déversent pour l'utilité du reste de l'organisme, qui dans le sang, qui sur certaines surfaces. On donne le nom de *glandes* à ces organes, et celui de *sécrétions* à leurs produits, toujours dissous dans une plus ou moins grande quantité d'eau. Enfin il est des organes, également nommés glandes, qui, sans fabriquer aucune substance, servent de lieu de passage à tous les détritus organiques, les séparent du sang où ils ont été introduits dans la profondeur des tissus, et les conduisent au dehors : ces actes constituent les *excrétions*. Mais je me hâte de vous dire que cette classification commode est, comme toutes les classifications, un peu arbitraire.

Le vrai caractère de la sécrétion, c'est la formation sur place, dans la glande, d'une substance qui n'existait pas dans le sang, bien qu'elle soit formée aux dépens des matériaux du sang. Il y a, comme je viens de vous l'indiquer, des sécrétions dont les produits sont rejetés dans le sang, d'autres dont les produits sont versés sur certaines surfaces, sur les muqueuses : des sécrétions *internes*, des sécrétions *externes*. Commençons par celles-ci.

Sécrétions digestives. — Les plus importantes parmi les glandes sont, à coup sûr, celles qui versent leurs produits sur les muqueuses digestives ; il en est de toutes les sortes, et des plus variées de forme, comme je vous l'ai dit, depuis les simples follicules de l'intestin jusqu'aux glandes en grappe qui sécrètent les salives et le suc pancréatique. Nous avons déjà étudié la structure et les produits de ces glandes.

Ce sont les cellules épithéliales qui tapissent les culs-de-sac de ces glandes qui, par leur activité propre, fabriquent, les unes la *ptyaline* salivaire, d'autres la *pepsine* du suc gastrique (fig. 83), etc. L'expulsion du produit par l'orifice de la glande est sous l'influence du système nerveux.

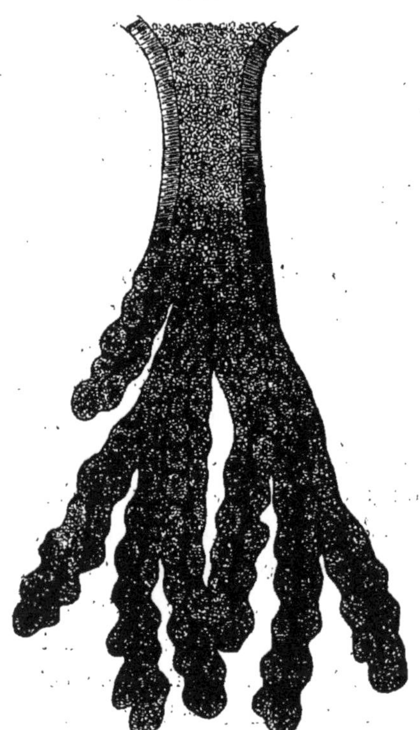

Fig. 83. — Glandes composées de l'estomac (grossiss., 100).

A la glande sous-maxillaire se rend un nerf appelé la *corde du tympan*. Lorsqu'on met un tube dans le conduit excréteur sur l'animal vivant, on en voit sourdre la salive en gouttes pressées, si un excitant est placé sur la langue, ou même quand on montre à l'animal quelque mets désiré. Le même effet se produit quand on excite directement la corde du tympan par l'électricité.

Il y a beaucoup d'eau dans toutes les sécrétions ; les salives ne contiennent guère que 10 à 20 p. 1000 de matières solides.

Glande mammaire. — Une des sécrétions les plus curieuses de l'organisme est celle du lait. La mamelle est formée de lobules dont les conduits excréteurs se réunissent et finalement débouchent au dehors par un certain nombre d'orifices (fig. 84 et 85).

Le lait est beaucoup plus riche en matières solides que les sécrétions digestives, sauf la bile : il en contient 130 p. 1000. Elles sont, en laissant de côté quelques matières salines peu importantes, de trois natures principales

D'abord, le *sucre de lait*, ou *lactose*, qui se transforme très rapidement, au contact de l'air et par l'action d'êtres microscopiques, en acide lactique, ce qui cause la *coagulation* spontanée du lait.

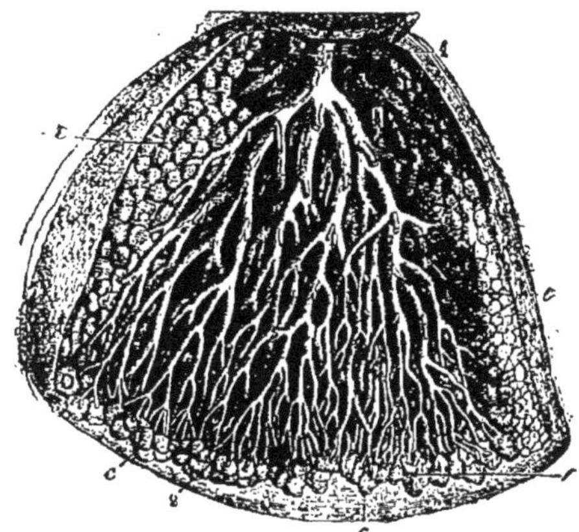

Fig. 84. — Structure de a mamelle : *c*, lobules de la glande : 1.2, conduits du lait.

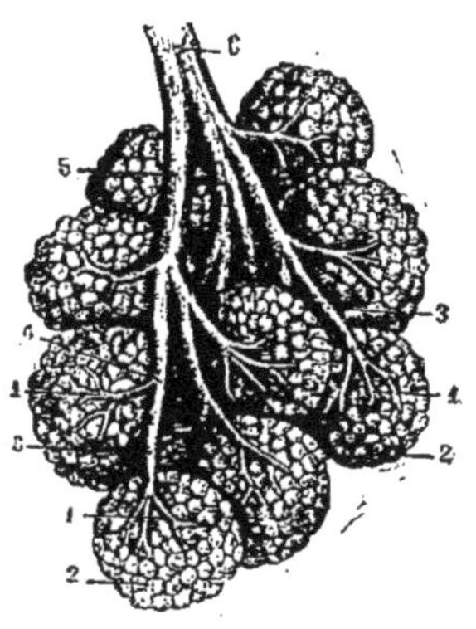

Fig. 85. — Structure de la mamelle grossie : 2, lobules ; 1, 3, 4, 5, conduits du lait.

Puis, des matières grasses, qui se présentent sous la forme de petits globulins (fig. 86) dont la dimension peut atteindre 25 millimètres. Formés d'une gouttelette de graisse environnée d'une mince membrane albuminoïde, ils sont plus légers que le liquide et montent à la surface quand il reste en repos (*crème*). Si l'on déchire leur enveloppe par le battage, ils se réunissent les uns aux autres pour former le *beurre ;* les plus petits seuls restent dans le *petit lait*.

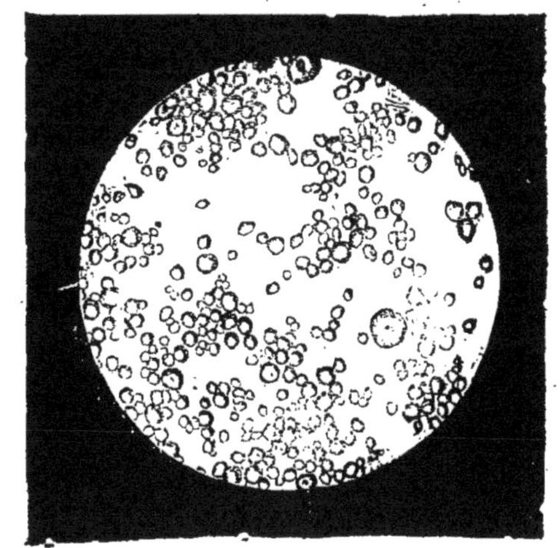

Fig. 86. — Globules du lait (très grossis).

Enfin, une matière albuminoïde, la *caséine*, qui se coagule sous l'influence des acides et aussi sous celle du suc gastrique, de la *présure*. C'est cette coagulation qui est la base de l'industrie des *fromages*.

Le lait contient une quantité notable de phosphates, soit de 3 à 4 pour 1000. La présence de ces sels s'explique aisément par la nécessité de former les os, riches en phosphore ; car le lait est un aliment complet, le seul, avec l'œuf et le sang, que nous présente la nature.

Foie. — Le foie forme, comme on le sait de temps immémorial, la *bile*, le *fiel*, liquide verdâtre, extrêmement amer, qui contient environ 140 parties de matières solides contre 860 d'eau.

Ces principes divers sont : 1° des matières colorantes (environ 20 p. 1000); 2° des acides azotés dits *biliaires* (environ 80 p. 1000); 3° la *cholestérine* (environ 25 p. 1000), sorte de matière grasse qui se forme en divers lieux de l'organisme, et s'en va par le foie: 4° des sels (10 p. 1000).

La bile possède, comme on le sait depuis longtemps, le pouvoir de dissoudre les graisses, de détacher; les anciens dégraisseurs l'employaient fréquemment, et elle sert encore à cet usage.

La sécrétion de la bile est là pour montrer l'arbitraire de la séparation des sécrétions et des excrétions. En effet, d'un côté, ce liquide agit dans la digestion (sécrétion); de l'autre, il contient des matières d'usure organique qui sont rejetées au dehors (excrétion).

Glycogénie du foie. — Enfin le foie nous offre l'exemple d'une glande qui, non seulement fabrique un liquide destiné à être expulsé, mais aussi des substances qui seront versées dans le sang.

Lorsqu'on examine, sur un animal à jeun, simultanément le sang de la veine porte, qui va au foie, et le sang de la veine sus-hépatique, qui sort du foie pour se rendre à l'oreillette droite du cœur, on voit qu'il y a toujours abondance de sucre, de glycose, dans ce dernier, tandis qu'il n'en existe que des traces dans le premier. Ce fait, découvert par Claude Bernard, montrait pertinemment qu'il se forme du sucre dans le foie, chose absolument inattendue.

Cette découverte ayant été discutée très vivement, Claude Bernard fit entre autres expériences la suivante, qui ferma la bouche à ses contradicteurs. Un foie récemment extrait du corps est soumis, par le canal de la veine porte, à une irrigation continue d'eau froide, jusqu'à ce que, ainsi lavé, il ne contienne plus trace de sucre. On le place alors dans une étuve, à la température du corps animal, soit 38 à 40°. Au bout de quelques heures, le sucre y a reparu en abondance. Il n'était plus possible, en présence de ce fait, de nier la formation du sucre dans le foie, la *glycogénie* (γλυκὸς, sucre; γένεσις, formation) *hépatique*.

Allant plus loin encore, Claude Bernard parvint à isoler la matière qui donne naissance à la glycose, le *glycogène*, comme il l'appela. C'est un véritable amidon animal, qui se transforme en sucre, comme la glycose ordinaire, sous l'influence des acides, de la salive, etc.

Il montra alors que ce glycogène se forme aux dépens soit du sucre absorbé par la veine porte, soit de matières grasses, soit même de matières albuminoïdes.

Nous verrons que la fabrication de la glycose hépatique est sous l'influence du système nerveux. Lorsque, pour des raisons quelconques, sa proportion dans le sang s'élève à plus de 2 p. 1000, elle passe dans les urines, d'où la maladie connue sous le nom de *diabète sucré*. La quantité de sucre ainsi rendu peut s'élever à 3 ou 400 grammes par jour. Dans ces conditions, la maladie est des plus redoutables, et l'épuisement qui en est la conséquence ne tarde pas à amener la mort.

Larmes. — Les larmes sont sécrétées par une glande située à l'angle supérieur de la cavité orbitaire, près du nez. Elle appartient au type des glandes en grappe, comme les glandes salivaires.

La sécrétion lacrymale est continue, mais peu abondante. Elle contient seulement 18 à 20 de matières solides pour 1000; presque tout est du chlorure de sodium, ce qui leur donne une saveur salée. Nous verrons plus tard quel rôle elle joue comme protectrice de l'organe de la vision, et comment elle s'écoule régulièrement par le nez.

Sous diverses influences morales, ou par des excitations soit de l'œil, soit de la muqueuse nasale, etc., elle s'exagère, et alors les larmes, que leur chemin habituel ne peut toutes contenir, s'écoulent sur la joue.

Rein. — C'est là la glande excrétante par excellence. Il ne s'y forme aucun principe spécial, mais elle sépare du sang et rejette au dehors tous les matériaux d'usure des divers organes, et aussi toutes les substances que les hasards de l'alimentation ou les expériences des physiologistes ont introduites dans le sang.

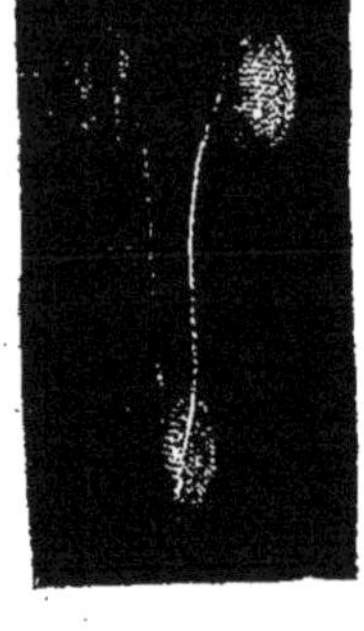

Fig. 87. — Appareil urinaire : *a*, reins ; *b*, uretères ; *c*, vessie ; *d*, urèthre.

Il y a un rein de chaque côté, à la région des lombes. Ces organes sont en dehors du péritoine. De chacun d'eux part un tube excréteur ou *uretère*, qui aboutit à un réservoir musculeux ou *vessie* (fig. 87).

La structure du rein est fort curieuse. La sécrétion se fait dans de petites boules ou *glomérules*, qui communiquent avec des tubes, *tubes urinifères*, lesquels se réunissent et finissent par aboutir à une cavité commune ou *bassinet*. Du bassinet part l'uretère (fig. 88).

On distingue en coupant un rein deux couches superposées, bien

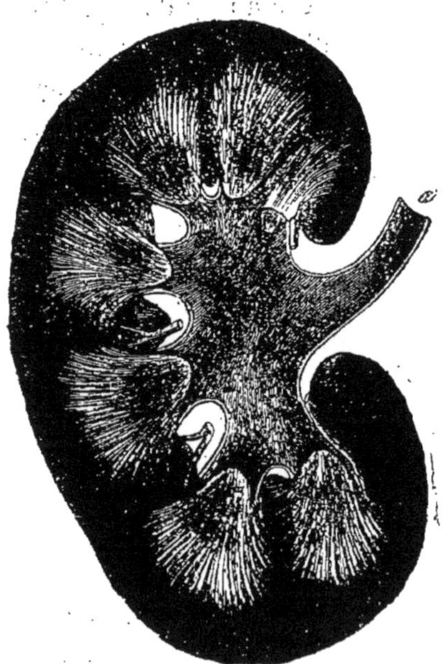

Fig. 88. — Rein coupé en son milieu : *a*, uretère ; *b*, bassinet.

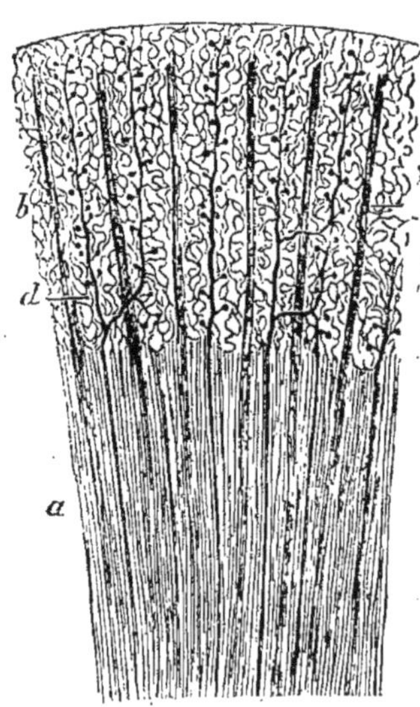

Fig. 89. — Coupe de la partie superficielle du rein (grossiss., 3) : *a*, substance tubuleuse ; *b*, substance corticale ; *d*, vaisseaux sanguins portant les glomérules.

distinctes : la substance *corticale* (fig. 89), dans laquelle se trouvent des glomérules, et la substance *tubuleuse*, qui ne contient que les canaux excréteurs.

Les corpuscules sécréteurs sont formés chacun par un enroulement de vaisseaux (fig. 90), que coiffe l'extrémité d'un tube urinifère. L'épithélium qui revêt ce tube s'amincit à cette région, pour permettre au liquide extrait du sang d'y pénétrer plus facilement. De ce point, le trajet du tube est extrêmement irrégulier, contourné, bizarre, avant d'arriver au dehors.

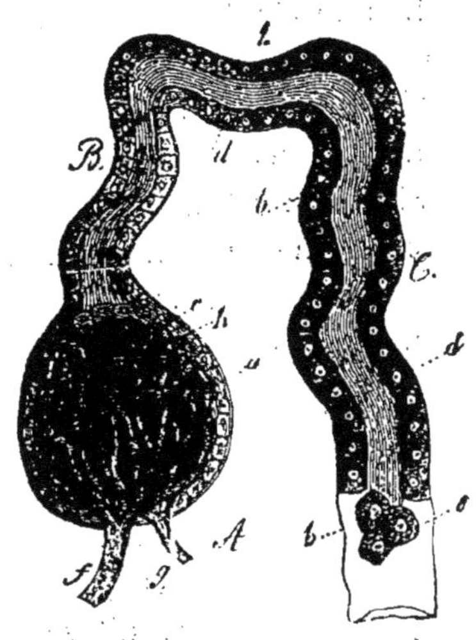

Fig. 90. — Extrémité d'un tube urinifère montrant son épithélium et ses rapports avec les vaisseaux enroulés qui forment le glomérule (très grossi).

Le liquide sécrété varie en quantité et en composition chimique suivant les heures du jour, l'exercice ou le repos, les influences nerveuses, et surtout l'alimentation.

Son principe constituant le plus important est l'*urée*, matière azotée cristallisable que les chimistes ont pu fabriquer de toutes pièces; on y trouve aussi, en proportion d'autant plus grande que la nourriture est plus exclusivement animale, l'*acide urique* et ses sels, surtout l'*urate de soude* (fig. 91).

Fig. 91. — Sédiments d'urate de soude.

Chez les animaux carnivores, il est clair et extrêmement acide. Chez les herbivores, le liquide urinaire est trouble et alcalin; il contient aussi de l'urée, peu ou pas d'aride urique, mais un acide spécial dit *hippurique*.

Ces différences ne tiennent pas à l'espèce animale, mais bien à l'alimentation. Chez un herbivore nourri de viande, ou simplement laissé à jeun, ce qui le force à vivre de sa propre substance et le rend ainsi carnivore, la sécrétion urinaire devient identique à celle des carnivores.

Les autres débris de l'organisme : chlorure de sodium, phosphates, etc., se rencontrent également dans l'urine. Il en est de même, comme je vous le disais également, pour toutes les substances introduites dans l'organisme, les médicaments, les poisons. Le rein est un filtre qui laisse passer toutes les substances cristalloïdes, toutes celles qui, dans l'intestin, s'absorbent facilement.

Le rein étant le siège d'une circulation extrêmement riche, l'apparition des matières dans sa sécrétion se fait avec une grande rapidité. On y a retrouvé certaines substances une minute après leur introduction dans l'estomac.

Si le rein est la voie d'élimination la plus importante de l'organisme, il ne faudrait pas croire qu'elle soit la seule. Les substances absorbées par le tube digestif ou injectées dans le sang peuvent s'en aller, en outre du rein, par d'autres glandes encore. C'est ainsi qu'on les voit passer dans la sueur, dans le lait, dans la salive, dans le suc gastrique, etc. Si dans une veine d'un animal on injecte un sel de fer, dans une autre du prussiate jaune de potasse, ces deux substances en *s'éliminant*, comme on dit, se rencontrent dans la vessie et dans l'estomac, et y forment du *bleu de Prusse.*

Fig. 92. — Glande sudoripare. (Grossiss., 35.)

Glandes sudoripares. — Je vous ai déjà dit un mot, en faisant l'histoire générale de la peau (voy. p. 62), des glandes sudoripares (fig. 92). Elles sont constituées par un tube enroulé, caché dans les parties profondes du derme, tube qui perce toute l'épaisseur de la peau pour déboucher à la surface. Très abondantes dans la peau de l'homme, du cheval, etc., elles manquent presque complètement chez certaines espèces, notamment chez le chien, qui ne sue jamais.

La sueur est un liquide très acide, mais dont la composition chimique n'est pas bien connue ; elle contient de l'urée et des acides gras odorants.

Elle est sécrétée continuellement, mais en si faible quantité qu'elle imbibe l'épiderme et s'évapore au fur et à mesure de sa formation : c'est ce qu'on appelle la *transpiration insensible.* Mais sous diverses influences, elle apparaît en quantité très abondante. Son évaporation à la surface de la peau joue un rôle important dans la régularisation de la chaleur animale; elle rafraîchit le corps jusqu'à produire une sensation de froid.

Glandes sébacées. — Je vous rappelle encore une fois qu'à chaque poil est annexée une petite glande (voy. fig. 15, p. 22) qui sécrète un liquide huileux, contenant un tiers de matières grasses, demi-fluides, lequel imprègne l'épiderme et le poil, et les rend à la fois souples et imperméables.

Rôles multiples de la peau. — Vous voyez que la peau excrète à la fois : de l'urée comme le rein, des matières grasses comme le foie, de l'acide carbonique comme le poumon ; ainsi elle est à la fois, pour ainsi dire, un *rein,* un *foie* et un *poumon superficiels*.

Vous comprenez ainsi l'importance du rôle qu'elle joue et l'utilité hygiénique des soins qu'on lui donne. Si l'on enduit le corps d'un animal d'une matière grasse qui supprime les fonctions de la peau, il se refroidit très vite, et ne tarde pas à périr.

LA NUTRITION

Nécessité de respirer et de manger. — Nous avons admis jusqu'à présent, comme une vérité en quelque sorte indiscutable, tant l'expérience de tous les temps l'a constatée fréquemment, qu'il est absolument nécessaire de respirer et de manger pour vivre. Je crois qu'il serait oiseux et quelque peu ridicule d'insister sur sa démonstration.

Un animal, un chien, par exemple, dont la respiration est complètement supprimée, par la submersion ou par l'oblitération de la trachée, lutte activement et intelligemment pendant une ou deux minutes, puis fait pendant une ou deux minutes encore des mouvements désordonnés, auxquels succèdent quelques mouvements inspiratoires qui, si l'animal est sous l'eau, introduisent ce liquide dans ses poumons; le cœur bat ensuite pendant une ou deux minutes, puis il s'arrête, et alors l'animal est mort, mort *asphyxié*: il s'est ainsi écoulé quatre ou cinq minutes depuis le début de l'expérience. Jusqu'à la cessation complète des battements du cœur il y a chance, en faisant entrer par diverses manœuvres l'air dans les poumons, en faisant, suivant l'expression consacrée, la *respiration artificielle*, de rappeler l'animal à la vie.

Il ne semble pas que l'homme, quant à la durée de sa résistance à l'asphyxie, diffère beaucoup du chien. Les plus habiles plongeurs de perles ne peuvent rester plus de deux minutes sous l'eau, et les noyés ne peuvent généralement, après six ou huit minutes de submersion *totale*, être rappelés à la vie.

Cependant, un chien nouveau-né peut rester à peu près impunément un quart d'heure immergé dans l'eau tiède; d'autre part, les baleines, les dauphins, disparaissent sous l'eau pendant un temps au moins égal; enfin, certains mammifères, dont les plus connus sont les marmottes, peuvent, pendant une certaine phase de leur vie, quand il fait froid, en hiver (d'où le mot *hibernation*), être privés pendant des heures de toute respiration.

La question n'est donc pas si simple qu'elle en a l'air tout d'abord; mais la formule générale n'en reste pas moins vraie : tout arrêt de la respiration, suffisamment prolongé, entraîne la mort.

De même, pour la privation d'alimentation, la durée de la résistance varie notablement. Chez l'homme, elle paraît osciller entre huit et quinze jours : plus grande, si le malheureux inanitié peut se procurer de l'eau. On a vu des chiens vivre pendant plus d'un mois, à la condition de boire. D'autre part, une souris ou une taupe périt en quelques heures si elle n'a pas à manger. Inversement, la marmotte endormie passe son hiver sans manger ni boire. Enfin, le nouveau-né, qui résiste si étonnamment à l'asphyxie, périra en un ou deux jours s'il est privé de nourriture.

L'inanition a pour effet de diminuer notablement le poids de l'animal, qui périt, en général, lorsqu'il a perdu près de la moitié de son poids primitif. La perte porte d'abord sur la graisse emmagasinée dans les divers tissus et surtout sous la peau; les autres parties du corps perdent également de leur poids; mais, chose curieuse, la quantité et la composition du sang restent sensiblement identiques jusqu'aux jours qui précèdent la mort. Il semble que le sang extraye des divers organes tout ce qui est nécessaire à son intégrité, et que l'animal meure précisément lorsque cette réserve antérieure est épuisée.

La raison d'être de l'alimentation se manifeste donc avec évidence. Il faut réparer les pertes dont le corps, laissé à lui-même, est incessamment le siège.

Pertes de poids insensibles et incessantes. — Si, en effet, on place un animal sur un des plateaux d'une balance parfaitement équilibrée, on voit que ce plateau s'élève d'un mouvement progressif et parfaitement régulier. Il se fait donc, en outre des pertes subites de matières solides ou liquides, qui de temps à autre impriment une sorte de secousse à l'instrument, une déperdition incessante de matière, sous une forme invisible, c'est-à-dire sous une forme gazeuse.

Si la balance est placée sous une cloche où l'air qui entoure l'animal soit saturé d'humidité, la perte du poids est notablement moindre, mais elle persiste toujours ; elle est donc due, d'une part, à de la vapeur d'eau qui sort du corps, d'autre part, à un autre gaz.

Si, toutes conditions d'humidité égales, on soumet successivement l'animal à une température extérieure de 20° ou de 0°, on voit que dans l'air froid la perte de poids est notablement plus considérable que dans l'air chaud.

Si enfin, à température et humidité égales, on force l'animal à s'agiter, à travailler, dans le sens mécanique du mot, on voit augmenter considérablement la perte du poids.

Ne croyez pas que tout ceci soit une simple figure, et que ces expériences soient irréalisables. On a construit dans ces derniers temps des balances tellement sensibles qu'on peut constater avec elles la perte régulière du poids d'un homme, et l'augmentation de cette perte lorsque l'homme en expérience se met à lire à haute voix.

Ainsi, en résumé : perte de poids par substances gazeuses; perte qui, en laissant de côté la vapeur d'eau, augmente avec le froid et avec l'exercice.

Cette perte de poids est due, vous vous en doutez bien, à l'acide carbonique qui sort du poumon lors de chaque expiration.

Pertes en carbone. — Nous avons dit, dans une précédente leçon, qu'un homme exhale par jour environ 944 grammes d'acide carbonique, contenant 256 grammes de carbone, soit en nombre rond 250 grammes. C'est, bien entendu, un chiffre approximatif, qui varie avec les conditions que nous venons d'indiquer, et en outre avec la taille de l'individu, avec la saison, l'exercice, etc. ; mais il nous suffira pour en tirer d'intéressantes conséquences.

Il faut, de toute nécessité, que cette perte en carbone soit quotidiennement réparée par l'alimentation. Mais il est bien clair qu'il ne nous servirait de rien de manger du charbon pur, sur lequel les sucs digestifs ne sauraient mordre; des carbonates, ou même d'autres substances plus compliquées, comme les acides organiques, l'alcool, etc., malgré leur richesse en carbone, ne nous serviraient pas davantage. Il nous faut des matières du même ordre que celles qui, en se détruisant dans l'organisme, produisent l'acide carbonique, c'est-à-dire des graisses, des féculents (ou sucres, ce qui revient au même, la fécule se transformant en sucre dans l'intestin), des matières albuminoïdes.

Si nous prenons pour exemple une matière type appartenant à chacune de ces trois catégories, l'analyse chimique montre que, pour obtenir 250 grammes de carbone, il faut prendre soit 320 grammes de graisse, soit 562 grammes d'amidon sec, soit 527 grammes d'albumine sèche.

Mais cette précision chimique ne nous importe guère : ce n'est pas sous cette forme que se présente dans la pratique le problème de l'alimentation. En examinant deux aliments types, nous dirons que, pour se procurer la quantité voulue de carbone, il faudrait manger par jour soit 850 grammes de pain à un degré moyen de cuisson, c'est-à-dire de dessiccation, soit 2^{kil},25 de viande fraîche. Nous verrons plus tard quelles raisons peuvent nous décider à choisir un certain mélange de ces aliments divers pour notre nourriture.

Revenons à la valeur de la perte quotidienne en carbone. Nous avons vu qu'elle augmente, d'une part, lorsque la température extérieure baisse, d'autre part lorsque l'animal travaille. Ces deux points méritent une sérieuse attention.

Parlons en premier lieu de l'influence du froid. Ici se place tout d'abord une observation de première importance.

Chaleur et température animales. — Introduisez dans la bouche d'un mammifère quelconque, en prenant toutes les précautions nécessaires pour que l'air froid du dehors ne vienne pas la frapper, la boule d'un thermomètre. Vous verrez la colonne métallique monter et s'arrêter au voisinage de 39°. Ce chiffre, j'insiste sur ce point, sera le même, que vous ayez mis en expérience une souris ou un éléphant, voire même une baleine, au sein des eaux glacées. Bien plus, il sera le même, que vous ayez opéré pendant les chaleurs de l'été ou les froids de l'hiver, sous l'équateur ou au cercle polaire.

Ainsi les mammifères sont des animaux présentant une *température constante*, expression qui vaut mieux que celle d'*animaux à sang chaud*, sous laquelle on les désigne d'ordinaire.

Comment peut être entretenue cette température, au milieu d'un air qui, dans l'immense majorité des cas, est notablement moins chaud ? Quelle est la source de la chaleur développée ?

Elle est la même que celle de nos foyers; c'est la combustion, l'oxydation du carbone et de l'hydrogène par l'oxygène de l'air qui forme ainsi de l'acide carbonique et de l'eau. Seulement, dans nos foyers, l'oxydation est rapide, énergique, produisant à la fois une très haute température et un dégagement de lumière; dans le corps, elle est lente, d'une faible intensité, et ne s'accompagnant presque jamais de lumière (exceptions rares : vers luisants, etc.).

A tous les points de vue, les oxydations organiques ressemblent plus à une fermentation qu'à une combustion véritable, et l'on comparerait avec bien plus d'exactitude le corps à la cuve en ébullition du vigneron ou du brasseur qu'au foyer de la cheminée, comme on le fait toujours. D'autant plus que dans le corps, comme dans la cuve, ce sont les toutes petites parties figurées, les éléments anatomiques, isolés dans le ferment du vin, accolés chez nous en tissus, qui agissent et s'oxydent.

Quoi qu'il en soit, ce sont ces oxydations intimes qui, se passant dans tous les points de l'organisme, déterminent la production de la chaleur, d'où la température élevée du corps. Et comme celle-ci doit rester constante, on comprend que si celle de l'air ambiant vient à baisser, il faut que la production intérieure de chaleur augmente pour faire face à cette déperdition exagérée. De là, la respiration plus active, l'absorption plus considérable d'oxygène, la production d'une plus grande quantité d'acide carbonique, et sans doute d'eau, bien que les analyses comparatives n'aient pu porter sur ce point; de là, par suite, la nécessité d'une alimentation plus considérable.

Mais il est clair que tout ce qui tendra à diminuer la déperdition de chaleur due au refroidissement extérieur amènera des économies dans la combustion intra-organique. Or cette déperdition est due à deux causes : le contact direct de l'air froid et le rayonnement.

Ces deux causes diminuent singulièrement lorsque la peau nue est recouverte de substances peu conductrices, capables surtout d'emmagasiner entre elles des couches d'air tout aussi peu conductrices. C'est le cas des poids dont sont recouverts les mammifères, surtout ceux des pays froids; c'est le cas des tissus qui composent nos vêtements, dont les couches superposées nous protègent très efficacement.

La taille est un élément considérable dans la question du refroidissement. Comparons un enfant et un adulte, et supposons que toutes les dimensions de celui-ci (longueur, largeur, épaisseur) soient doubles de celles de l'enfant, nous trouvons que la surface de l'adulte est représentée par $2 \times 2 = 4$ et son volume par $2 \times 2 \times 2 = 8$. Ainsi, tandis que pour l'enfant le volume 1 a pour surface 1, et que par suite le volume 8 aurait pour surface 8, dans l'adulte le volume 8 a pour surface 4, c'est-à-dire que, pour un même volume et par suite un même poids, il y a chez l'enfant deux fois plus de surface, deux fois plus de contact avec l'air, deux fois plus de causes de refroidissement que chez l'adulte.

Il n'y a donc pas lieu de s'étonner de voir que les enfants consomment beaucoup plus d'oxygène, exhalent beaucoup plus d'acide carbonique, dans un temps donné, par rapport à leur poids, que les adultes. Lors donc qu'on cherche à se rendre un compte exact de l'activité respiratoire des divers animaux, et que, pour cela, on rapporte à 1 kilogr. du poids de l'animal la quantité d'acide carbonique formé en un temps donné, il est tout naturel qu'on trouve pour les petits animaux des chiffres notablement plus forts que pour les gros.

C'est ainsi que, dans une expérience, tandis qu'un homme de 35 ans, pesant 65 kilogrammes, exhalait par jour 850 grammes d'acide carbonique, un enfant de 8 ans, pesant 22 kilogrammes, en formait 480. Ce qui fait, pour chaque kilogramme d'enfant, près de 22 grammes et pour chaque kilogramme d'adulte 13 seulement.

Vous comprenez pourquoi l'enfant, exposé ainsi à une perte de chaleur beaucoup plus forte que celle de l'adulte, et par suite produisant plus d'acide carbonique, doit, pour faire face à cette déperdition, manger bien davantage aussi, eu égard à son poids, bien entendu.

Puisque nous parlons de la constance de la température, je veux, après vous avoir montré comment elle se maintient quand l'air est froid, vous dire ce qu'il advient lorsque l'air est chaud. Tout naturellement, la respiration intime diminue d'énergie, et par suite la consommation de carbone et la chaleur produite. Aussi l'alimentation est-elle beaucoup moins considérable.

Mais il arrive quelquefois, dans les pays chauds, que la température de l'air, même à l'ombre, s'élève au-dessus de celle du corps, au-dessus de 39 à 40°. Dans ce cas, il ne suffit plus d'économiser sur la production de la chaleur, il faut produire du froid, pour se maintenir à l'équilibre. C'est la transpiration cutanée qui est chargée de ce soin; les glandes *sudoripares* déversent à la surface de la peau une grande quantité de liquide qui, pour se vaporiser, consomme de la chaleur. Le corps se refroidit alors comme une éponge mouillée, comme ces alcarazas poreux où l'on garde l'eau fraîche. De plus, la respiration s'accélère, et comme à chaque expiration l'air sort saturé d'humidité, il y a encore là une cause de refroidissement. C'est ainsi qu'il est possible de supporter les températures tropicales. C'est ainsi qu'on peut expliquer comment au dix-huitième siècle une jeune fille, qui faisait fureur à la foire de Saint-Germain, entrait dans un four, tenant dans une assiette de bois un morceau de viande et n'en sortait que lorsqu'il était cuit : les membres de l'Académie des sciences de Paris constatèrent que la température du four s'élevait à 110°.

Mais il faut, pour supporter ces températures, que l'air soit bien sec. Dans l'air saturé des bains turcs, on ne peut supporter plus de 55°; dans l'eau, plus de 45°.

Telle est l'influence de la température extérieure sur la consommation des matériaux intra-organiques nécessaire pour maintenir à un degré fixe la température du corps, et par suite, sur la réparation par voie alimentaire des pertes de l'organisme. C'est par ce mécanisme que la température constante des mammifères peut braver sans varier des chaleurs extérieures de + 50° et des froids de — 70°.

Influence du mouvement sur la nutrition. — Passons maintenant à l'influence des mouvements, du travail : la question devient ici plus difficile à résoudre.

Tout mouvement nécessite une dépense de force. Il s'agit toujours de soulever ou de vaincre une certaine résistance. Le diaphragme, en s'abaissant dans l'acte inspiratoire, refoule devant lui les viscères abdominaux qui lui forment un obstacle; le biceps qui rapproche du bras l'avant-bras étendu soulève un poids qui peut être très considérable, si la main est chargée; les muscles de la mâchoire inférieure broient entre les dents des corps très résistants. Où se procurent-ils cette force?

C'est ici que la comparaison de la *machine animale* avec les machines à feu reparaît utilement. Où la locomotive qui traîne les wagons chargés trouve-t-elle la force nécessaire pour accomplir son énorme travail ?

Dans la force élastique de la vapeur d'eau bouillante. Mais cette eau, qu'est-ce qui l'a chauffée, l'a fait bouillir et lui a communiqué une puissance qu'elle ne possédait pas? Le feu, ou, pour parler plus exactement, la combustion du charbon de terre sur la grille, son union avec l'oxygène, qui produit de l'acide carbonique et de l'eau.

Or, cette même source de force, elle existe dans l'organisme vivant ; la aussi, l'oxydation lente a fourni de la chaleur; là aussi cette chaleur peut engendrer de la force mécanique, se transformer en force mécanique.

Dans la machine à vapeur, cette chaleur du foyer se communique à l'eau; à la température de l'ébullition, elle se transforme en force élastique de vapeur, qui soulève le piston et produit le travail mécanique.

Dans la machine animale, les choses sont bien plus compliquées. Mais là aussi, pour produire du travail mécanique, il faut de la chaleur.

Voilà comment le travail musculaire nécessite une augmentation dans les oxydations organiques et a pour conséquence une alimentation plus riche, sous peine de déchéance de l'organisme.

Équilibre de l'organisme. — Vous le voyez, un corps vivant possède en quelque sorte un *budget*, avec ses deux parties corrélatives, la recette et la dépense. Son état d'équilibre, c'est, à un certain point de vue, sa température fixe de 39 degrés; à un autre point de vue, c'est son poids constant.

La température est menacée d'abaissement par le froid extérieur et par le travail mécanique; elle se maintient à son niveau par la suractivité imprimée aux actes nutritifs intimes, aux oxydations : d'où rejet au dehors d'acide carbonique, d'où perte de poids en carbone, d'autant plus considérables que les causes de refroidissement sont plus intenses. Et par suite, sous peine de véritable *faillite organique*, nécessité d'une alimentation dont la richesse doit varier dans le même sens.

Que si la température est menacée d'augmentation par le contact d'un air trop chaud, ou par les conséquences de contractions musculaires excessives, c'est l'évaporation pulmonaire, c'est la sueur avec l'évaporation cutanée qui combattront cette chaleur, ce redoutable ennemi.

Utilité de la température constante. — Soit, direz-vous; nous comprenons à merveille la nécessité de maintenir au même point le poids du corps, l'équilibre matériel; mais à quoi bon cette température fixe de 39°, dont la conservation rigoureuse entraîne tant de complications? Pourquoi ne pas céder tout simplement aux circonstances, se refroidir quand il fait froid, se réchauffer quand il fait chaud?

Cela n'est pas impossible, et les animaux à *sang froid*, ou mieux à *température variable*, font comme il vient d'être dit. Mais c'est à une condition : de rester inactifs, de s'engourdir, de s'endormir pendant la saison froide. Ainsi font encore la marmotte et quelques autres mammifères qui, dans ce sommeil hibernal, prennent la température de l'air, deviennent insensibles et incapables de se mouvoir; alors, bien loin d'essayer de lutter en accélérant leurs oxydations, ils cessent presque complètement de respirer.

C'est que, et ceci est un fait d'une importance capitale, l'activité des éléments anatomiques est proportionnelle à la température à laquelle ils sont soumis. Le maximum, pour ceux des mammifères, est précisément à 39 degrés; mais pour les grenouilles, par exemple, il est à environ 25 degrés. Plus les éléments vivent, peut-on dire, c'est-à-dire plus leurs échanges nutritifs sont intenses, plus ils s'oxydent, plus ils absorbent, plus ils sont aptes à produire du travail.

Les grenouilles ont sur nous cette supériorité qu'elles cèdent sans résistance aux influences climatériques, et ne redoutent pas un refroidissement qui nous tuerait. L'organisme des mammifères s'indigne de cette docilité qui amène à l'inertie; il proteste, il lutte, il veut se maintenir à son maximum d'énergie et conserver sa température élevée. Il y parvient dans l'immense majorité des cas, grâce aux mécanismes que nous avons indiqués. Mais pour cela il faut d'incessants sacrifices, une incessante destruction, appelant une réparation incessante.

Le tourbillon vital. — Ces sacrifices, cette destruction, cette réparation, c'est la vie. N'allez pas croire qu'il nous suffirait de nous maintenir dans un air à 39 degrés saturé d'humidité, en telle sorte que nous n'ayons plus de pertes de chaleur par contact, évaporation ou rayonnement, pour tout avoir résolu, et pour faire reposer complètement nos éléments anatomiques. Non, ce repos, c'est la mort, et ces éléments veulent vivre, et quoi que vous fassiez — jusqu'à de certaines limites — ils s'agiteront et s'oxyderont pour vivre.

Le problème de la nutrition ne consiste pas seulement à chercher comment faire face aux déperditions que les circonstances extérieures imposent à notre organisme, mais il consiste encore à mesurer celles que cet organisme s'impose lui-même, et qui sont la condition de sa vie. Vivre, c'est se détruire et se réparer, pour se détruire et se réparer encore. De là, ces expressions figurées mais exactes au fond, de tourbillon vital, de *circulus*, de torrent de la vie, etc. Sous l'apparente constance du poids, de la forme, de la puissance, se dissimule l'incessant renouvellement de la matière et de la force : renouvellement relativement lent et régulier quand aucune menace de déperdition n'intervient, mais qui peut prendre dans le cas contraire une activité singulière.

Perte et réparation d'azote. — Ce n'est pas seulement sur le carbone et l'hydrogène des matériaux de notre corps que porte la destruction, base de la vie. Les molécules complexes des substances albuminoïdes contiennent de l'azote; en s'oxydant de plus en plus, elles finissent par arriver dans le sang à l'état d'*acide urique*, d'*acide hippurique* et surtout d'*urée*, la forme la moins complexe sous laquelle s'élimine l'azote.

De l'urée, il s'en forme partout, il y en a partout, surtout dans le foie; et, comme c'est une matière très *cristalloïde*, elle peut s'en aller par toutes les surfaces extérieures, mais c'est par le rein qu'elle s'élimine presque exclusivement.

Tout naturellement la quantité d'urée rendue varie avec l'abondance des aliments albuminoïdes. Les Allemands, gorgés de viande, excrètent 30 à 40 grammes d'urée par jour; un Français en rend de 20 à 30 grammes, et cette quantité s'abaisse à 12 ou 16 grammes quand il ne mange que du pain et des légumes.

C'est cette dernière quantité, correspondant environ à 7 ou 8 grammes d'azote, qui peut être prise comme représentant à peu près la perte quotidienne faite par nos tissus, perte qu'il faut réparer chaque jour. Si on ne le fait pas, elle continue, bien qu'allant en diminuant lentement, jusqu'à la mort. Un malheureux qui s'était laissé mourir de faim rendait encore au bout de 20 jours 10 grammes d'urée en 24 heures.

Il est bien certain qu'une nourriture exclusivement végétale, laquelle contient, bien entendu, des matières albuminoïdes (gluten, légumine, etc.), suffit pour réparer la disparition de l'azote due à l'usure organique. La preuve en est dans le genre de vie des mammifères purement herbivores, granivores ou frugivores; la preuve en est, pour l'espèce humaine, dans la bonne santé dont jouissent des populations entières qui ne mangent jamais de viande: il faut cependant reconnaître qu'elles absorbent, dans des proportions variables, du lait, des œufs, du fromage, matières riches en azote.

Nous pouvons prendre comme moyenne d'excrétion quotidienne en France 25 grammes d'urée, contenant 12 grammes d'azote. Ajoutons-y 3 grammes pour les pertes d'azote par la peau et d'autres voies, nous arrivons à 15 grammes.

La viande, qui entre de plus en plus dans l'alimentation publique, n'est vraisemblablement pas un simple objet de luxe. Elle semble d'abord jouer le rôle de *condiment*, c'est-à-dire exciter l'appétit, faciliter la digestion; elle évite, en outre, l'ingestion d'une quantité trop grande de matières végétales.

En effet, pour se procurer les 15 grammes d'azote il faudrait manger chaque jour 1,350 grammes de pain. Or, cet aliment donnerait 400 grammes de carbone, et nous avons vu d'autre part qu'il ne s'en brûle en moyenne dans notre corps que 250. Il en faudrait donc brûler un excès de 150 grammes, ce qui augmenterait de plus d'un tiers les efforts respiratoires et le développement de chaleur, et entraînerait des évaporations cutanée et pulmonaire excessives.

Une nourriture purement animale amènerait chez nous des inconvénients d'un autre ordre, et plus graves. Pour nous procurer les 250 grammes de carbone nécessaires, il faudrait ingérer, avons-nous dit au début de cette leçon, 2^{kil},25 de viande à l'état frais; mais il s'y trouverait alors près de 70 grammes d'azote, dont il faudrait se débarrasser. Or, d'un côté, une partie de cette viande ingérée en excès ne serait pas digérée et fatiguerait inutilement les organes; de l'autre côté, la partie absorbée produirait des désordres plus dangereux encore et donnerait naissance à des accidents désignés sous le nom de *goutte*, qui ne sont que trop connus.

Nourriture mixte. — Donc tout nous indique, les résultats de l'expérience comme la considération de notre appareil dentaire et de nos sucs digestifs, que nous sommes organisés en rapport avec une alimentation mixte. En prenant comme base de nos moyennes l'excrétion quotidienne, au repos moyen, de 250 grammes de carbone et de 15 grammes d'azote, nous voyons que nous pouvons combler le déficit en prenant nos deux aliments les plus communs, le pain et la viande, dans la proportion de 800 grammes de pain et 200 grammes de viande.

En effet : 800 grammes de pain contiennent en moyenne 240 grammes de carbone et 9 grammes d'azote; 200 grammes de viande contiennent 20 grammes de carbone et 6 grammes d'azote. Soient au total : 260 grammes de carbone, et 15 grammes d'azote.

Il va sans dire que cette alimentation devra être augmentée en raison du travail et de la température. Dans les régions froides, vous comprenez l'adjonction des matières grasses, éminemment propres à produire de la chaleur par la combustion de leur carbone et de leur hydrogène. Aussi les Lapons, les Esquimaux, se gorgent de graisse, d'huile de mammifères marins : ils chauffent leur four avec un combustible d'élite.

Mais il ne semble pas, comme on l'a cru très longtemps, que l'exercice musculaire ait pour conséquence une déperdition d'azote notablement plus considérable. C'est par l'oxydation du carbone et de l'hydrogène, et par conséquent des aliments *ternaires* (fécules, sucres), que se fait le dégagement de la force nécessaire.

Budget organique. — Ainsi, en résumé : 1° perte de carbone et perte d'azote portant, chacune, partie sur les tissus vivants eux-mêmes qui se détruisent par leur activité propre, partie sur les aliments introduits pour réparer ces pertes et pour faire face aux dépenses de force nécessitées par le travail et pour le maintien de la température; 2° réparation par des aliments, qui peuvent être chez divers types mammifères, d'origine exclusivement végétale ou animale; mais qu'il semble y avoir avantage sérieux, dans l'espèce humaine, à mélanger en diverses proportions.

Remarquons du reste que les aliments végétaux contiennent des matières albuminoïdes, et les aliments animaux des matières ternaires, des graisses particulièrement, avec quelque peu de fécule et de glycose.

Remarquons en outre que c'est un mélange assez riche en matières albuminoïdes qui, pendant la phase d'accroissement, constitue la nourriture de tous les jeunes animaux. Je vous ai déjà indiqué (voy. p. 129) la composition chimique du lait, dont se nourrissent les mammifères. L'œuf des oiseaux présente une composition analogue; mais il contient beaucoup moins d'eau, et une proportion plus grande de matières azotées (eau 700; graisse 130; albumine 150).

Condiments. — Ajoutons, pour en finir avec l'alimentation, qu'il existe toute une classe de substances qui, sans être de véritables aliments, jouent un rôle assez important dans la nourriture des hommes. Ce sont les *condiments* (moutarde, sel, poivre, etc.), qui favorisent sur place la sécrétion des sucs digestifs et par suite la digestion, et les *excitants généraux* (alcool et liqueurs fermentées, thé, café, etc.), qui semblent donner une activité plus accentuée à tous les phénomènes qui se passent dans l'organisme. Ces substances traversent le corps sans y être altérées, et s'en vont par la peau, les poumons, les reins; mais elles n'en sont pas moins, à faibles doses, d'une véritable utilité dans les conditions de la vie artificielle que créent les civilisations.

Nutrition intime. — La nutrition ne consiste pas seulement dans ces deux faits, d'une part, l'entrée des matériaux assimilables dans le sang, de l'autre, la destruction des tissus et des aliments et le rejet au dehors des déchets organiques. Entre deux se passent les faits les plus complexes, qui ont pour conséquence d'incorporer aux divers éléments anatomiques les substances contenues dans le sang, et de donner naissance à ces substances chimiques extrêmement variées qui les constituent. On a dit avec raison qu'on n'est pas plus renseigné sur ces actes après avoir examiné la digestion et les excrétions, qu'on ne peut savoir ce qui se passe dans une maison pour avoir vu ce qui entre par la porte et ce qui sort par la cheminée.

Il faut vous figurer chacun des éléments anatomiques comme travaillant pour son propre compte, prenant dans le sang qui passe à son contact les substances dont il peut avoir besoin, se les incorporant, les transformant de manière à les rendre chimiquement semblables à lui, et se débarrassant, pour le rendre au sang veineux ou à la lymphe qui les emportent au dehors, de ce qui s'est oxydé en lui et ne peut que lui nuire. Ainsi la fibre musculaire fabrique la *myosine*, la cellule nerveuse la *neurine*, la cellule de cartilage la *chondrine*, la cellule osseuse l'*osséine*, etc.

Glycogénie hépatique. — Mais parmi tous ces citoyens microscopiques de la république vivante, il en est qui ne travaillent pas dans des vues aussi personnelles, aussi égoïstes. Ceux-là fabriquent des substances qui devront être utilisées par l'association tout entière.

Le type de ces éléments à utilité générale est la cellule du foie. Celle-ci, en effet, non seulement vit comme les autres cellules, mais encore fabrique un produit qui est un véritable amidon animal, le *glycogène* dont je vous ai déjà parlé (V. p. 130). Elle le fait aux dépens des éléments que lui amène de l'intestin la veine porte, alors même qu'ils ne contiennent pas de sucre. Au fur et à mesure de cette production d'amidon, le sang qui imprègne la glande et la traverse apporte un ferment analogue à celui que contient la salive, et qui, comme lui, transforme en glycose l'amidon déposé dans la cellule; si bien qu'il ne reste jamais dans le foie grande provision de cet amidon qu'on appelle le *glycogène hépatique*. Ce sucre, entraîné par le sang, pénètre dans le cœur droit et se répand dans tout le corps, où il se détruit à mesure qu'il arrive, si bien que le sang n'en contient jamais plus de 2 millièmes.

La production de glycogène n'a lieu chez l'adulte que dans le foie; mais dans le tout jeune âge tous les tissus en voie de formation en contiennent.

Transformations chimiques. — Aux dépens de quels matériaux peut se former cet amidon, matière ternaire? L'expérience a montré qu'il peut provenir non seulement de la glycose dont il est si proche parent, mais de matières grasses, ternaires également et de matières albuminoïdes qui abandonnent pour cela leur azote.

D'un autre côté, des abeilles nourries exclusivement avec du miel, matière sucrée, ont continué à former de la cire, matière grasse.

Enfin, des œufs de mouche déposés sur de la viande dépouillée de sucre et de graisse se développent en larves, qui contiennent du glycogène et des graisses, produits évidemment aux dépens de la matière albuminoïde.

Ainsi peuvent être opérées dans l'organisme animal des modifications chimiques considérables, puisque des matières féculentes peuvent s'y changer en matières grasses et des matières quaternaires en matières ternaires.

Fabrication des matières organiques. — Mais on n'a jamais vu une matière ternaire y ajouter l'azote à son carbone, son hydrogène et son oxygène. Jamais non plus on n'a vu ces dernières molécules, empruntées à des combinaisons plus simples, comme les carbonates, les carbures d'hydrogène, etc., se grouper pour former des graisses ou des fécules. L'organisme animal transforme les unes dans les autres ces trois classes de matières organiques, mais il ne fabrique directement ni l'une ni l'autre.

Cette fabrication primitive est le fait des plantes pourvues de matière verte, de *chlorophylle* (χλωρὸς, vert; φύλλον, feuille), qui, sous l'influence des rayons solaires, combinent par voie de synthèse le carbone, l'hydrogène, l'oxygène et l'azote de l'acide carbonique, de l'eau et des azotates. Ce sont donc les végétaux qui fabriquent les matières alimentaires : les animaux ne font que les modifier pour se les assimiler, les transformer de mille manières, puis enfin les ramener à des combinaisons aussi simples que celles d'où elles provenaient d'abord.

APPAREILS ET FONCTIONS DE NUTRITION

DANS

LA SÉRIE ANIMALE

VERTÉBRÉS

Digestion. — Les modifications de forme que présente chez les Vertébrés le tube digestif n'ont, malgré leur grande variété, qu'une médiocre importance. La fonction digestive est toujours la même, en somme, et est exercée par les mêmes organes.

Glandes digestives. — Tous les Vertébrés possèdent des glandes salivaires, des glandules stomacales et intestinales, un foie, un pancréas, dont les sucs ont les mêmes propriétés que chez nous. Cependant, il faut dire que les glandes salivaires, fort réduites chez les Vertébrés qui ne mâchent pas, comme les Oiseaux, n'existent pas chez les Poissons, et que chez ceux-ci le pancréas a disparu.

Dents, bec. — J'ai déjà appelé votre attention sur les grandes différences de forme que présentent les dents chez les Mammifères. Elles sont généralement, vous vous en souvenez, en rapport avec le genre de nourriture de l'animal: ainsi les molaires de l'herbivore sont de vraies meules, comme leur nom l'indique, plates avec des saillies dures, qui frottent les unes sur les autres, tandis que celles du carnassier sont tranchantes et jouent comme les branches d'une paire de ciseaux. Chez certains Mammifères, le nombre des dents est singulièrement réduit ; chez les Baleines, ces organes disparaissent dès l'âge embryonnaire, et ils sont remplacés par des fanons. L'étude, très intéressante, de toutes ces variations de nombre et de forme a beaucoup occupé les zoologistes, qui s'en sont servis pour établir leurs classifications.

Les Reptiles, les Batraciens, les Poissons ont aussi le plus souvent des dents, qui sont parfois implantées, non seulement sur les maxillaires, mais sur les os du palais. Elles ont à peu près la même structure histologique que celles des Mammifères.

Chez les Mammifères monotrèmes, les Oiseaux et les Tortues, les dents avortent, et les mâchoires se recouvrent d'un étui corné appelé *bec*.

Tube digestif. — Rien de plus variable que la forme et la dimension des renflements que peut présenter le tube digestif.

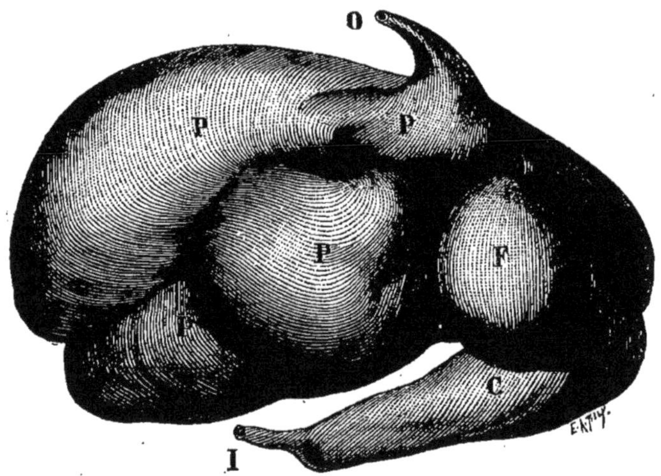

Fig. 93. — Estomac du bœuf ; O, œsophage ; P, panse ; B, bonnet ; F, feuillet ; C, caillette, I, intestin.

Chez beaucoup de Mammifères, l'estomac est formé de plusieurs poches. Celui des Ruminants (fig. 93) est disposé de telle sorte que l'aliment rapidement et insuffisamment mastiqué remonte sous forme de boulettes dans la bouche, où il est soumis de nouveau à l'action des dents ; c'est ce qu'on appelle la *rumination*.

La plupart des Oiseaux ont, en outre du véritable estomac qui sécrète le suc gastrique, une poche musculaire capable de broyer les aliments, c'est le *gésier*. Cette poche est extrêmement vigoureuse chez les granivores, et il s'y fait une véritable trituration des aliments, à l'aide des petits cailloux qu'avale l'oiseau.

Le tube digestif des autres Vertébrés ne présente pas de particularités assez intéressantes pour que nous devions nous y arrêter dans cet examen sommaire. Je vous signalerai cependant l'existence, chez beaucoup de Poissons, de tubes en cul-de-sac, groupés autour du pylore (d'où leur nom d'appendices pyloriques), dont le rôle n'est pas encore bien connu.

La longueur du tube digestif est moindre chez les carnivores que chez les herbivores. C'est pour cette raison que les Têtards de Grenouille, au long intestin recourbé, diminuent de grosseur en devenant Grenouille parfaite, carnivore, à intestin court et presque droit.

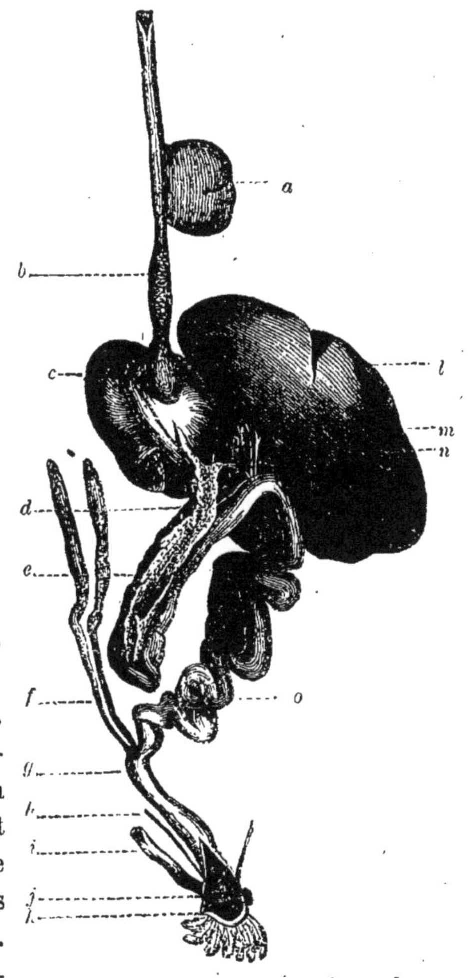

Fig. 94. — Appareil digestif de la poule : *a*, jabot ; *b*, ventricule succenturié ; *c*, gésier ; *d*, pancréas ; *e*, duodénum ; *f*, cœcum ; *g*, gros intestin ; *h*, uretère ; *i*, oviducte ; *j*, cloaque ; *k*, anus ; *l*, foie ; *m*, vésicule biliaire ; *n*, canaux biliaires, *o*, intestin grêle.

RESPIRATION

Chez tous les Vertébrés aériens (Mammifères, Oiseaux, Reptiles, Batraciens adultes), nous retrouvons trachée-artère, bronches et poumons. La différence de ces appareils est si peu importante entre l'Homme et les Mammifères que je ne vous en parlerai pas.

Oiseaux. — Pour les Oiseaux, il en est autrement, et il faut nous y arrêter un instant. Les poumons ne sont pas libres et mobiles, comme chez nous, mais fixés aux parois du thorax, entre les côtes. Étant immobiles, ils n'ont pas besoin de plèvre facilitant les glissements.

Il en résulte qu'ils ne suivent pas les mouvements d'expansion et de rétrécissement du thorax, et conservent le même volume pendant les deux temps de la respiration.

Mais alors, comment se fait le renouvellement de l'air ? Par un mécanisme très simple. Les bronches communiquent avec de vastes sacs (fig. 95, *c*, *d*) qui remplissent toute la cavité thoracique. Lorsque celle-ci se dilate, l'air est aspiré dans ces sacs, et n'y entre qu'après avoir traversé les poumons, où il aère le sang. Inversement, lors de l'expiration, les sacs comprimés chassent, toujours à travers les poumons, l'air qu'ils contenaient. Le poumon reste passif et inerte, mais il n'en est pas moins bien ventilé.

Chez l'immense majorité des Oiseaux, les choses sont plus compliquées encore. Les bronches communiquent avec d'autres sacs aériens, placés les uns dans l'abdomen (fig. 95, *e*), les autres le long

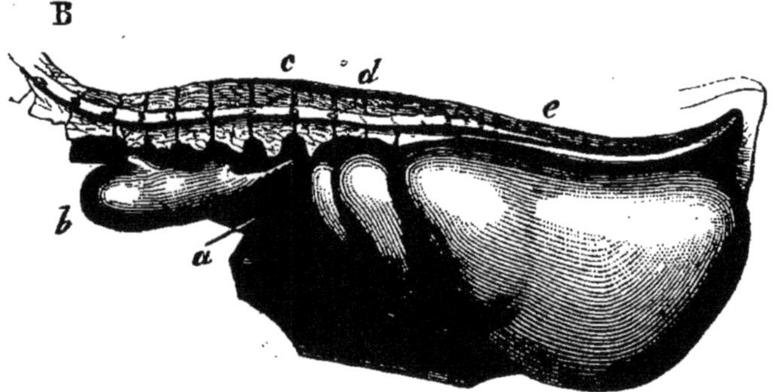

Fig. 95. — Section du tronc montrant les principaux sacs pneumatiques distendus par l'air : *a*, portion de la bronche s'enfonçant dans le poumon ; *b*, poche sous-clavière ; *c*, poche thoracique antérieure ; *d*, poche thoracique postérieure ; *e*, poche abdominale.

du cou (fig. 95, *b*) et communiquant eux-mêmes avec divers os, qui sont creux et sans moelle. Mais ces sacs, étant recouverts seulement par des parties molles, se remplissent et se vident juste en sens inverse des sacs contenus dans la solide cage thoracique. Au moment de l'inspiration, ils se vident, la dilatation thoracique appelant ainsi dans les poumons à la fois de l'air pur qui vient par la trachée, et l'air qu'ils contiennent. En sens inverse, l'expiration chasse à la fois l'air thoracique dans ces sacs et par la trachée.

J'ajouterai, car le temps me manquerait pour entrer dans des détails bien curieux cependant, que les Oiseaux ont un larynx à l'entrée de la trachée. Mais il ne produit pas les sons : ceux-ci sont émis par un organe placé à l'origine de deux bronches primaires.

Reptiles. — Les poumons des Tortues ont une grande analogie avec ceux des Oiseaux.

Chez les Lézards et surtout les Serpents, la structure des poumons se simplifie beaucoup. Il n'y a plus de tissu spongieux formé par l'agglomération des lobules pulmonaires et des bronchioles. Ce ne sont plus que de longs sacs plus ou moins réticulés et garnis de petites saillies intérieures qui multiplient les surfaces respiratoires.

Vous lirez dans beaucoup de livres que les Tortues, enfermées dans une carapace inextensible, avalent l'air qu'elle respirent. C'est une erreur complète ; elles inspirent et expirent comme les autres Reptiles.

Les Oiseaux présentaient encore une disposition plus ou moins comparable à celle du diaphragme des Mammifères. Rien de semblable chez les Reptiles, où la cavité du thorax communique largement avec celle de l'abdomen. Il en résulte que l'inspiration se fait seulement par le jeu des côtes.

Batraciens. — La structure du poumon atteint chez les Batraciens le maximum de simplicité : ce n'est plus qu'un sac transparent, aux parois presque unies. Plus de bronches, et, peut-on dire, plus de trachée, les deux poumons s'ouvrant dans un larynx rudimentaire, au plancher de la bouche.

Ces animaux n'ayant pas de côtes, et partant pas de cage thoracique, il ne peut être question chez eux de dilatation inspiratoire. Ils avalent réellement l'air, et par un mécanisme très curieux, le font ensuite passer de leur bouche dans les poumons.

A l'état adulte, les Grenouilles et les Salamandres respirent exclusivement par des poumons. Cependant il faut dire que leur peau mince sert aussi d'organe respiratoire : une Grenouille à laquelle on a enlevé les poumons peut vivre encore longtemps, absorbant par la peau de l'oxygène, et rejetant de l'acide carbonique.

Mais dans le jeune âge, quand la Grenouille était Têtard, n'avait pas encore de pattes et vivait dans l'eau, elle respirait par des *branchies*.

La branchie est l'organe respiratoire aquatique. Elle est composée

Fig. 96. — Axolotl.

de filaments qui flottent dans le liquide et où le sang vient se mettre en contact de l'oxygène dissous dans l'eau. Ces filaments

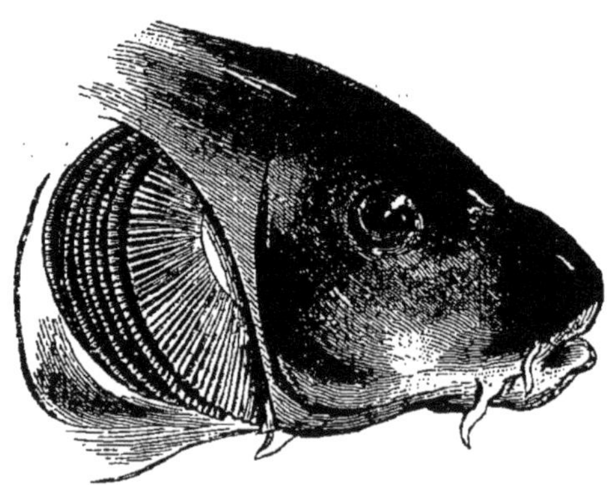

Fig. 97. — Branchies de la carpe.

sont disposés, suivant les animaux, en houppes, en franges, en peignes ; mais au fond, la structure de l'appareil branchial est la même. Dans le poumon, l'air vient au-devant du sang ; dans la branchie, le sang va au-devant de l'air.

Les branchies des Batraciens sont de petites houppes suspendues à des anneaux qui garnissent le fond de la bouche. Les Grenouilles et les Salamandres perdent graduellement ces organes en se métamorphosant. Pendant ce temps, graduellement aussi, les poumons

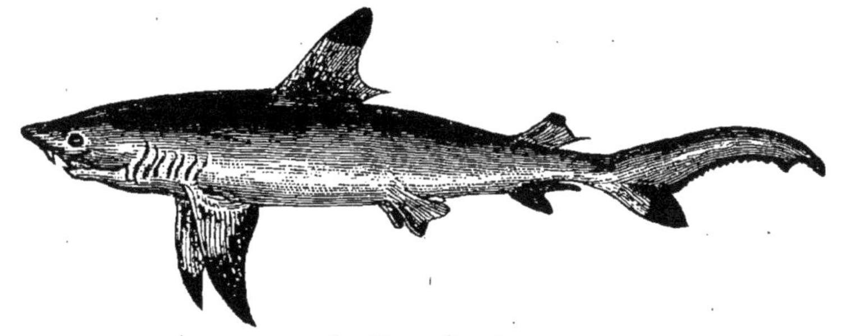

Fig. 98. — Squale.

grandissent ; de telle sorte qu'il y a un moment où le Têtard respire à la fois par les branchies, les poumons et la peau.

Cet état transitoire persiste chez certains Batraciens, et notamment chez l'Axolotl du Mexique (fig. 96).

Poissons. — Enfin, chez les Poissons, animaux aquatiques par excellence, il ne reste d'autre trace du poumon que la *vessie* dite

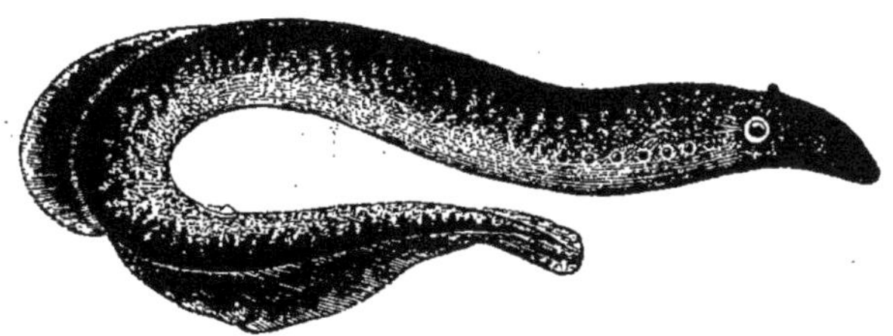

Fig. 99. — Lamproie.

bien à tort *natatoire*, laquelle n'existe pas chez tous. La respiration des Poissons est essentiellement branchiale.

On appelle vulgairement *ouïes* les branchies des poissons. Elles sont suspendues à des anneaux osseux de chaque côté de l'arrière-bouche ; l'eau qui les baigne entre par la bouche et sort par des ouvertures que recouvre un battant nommé *opercule* (fig. 97).

Chez les *Requins* (fig. 98) et les Raies, il y a cinq orifices branchiaux, et sept chez les *Lamproies* (fig. 99).

CIRCULATION

Ce que je vous ai dit du sang et de sa circulation chez l'homme s'applique à tous les Mammifères; mais les autres Vertébrés présentent des différences importantes.

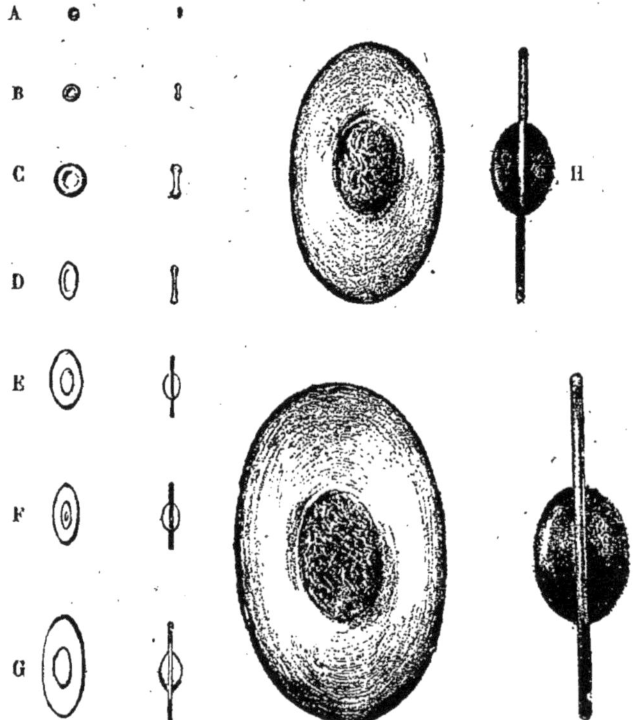

Fig. 100. — Formes et dimensions relatives des globules rouges du sang dans la série des vertébrés. Grossissement, 500 diamètres. Les globules sont vus de face et de profil.

MAMMIFÈRES. — A, chevrotain de Java, 2 μ 5 (μ signifie un millième de millimètre). — B, chèvre, 4 μ 1. — C, homme, 7 μ. — D, lama, 4 μ.

OISEAUX. — E, canard, 12 μ 9. — F, autruche, 15 μ 5.

BATRACIENS. — G, grenouille, 22 μ. — H, Protée, 58 μ. — I, Amphiuma, 76.

D'abord les globules rouges du sang possèdent tous un noyau qui n'existait dans les globules des Mammifères qu'avant la naissance.

Ce noyau rend le globule biconvexe ; de plus, il est presque toujours ovalaire.

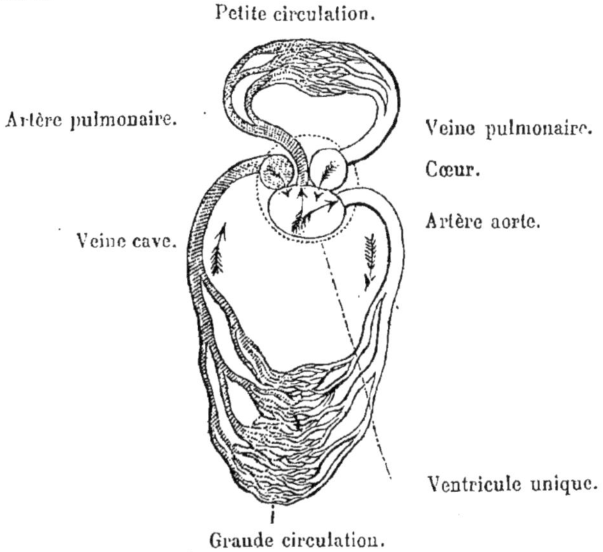

Petite circulation.
Artère pulmonaire.
Veine pulmonaire.
Cœur.
Artère aorte.
Veine cave.
Ventricule unique.
Grande circulation.

Fig. 101. Figure théorique de la circulation chez les reptiles.

La circulation du sang des Oiseaux a la plus grande analogie avec

Petite circulation.
Ventricule.
Oreillette.
Cœur.
Artère dorsale.
Veines.
Grande circulation.

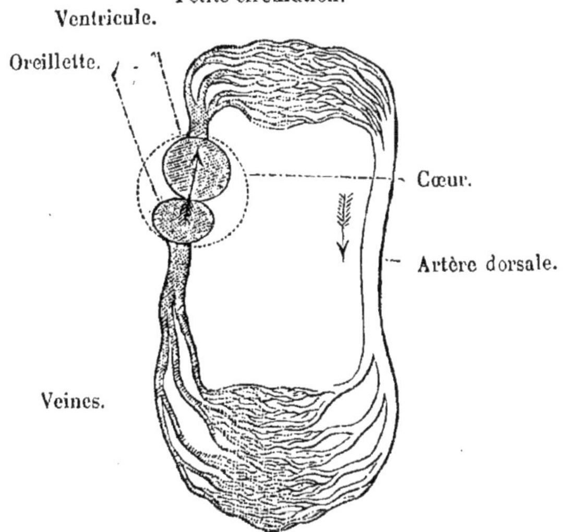

Fig. 102. — Figure théorique de la circulation chez les poissons.

celle du sang des Mammifères (Voy. fig. 64). La forme du cœur et la distribution des vaisseaux diffèrent un peu ; mais je ne puis insister sur ces détails.

Chez les Reptiles et les Batraciens, différence notable. Les deux ventricules du cœur communiquent largement l'un avec l'autre, de manière qu'il y a un peu de mélange du sang venant du poumon avec celui qui y va. C'est ce qui a fait dire que la circulation est chez ces animaux *incomplète*, mot très mauvais. Comme, du reste, le sang décrit, de même que chez les Mammifères et les Oiseaux, un 8, c'est-à-dire deux cercles, la circulation est, comme chez eux, dite *double*.

La circulation des Poissons est encore autre chose. Le cœur n'a que deux cavités : une oreillette qui reçoit le sang veineux, et un ventricule qui l'envoie dans les branchies. En sortant de ces organes, où il a subi l'*hématose*, le sang revient à une maîtresse artère, l'*aorte*, d'où il se distribue dans tout le cœur. Ainsi la circulation est *simple ;* mais comme il n'y a nulle part mélange du sang artériel et du sang veineux, elle est dite *complète*.

En résumé : 1° Mammifères et Oiseaux, circulation double et complète ;

2° Reptiles et Batraciens, circulation double et incomplète ;

3° Poissons, circulation simple et complète.

CHALEUR

Je me suis longuement appesanti sur les conditions de la production de la chaleur animale, et je vous ai montré comment chez l'homme et les Mammifères cette production varie de manière à compenser les causes de refroidissement : si bien que la température du corps de ces animaux reste *constante*.

Il en est de même pour les Oiseaux ; seulement la température de ceux-ci est de 2 à 3 degrés plus élevée que celle des Mammifères. Mais les Reptiles, les Batraciens, les Poissons, sont des animaux à sang froid, ou mieux *à température variable*. Ils subissent docilement l'influence des circonstances extérieures ; à peine la production de chaleur qui se fait en eux est-elle capable de leur donner un bénéfice de quelques dixièmes de degré. Dans des cas très exceptionnels ils prennent cependant une température propre : c'est ce qui arrive aux serpents Pythons quand ils couvent leurs œufs. Mais d'ordinaire ils s'échauffent ou se refroidissent avec le milieu ambiant. Aussi, quand il fait chaud, leurs échanges nutritifs sont assez actifs pour produire de la force et leur donner une activité comparable à celle des animaux à sang chaud. Au contraire, quand la température s'abaisse un peu trop, les actions chimiques diminuent chez eux à tel point qu'ils sont obligés de rester inertes et engourdis. Après les explications que je vous ai données, tous ces faits doivent vous être très facilement compréhensibles.

AMPHIOXUS

Dans cette revue succincte d'anatomie comparée, l'Amphioxus mérite une place à part.

Son appareil digestif est tout droit, renflé à sa partie antérieure, tubuleux à la postérieure. Un cul-de-sac qui y est annexé semble jouer le rôle d'un foie.

La bouche est garnie de cirrhes rigides. Elle donne dans une cavité relativement vaste, dont les côtés sont formés d'un treillis où

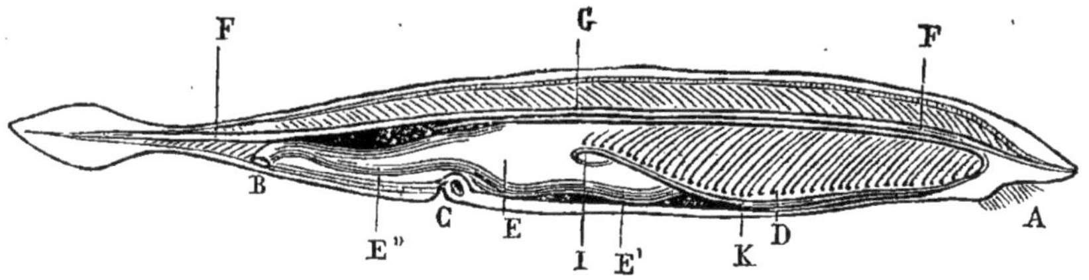

Fig. 103. — Amphioxus.

A, bouche entourée de cirrhes; B, anus; C, pore abdominal; D, branchies; E, portion renflée de l'intestin; E', grand cœcum hépatique; E", rectum; F, moelle épinière; G, corde dorsale; I, cœur de la veine cave; K, cœur artériel.

rampent les vaisseaux sanguins; au fond s'ouvre l'estomac. Ce treillis est l'appareil respiratoire.

Le sang, incolore et sans globules, circule dans des tubes clos; mais il n'y a pas de cœur. Seulement, à la base de chaque arc branchial se voit un petit organe contractile qui pousse le sang.

ARTHROPODES

Digestion. — Le tube digestif des Arthropodes est, comme celui des Vertébrés, ouvert aux deux extrémités du corps. Il est généralement droit, avec ou sans quelques flexuosités.

On y distingue aussi un œsophage, un estomac et un intestin. D'autres renflements, qui portent les noms de gésier, de jabot, etc., existent chez quelques types en rapport avec certains genres de nourriture ; mais je ne puis m'arrêter à ces détails.

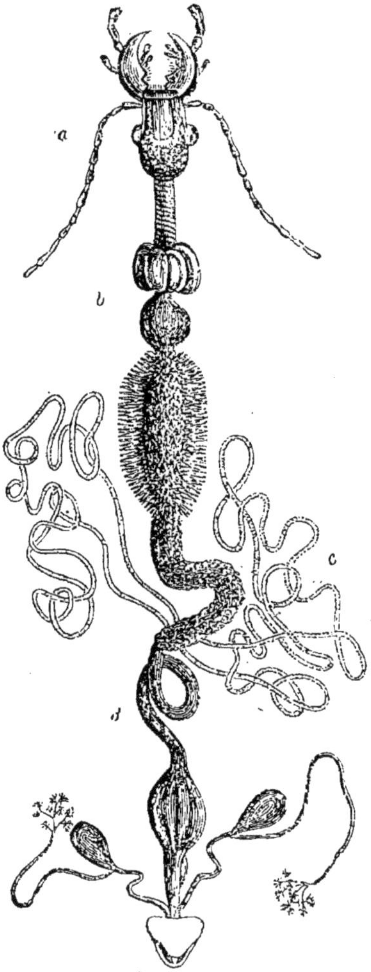

Fig. 104. — Appareil digestif d'un insecte : *a*, tête portant les antennes, les mandibules, etc. ; *b*, jabot et gésier, suivi du ventricule chylifique ; *c*, tubes de Malpighi ; *d*, intestin ; *e*, anus.

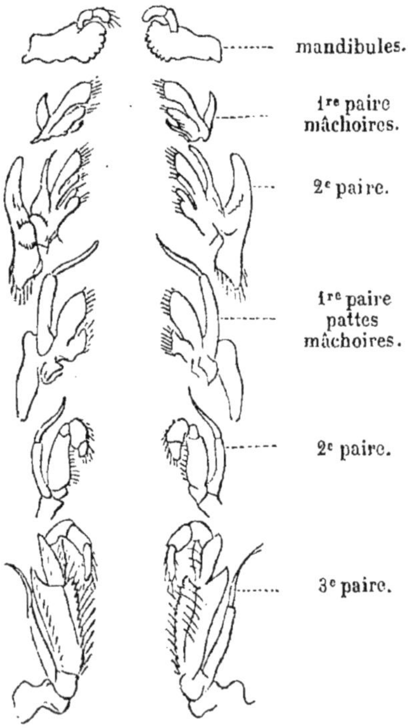

Fig. 105. — Appareil de l'écrevisse.

Les Arthropodes aériens possèdent des glandes salivaires. Dans la partie antérieure de l'intestin des Crustacés débouchent des glandes formant de grosses masses qu'on a comparées au foie, et dont l'action digestive paraît plutôt ressembler à celle du pancréas. Chez les Insectes, de longs tubes, appelés tubes de Malpighi, versent leur contenu dans l'intestin; ils paraissent tenir à la fois et du foie et des reins.

La préhension des aliments et leur mastication ne se font pas comme chez les Vertébrés par le jeu de deux pièces se mouvant l'une contre l'autre dans le sens antéro-postérieur. Les pièces qui remplissent un office analogue sont plus nombreuses et jouent dans le sens transversal. Il est facile de voir qu'elles sont formées par des pattes rudimentaires, adaptées à ces fonctions spéciales.

Retournons cette écrevisse. Nous voyons (fig. 105), à l'entrée du tube digestif, et le fermant énergiquement, deux grosses masses solides, aptes à broyer les aliments; ce sont les *mandibules;* au-dessous, deux autres paires d'appendices qui aident à la trituration en retenant les particules alimentaires et les ramenant sous les mandibules; ce sont les *mâchoires;* enfin trois paires de pattes un peu moins modifiées ou *pattes-mâchoires*, qui jouent aussi un certain rôle dans l'acte préparatoire de la digestion.

Chez les Crustacés suceurs, ces organes varient beaucoup de forme et de nombre.

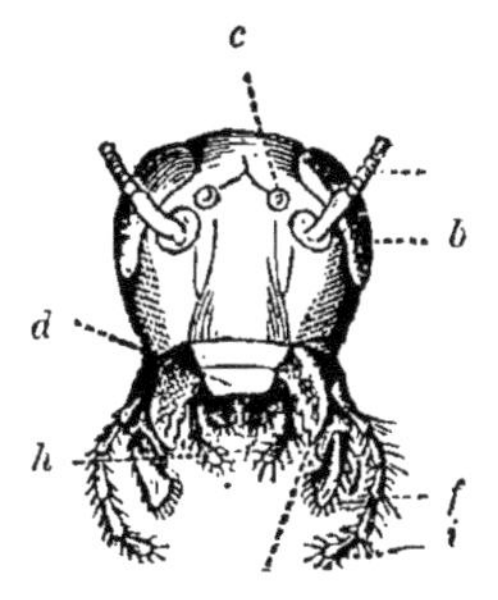

Fig. 106. — Tête de blatte, vue devant: *a*, antennes; *b*, yeux composés; *c*, ocelles; *d*, labre; *e*, mandibules; *f*, mâchoires; *h*, palpes labiaux; *i*, palpes maxillaires.

Chez les Insectes, les pièces masticatrices sont au nombre de deux paires. En avant, les *mandibules* qui sont encore la pièce principale; puis les *mâchoires;* celles-ci portent des appendices appelés *palpes*. Au-dessus et au-dessous, l'orifice buccal est limité par des *lèvres* cornées, dont l'inférieure porte aussi des palpes.

Or, la forme et la dimension de ces diverses pièces présentent, suivant le genre de nourriture de l'insecte, les différences les plus extraordinaires. Cependant une analyse détaillée et bien intéressante a montré que la bouche carnassière du Carabe, le trocart de la Punaise, la suçoir de la Mouche, la trompe enroulée du Papillon, sont composés suivant un même plan et formés des mêmes éléments.

Respiration. — Les appareils respiratoires diffèrent du tout au tout chez les Arthropodes, suivant qu'ils sont aquatiques, comme les Crustacés, ou aériens, comme les Arachnides, les Insectes et les Myriapodes.

Les premiers respirent par des branchies, les autres par des or-

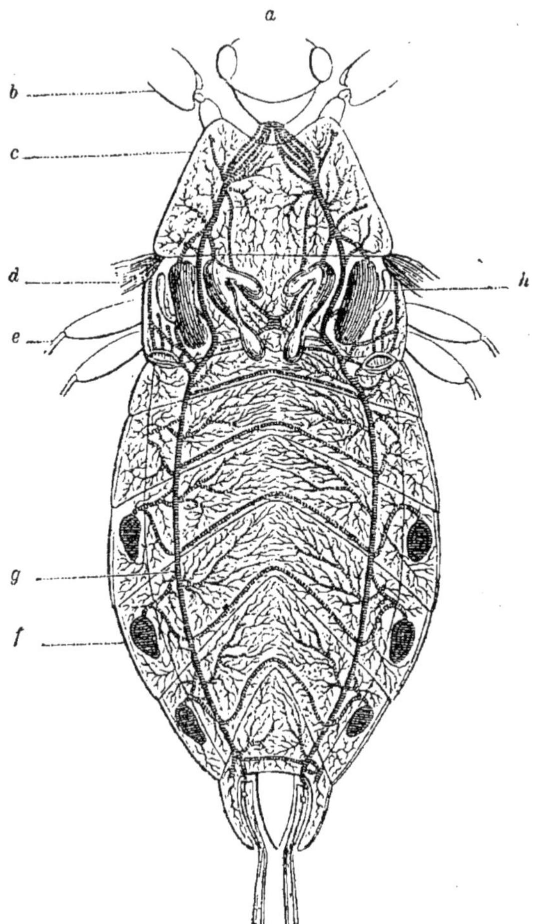

Fig. 107. — Appareil respiratoire d'un insecte : *a*, tête; *b*, base des pattes de la premièr paire; *c*, premier anneau du thorax ; *d*, base des ailes; *e*, base des pattes de la deuxième paire; *f*, stigmates ; *g*, trachées; *h*, vésicules aériennes.

ganes n'ayant qu'une analogie lointaine avec les poumons, qu'on appelle *trachées*.

Les trachées sont des tubes dont le calibre est maintenu béant par un épaississement des parois disposé en forme de spirale, comme dans les trachées des végétaux. De chaque côté du corps se trouvent des trous (généralement au nombre de 8 à 10) appelés *stigmates*, de chacun desquels part un tube trachéal. Ces tubes communiquent les uns avec les autres; ils se ramifient de plus en plus jusqu'à former un chevelu si fin et si serré que toutes les parties du corps en sont pénétrées.

L'air s'introduit dans ces tubes délicats par de véritables mouvements de dilatation inspiratoire qu'exécutent en jouant les uns sur les autres les anneaux de l'abdomen. L'expiration a lieu par un mécanisme inverse.

Chez beaucoup d'Insectes bons voiliers, ces trachées se dilatent de place en place pour former des sacs plus ou moins gros.

Chez les Araignées et les Scorpions, les tubes trachéens ne se

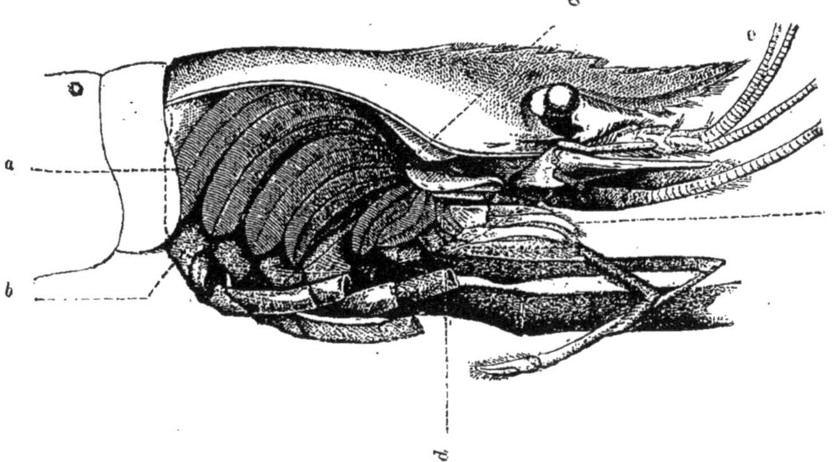

Fig. 108. — Appareil respiratoire d'un palémon : *a*, branchies; *b*, ligne ponctuée et bord inférieur de la portion de la carapace qui recouvre les branchies et qui a été enlevé dans cette préparation ; *c*, canal efférent de la respiration ; *d*, valvule.

ramifient pas, et prennent l'aspect de poches ou de vésicules. On le désigne alors sous le nom de *poumons*.

Quant aux branchies des Crustacés, elles varient considérablement de forme, suivant les types. Si je reprends mon Écrevisse et que j'enlève la partie latérale de sa cuirasse, je vois les branchies en forme de plumes rangées régulièrement (fig. 108). Sur l'animal vivant on constate aisément que l'eau entre par un orifice antérieur, à l'aide d'un mécanisme extrêmement curieux.

Circulation. — Les Arthropodes possèdent tous un cœur. C'est un organe contractile, tantôt très allongé (Insectes), tantôt de forme ramassée (Écrevisses). Le sang y entre par des orifices multiples, et il en est chassé dans une ou plusieurs artères.

Chez les Crustacés, ces artères donnent naissance à des ramifications qui pénètrent dans des capillaires. Au delà de ceux-ci, le sang tombe dans de vastes sinus ou lacunes situées entre les organes;

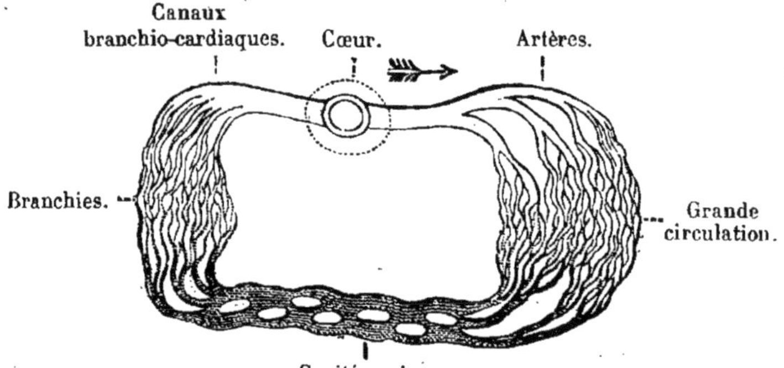

Fig. 109. — Figure théorique de la circulation des crustacés.

une partie se rend aux branchies par des canaux spéciaux. De là, ce sang aéré retourne directement au cœur. Ainsi le cœur est ici artériel, au lieu d'être veineux comme chez les Poissons.

Chez les Insectes, l'artère qui naît du cœur s'ouvre presque immédiatement dans les lacunes intra-organiques : point de canaux allant aux organes respiratoires, ni en revenant; et cela se comprend, puisque ces organes pénètrent toute la masse de l'organisme au lieu d'être localisés. Ici, le cœur est plutôt un agitateur qu'un impulseur.

Le sang des Arthropodes est peu ou point coloré. Dans tous les cas, ses globules sont toujours blancs, et très rares; la matière capable d'absorber l'oxygène de l'air et de le transmettre aux organes est dissoute dans le plasma sanguin lui-même. C'est au reste ce qui arrive chez tous les Invertébrés, et je vous le dis ici une fois pour toutes.

Chaleur animale. — Une fois pour toutes aussi, je vous dis que tous les Invertébrés sont des animaux dont la température est réglée par celles du milieu ambiant. Il y a cependant, parmi les Insectes, quelques rares exceptions. Si vous attrapez à la main un Papillon Sphynx, vous serez étonnés de la chaleur que vous constaterez.

Certains Insectes et Myriapodes produisent de la lumière, tels les vers luisants. Cette propriété est assez fréquente chez des animaux aquatiques appartenant aux embranchements inférieurs.

VERS

Digestion. — Chez les Annélides et les Hirudinés comme chez les Arthropodes, le tube digestif s'ouvre par deux orifices situés chacun à une extrémité du corps. Il présente quelquefois des renflements qui constituent chez les sangsues de vastes réservoirs latéraux.

Chez les Douves, il se ramifie et se termine en cul-de-sac. Enfin il n'y a pas d'appareil digestif chez les Tænias : ces animaux vivent aux dépens des matières digérées dans lesquelles ils baignent.

La bouche est souvent garnie de mâchoires dont la forme est

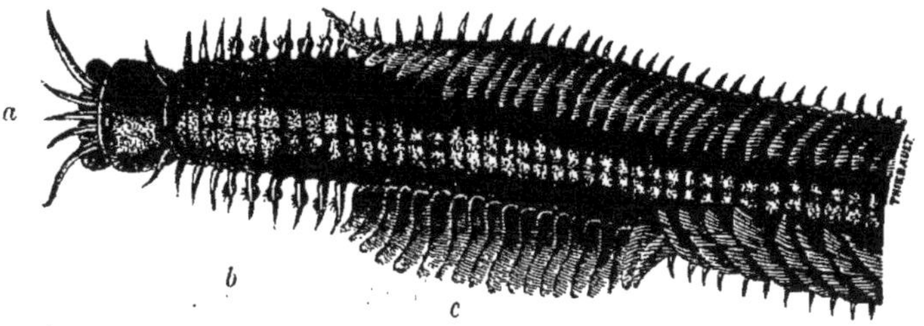

Fig. 110. — Portion antérieure du corps d'une Annélide dorsi-branche du genre Eunice : *a*, tête ; *b*, pattes ; *c*, branchies.

très variée ; les Sangsues en possèdent trois qui donnent à leur morsure un aspect caractéristique.

Respiration. — La respiration chez la plupart des Vers s'opère simplement par la peau. Cependant un grand nombre d'espèces d'Annélides présentent des branchies d'une structure souvent compliquée et d'une apparence parfois fort élégante (fig. 110).

Circulation. — Quant à la circulation, il n'y en a pas trace chez les Vers inférieurs. Au contraire, chez les Annélides, les Lombrics, les Sangsues, un réseau vasculaire extrêmement compliqué parcourt tous les organes. C'est un système clos et fermé, et muni de vaisseaux capillaires comme celui de Vertébrés, où chemine un sang quelquefois coloré en rouge ou en vert, mais qui doit cette couleur à une matière dissoute. Les organes impulseurs sont certains vaisseaux eux-mêmes, qui se contractent régulièrement.

MOLLUSQUES

Digestion. — L'un des caractères de l'embranchement des Mollusques est d'avoir un tube digestif replié sur lui-même, en telle sorte que ses deux extrémités s'ouvrent au voisinage l'une de l'autre.

La bouche est armée, chez les Gastéropodes, de râpes et de mâchoires ; chez les Céphalopodes, deux fortes mâchoires forment une sorte de bec qui ressemble à celui des Perroquets.

Le tube digestif présente des renflements qui varient d'un groupe à l'autre. On y reconnaît cependant toujours un estomac.

Les glandes salivaires existent chez les Mollusques à tête; elles sécrètent un liquide acidifié, chose bien curieuse, par de l'acide sulfurique libre. A l'intestin est toujours annexé un foie volumineux.

Respiration. — Les Mollusques aquatiques, qui forment l'immense majorité, respirent à l'aide de *branchies*. Celles-ci présentent les formes les plus variées, et c'est à ces différences que les naturalistes ont emprunté une des bases de leur classification.

Chez les Céphalopodes, elles sont cachées dans le sac formé par le manteau; chez les Gastéropodes, elles occupent divers points du corps; chez les Acéphales, elles sont disposées en franges sur les bords du manteau.

Les Escargots et autres Gastéropodes aériens ont des poches pulmonaires sur les parois desquelles rampent les vaisseaux sanguins.

Circulation. — Les Mollusques ont tous un cœur qui lance dans des artères le sang revenant de l'appareil respiratoire. Ces artères ne s'affinent en capillaires que dans des cas exceptionnels. Grosses ou petites, du reste, elles débouchent dans des lacunes interorganiques souvent assez vastes. Les mouvements généraux du corps aident au moins autant que l'impulsion cardiaque à la circulation du sang.

Chose bien curieuse, dans un grand nombre d'espèces, l'eau peut pénétrer par de petits orifices et se mêler au sang.

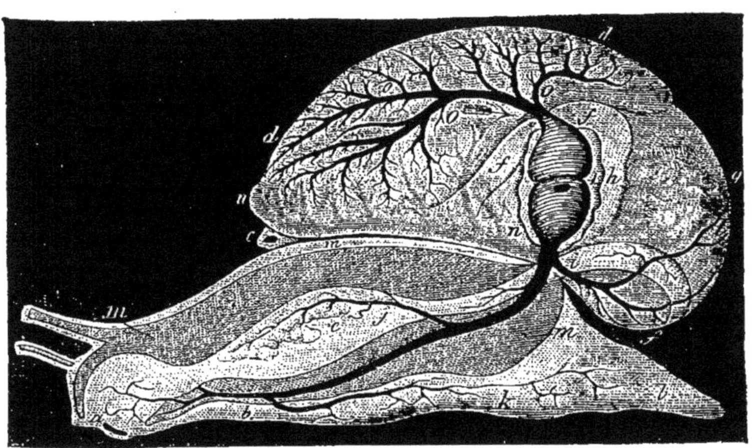

Fig. 111. — Appareil circulatoire d'un mollusque.

Anatomie du colimaçon : *a*, bouche ; *bb*, pied ; *c*, anus ; *dd*, poumon ; *e*, estomac, recouvert en dessus par les glandes salivaires ; *ff*, intestin ; *g*, foie ; *h*, cœur ; *i*, artère aorte ; *j*, artère gastrique ; *l*, artère hépatique ; *k*, artère du pied ; *mm*, cavité abdominale remplissant les fonctions d'un sinus veineux ; *nn*, canal irrégulier en communication avec la cavité abdominale et portant le sang au poumon ; *oo*, vaisseau qui porte le sang artériel du poumon au cœur.

Ce sang est presque incolore. Celui des Céphalopodes bleuit beaucoup en absorbant de l'oxygène. Chez ces Mollusques, à la base de chaque branchie se trouve un cœur qui y pousse le sang veineux.

ÉCHINODERMES

Digestion. — Les Échinodermes ont généralement le tube intestinal ouvert aux deux extrémités ; quelquefois cependant, et notamment chez les Étoiles de mer, il est terminé en cul-de-sac. On y reconnaît d'ordinaire un œsophage, un renflement stomacal et un intestin. Les Étoiles de mer, dont le tube digestif envoie des ramifications dans les cinq bras, ont coutume de faire sortir en le retournant leur estomac pour en envelopper les matières alimentaires; elles opèrent ainsi une espèce de digestion à l'extérieur.

Chez les Oursins, les aliments sont broyés à l'entrée de la bouche par une sorte d'appareil dur, aux pièces multiples et compliquées, qu'on appelle la lanterne d'Aristote.

Respiration. — Il n'y a pas chez ces animaux d'appareil spécial bien caractérisé pour la respiration. Celle-ci s'opère à travers toutes les surfaces amincies du corps et des organes internes.

Circulation. — Il se fait une circulation d'un sang incolore dans un système compliqué et encore mal connu de vaisseaux.

CŒLENTÉRÉS

Ces animaux doivent leur nom à la particularité de leur tube digestif; ce n'est qu'un sac creusé dans l'épaisseur du corps, quelquefois ramifié et même assez richement, comme chez les Méduses, et jouant à la fois les rôles **digestif** et **circulatoire.**

Ce sac n'a pas de parois propres, rien qui ressemble à la muqueuse des animaux dont nous venons de parler; chez beaucoup d'entre eux cependant on trouve une couche épithéliale.

Chez les *Anthozoaires*, la cavité intestinale est pourvue de poches périphériques plus ou moins compliquées : son ouverture est garnie de tentacules préhenseurs. Chez les *Méduses*, le battant de la cloche est creusé d'une cavité, d'où rayonnent des canaux simples ou ramifiés qui se déversent enfin dans un canal circulaire entourant le bord du disque. Chez les *Hydres*, la cavité est simple; on peut retourner ces animaux comme un doigt de gant; la paroi extérieure devenue intérieure digère aussi bien que l'ancienne (1). Enfin, chez les *Éponges*, le cul-de-sac qui, chez l'individu primitif, formait le tube digestif, entre en communication avec ceux des animaux nés par bourgeonnement, et la masse se trouve ainsi creusée d'un système de canaux s'ouvrant au dehors par des *pores*.

Quant à la **respiration**, elle s'effectue par toutes les parties du corps qui sont en contact avec l'eau aérée.

(1) Voir *Zoologie* de Paul Bert et Blanchard, p. 641.

PROTOZOAIRES

Ici, rien qui ressemble à un organe accomplissant une fonction organique quelconque. Bien mieux, la masse du corps est informe, sans structure : c'est le *sarcode* (ou protoplasma) qui tout à la fois respire, digère, sent et se contracte.

Chez les Infusoires, la surface du corps porte souvent des cils vibratiles. On y voit aussi quelques éléments musculaires.

FONCTIONS DE RELATION

LE SQUELETTE

Nous avons déjà, il y a quelques années, indiqué sommairement les principaux os qui constituent le squelette humain. Je vais vous rappeler rapidement ces faits et entrer à ce propos dans plus de détails. Il y a à considérer, vous vous en souvenez, la *colonne vertébrale* et les os des *membres* (fig. 112).

Colonne vertébrale. — La colonne vertébrale comprend plusieurs régions bien distinctes : 1° la *tête,* dont nous reparlerons dans un moment ; 2° la région *cervicale,* composée de sept vertèbres, nombre qui se retrouve chez tous les Mammifères, chez la girafe au long cou, comme chez l'ours et la baleine ; 3° la région *dorsale,* composée généralement de douze à quinze vertèbres, dont chacune porte une paire de rayons nommés *côtes ;* 4° la région *lombaire* (5 ou 6 vertèbres), dont les vertèbres ressemblent un peu à celles du cou ; 5° le *sacrum,* où les vertèbres soudées en un seul os forment un appui solide pour le membre postérieur ; 6° la région *caudale.*

En avant de la région dorsale, voici la *colonne sternébrale,* appelée ordinairement *sternum* (*sternum,* bouclier) qui forme une sorte de pendant à la colonne vertébrale. Nous nommerons *côtes sternales,* en les comparant ainsi aux *côtes vertébrales,* les pièces cartilagineuses qui, partant du sternum, se relient avec la plus grande partie des côtes. L'ensemble des vertèbres dorsales, du sternum et des côtes, forme le *thorax* (θώραξ, poitrine).

Vertèbres en général. — Je veux seulement vous rappeler que les vertèbres se composent toutes d'un *corps* et d'un *arc supérieur* à ce corps (postérieur chez l'homme), avec lequel il forme une sorte d'anneau, la série de tous ces anneaux constituant le *canal vertébral.*

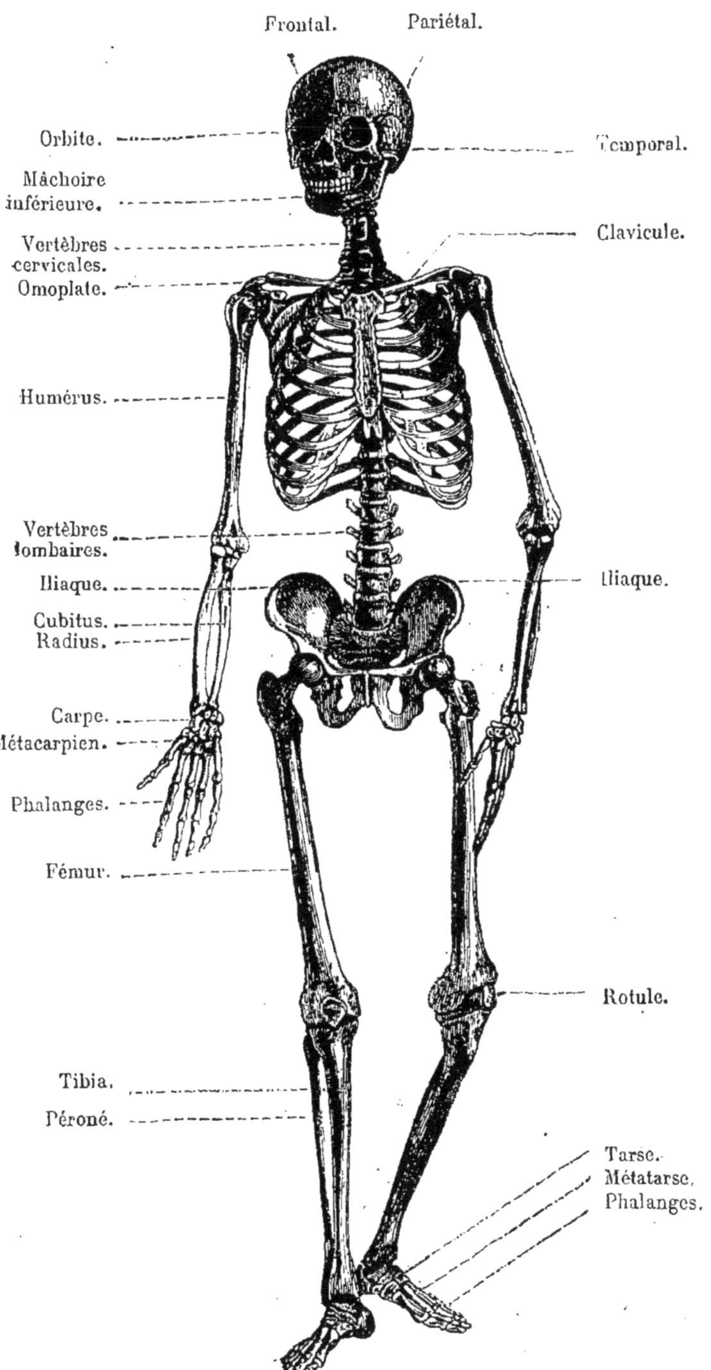

Fig. 112. — Squelette de l'homme.

Je veux vous faire observer encore que ces vertèbres, malgré leurs différences de formes, sont composées des mêmes parties, et, par exemple, portent toutes des côtes; mais dans les régions cervicale et lombaire, ces côtes sont très petites et soudées à la vertèbre, au

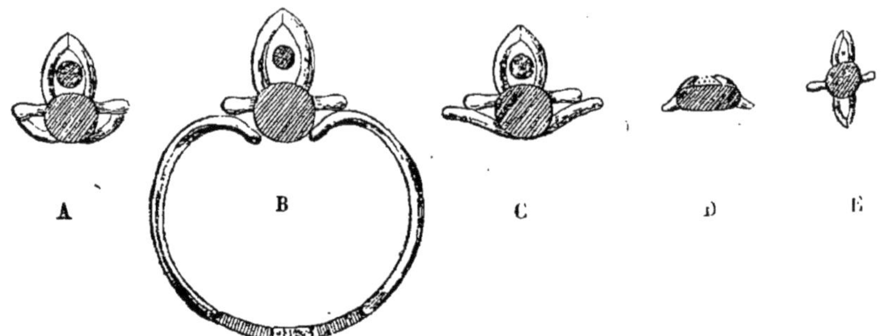

Fig. 113. — Formes diverses des vertèbres : A, vertèbre cervicale ; B, dorsale ; C, lombaire ; D, sacrée ; E, caudale.

lieu d'être longues et libres comme dans la région dorsale (fig. 113). Les deux premières vertèbres du cou méritent une indication spéciale : la première, qu'on nomme *atlas*, parce qu'elle supporte la tête, comme le géant fabuleux Atlas supportait le ciel, a son corps réduit à une simple lame; la seconde, ou *axis*, doit ce nom à ce qu'elle présente une sorte de pivot autour duquel se fait le mouvement de rotation de la tête.

Vous voyez que, malgré d'importantes différences de formes, on retrouve toujours dans les diverses vertèbres l'identité fondamentale. Le *sacrum* lui-même se laisse facilement décomposer en plusieurs vertèbres soudées (fig. 114). Vous ne serez donc pas trop surpris quand je vous dirai que la tête, dont nous allons nous occuper maintenant, que la tête, dont la forme générale diffère tant des vertèbres, est cependant elle-même, dans ses parties principales, un composé de quatre vertèbres réunies et soudées l'une à l'autre. Cela est, en effet, la vérité; la voûte du crâne n'est autre chose que l'ensemble des arcs de ces vertèbres, élargis, aplatis, solidement unis entre eux. La cavité crânienne est donc, enfin, le prolongement du canal formé par la série des arcs vertébraux, du canal vertébral.

Fig. 114. — *Sacrum* formé de plusieurs vertèbres réunies.

Crâne. — Je puis vous donner, sous forme d'énumération, les noms des pièces qui constituent les vertèbres crâniennes (fig. 115). Je les indique d'arrière en avant; les corps vertébraux s'appellent successivement : *os basilaire*, *sphénoïde postérieur*, *sphénoïde antérieur*, *ethmoïde;* les arcs : *occipitaux*, *pariétaux*, *frontaux*, *nasaux*. Noms parfois bizarres, et qui sont empruntés souvent à des particularités de forme qu'ils présentent dans l'espèce humaine. On dit

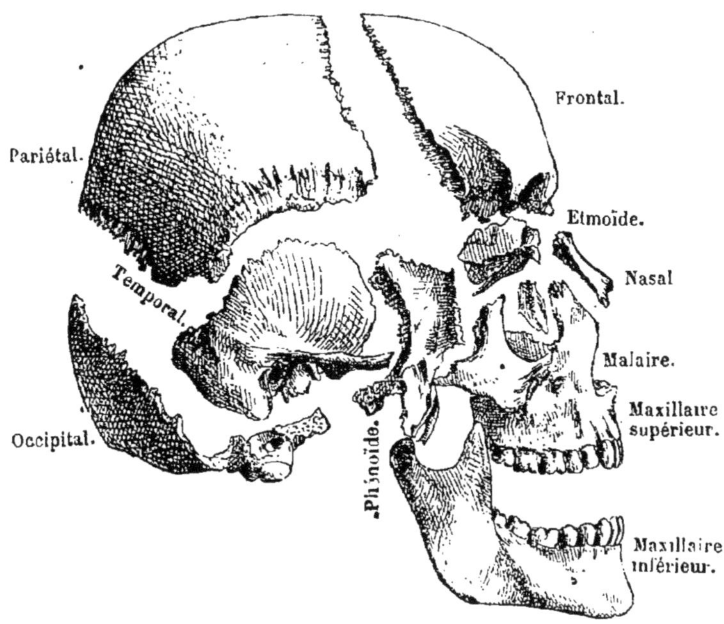

Fig. 115. — Os de la tête dans l'espèce humaine.

ainsi qu'il y a, d'arrière en avant, une vertèbre *occipitale*, une vertèbre *pariétale*, une vertèbre *frontale* et une vertèbre *nasale*.

Ces os ne forment pas à eux seuls toute la tête, ni même tout le crâne, si l'on comprend sous ce nom la boîte osseuse qui renferme le cerveau. En effet, les deux *mâchoires*, sortes de membres annexés à la tête, ont un squelette osseux qui, pour partie, concourt à la formation du crâne.

La mâchoire supérieure lui est fixée solidement par l'os *malaire*, qui forme chez nous la *pommette* des joues. Sur lui s'insèrent le *maxillaire supérieur*, avec en avant l'*intermaxillaire*, tous deux porteurs de *dents*. Ces deux os sont, dans l'espèce humaine, intimement soudés ensemble, sauf dans certaines monstruosités, désignées sous le nom caractéristique de *bec-de-lièvre*, à cause de la fente correspondante de la lèvre.

La *mâchoire inférieure*, formée d'un seul os garni de dents, s'articule sur un os qui fait partie du crâne, le *temporal*. Cet os, qui bouche l'intervalle compris entre la vertèbre pariétale et la vertèbre frontale, est lui-même composé d'une partie écailleuse (fig. 116) et d'une masse à qui sa dureté extraordinaire a fait donner le nom de

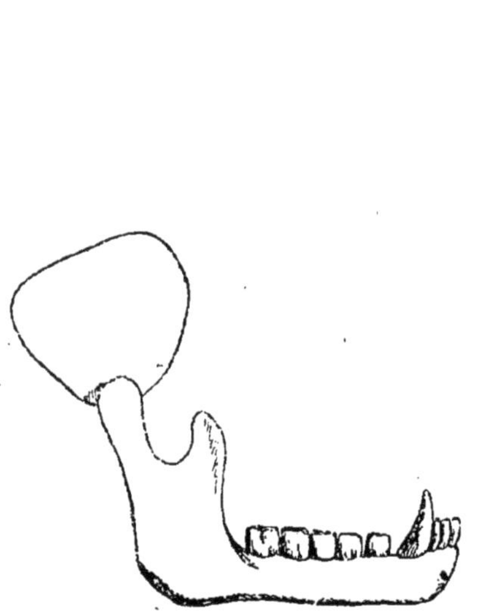

Fig. 116. — Os de la mâchoire inférieure (schéma) : Maxillaire inférieur et écaille du temporal.

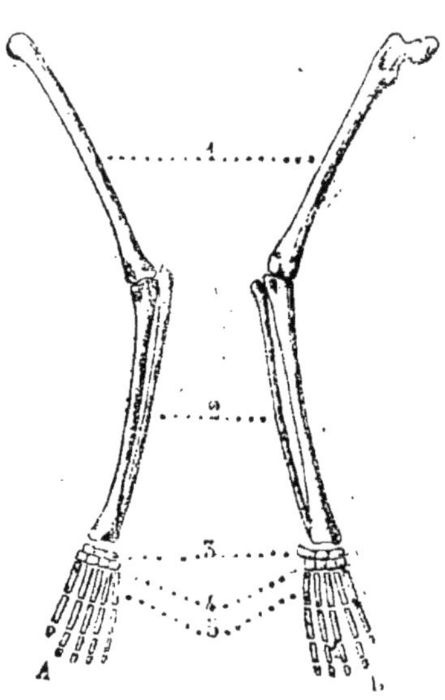

Fig. 117. — Os du membre antérieur A, et du membre postérieur B, disposés de manière à en comparer les divers segments successifs (schéma).

rocher, et qui contient dans son intérieur les parties les plus importantes de l'organe de l'audition.

Os des membres. — Passons maintenant à l'étude des os des membres. Leurs noms vous sont déjà connus, et je vais, tout en vous les rappelant, établir une comparaison qui, je l'espère, vous semblera intéressante, entre le membre antérieur et le membre postérieur (fig. 117).

Ils se composent chacun d'une partie basilaire fixe et d'une partie mobile, divisée elle-même en trois segments. Occupons-nous d'abord de la partie libre dont les analogies sont bien plus faciles à saisir. Or, le 1er segment contient un os nommé, au bras, *humérus*, à la jambe *fémur;* le 2e segment contient deux os nommés, au bras, *cubitus* et *radius*, à la jambe, *péroné* et *tibia;* le 3e (pied ou main) se montre, sur le squelette, composé lui-même de deux parties : à la main le *carpe* (καρπὸς, poignet) ; au pied le *tarse* (ταρσὸς, objet de plusieurs pièces rangées avec ordre), formés chacun de deux rangées

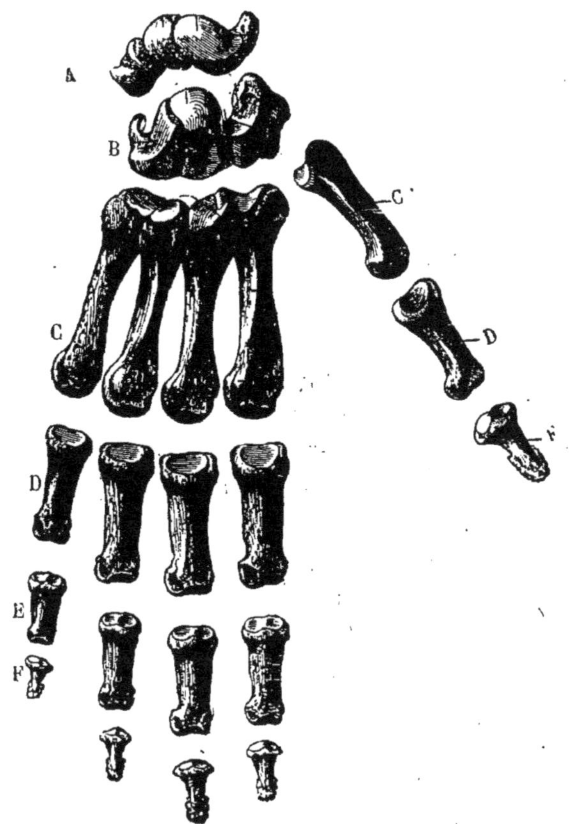

Fig. 118. — Main droite : A, première rangée du carpe ; B, seconde rangée ; C, métacarpien ; D, phalanges ; E, phalangines ; F, phalangettes.

d'os ; enfin les *doigts* (au membre antérieur) et les *orteils* (membre postérieur).

Or, en continuant notre énumération, nous trouvons : au 3e segment (première rangée du carpe ou du tarse) trois os ; au 4e segment (deuxième rangée du carpe et du tarse) quatre os ; au 5e segment (doigts ou orteils) cinq os.

Veuillez remarquer, comme moyen mnémonique, ce rapport entre le nombre des os et le numéro du segment auquel ils appartiennent; 1er rangée, 1 os; 2e rangée, 2 os, et ainsi de suite (fig. 117).

Examinons maintenant les doigts et, simultanément, les orteils (fig. 118 et 119).

Ils sont au nombre de cinq, dans l'espèce humaine. Chacun d'eux est composé de plusieurs pièces placées au bout les unes des autres. Le plus voisin de l'axe du corps, le doigt le plus interne, *pouce* (main), ou *gros orteil* (pied), a trois de ces pièces; tous les autres en ont quatre. La première rangée de ces pièces est, chez l'homme et la plupart des mammifères, enveloppée de parties molles; avec le carpe et le tarse, elle constitue la *paume* de la main et la *plante* du pied. Scientifiquement, on appelle les os de cette première rangée, à cause de leur position, *métacarpe* (μετὰ, après le carpe) et *métatarse* (après le tarse). Les autres pièces libres sont nommées *phalanges*; il y a d'abord à chaque doigt la *phalange proprement dite*, puis la *phalangine* et enfin la *phalangette*, qui porte l'*ongle;* au pouce, la phalangine manque.

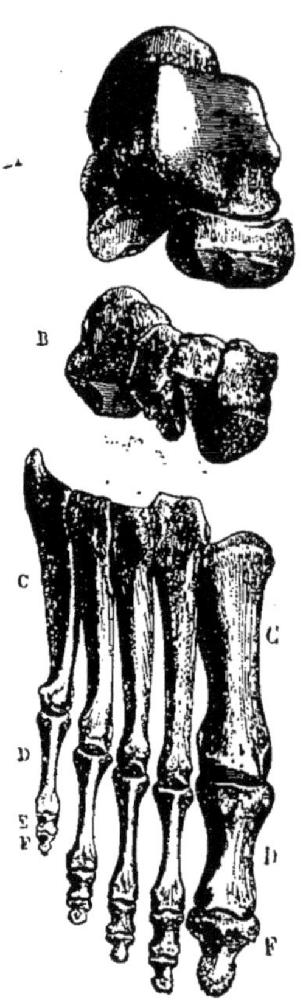

Fig. 119. — Pied droit : A, première rangée du tarse ; B, seconde rangée ; C, métatarsiens ; D, phalanges ; E, phalangines ; F, phalangettes.

Venons maintenant à la comparaison du bassin et de l'épaule.

En examinant les pièces et en tenant compte de certains renseignements que nous fournit l'anatomie des reptiles et aussi l'étude du développement chez les animaux mammifères, nous voyons que ces parties se composent de trois pièces, à savoir :

Le bassin se compose de l'*iléon* (εἰλεόν), de l'*ischion* (ἰσχίον, hanche), du *pubis* (*pubes*, aine); l'épaule, de l'*omoplate* (ὦμος, épaule, πλάτυς, large, os large de l'épaule), de la *clavicule* (*clavis*, clef : à cause de sa forme?), du *coracoïdien* (κόραξ, corbeau; semblable à un bec de corbeau), ainsi nommé parce que chez presque tous les mammifères il est extrêmement réduit et a la forme d'un bec.

Or, ces différents os se correspondent deux à deux : l'iléon à l'omoplate, l'ischion au coracoïdien, et le pubis à la clavicule (fig. 120).

La clavicule va rejoindre en avant le sternum, et maintient les épaules à distance quand les bras se portent en dedans.

En définitive, l'analogie des membres supérieurs et inférieurs est

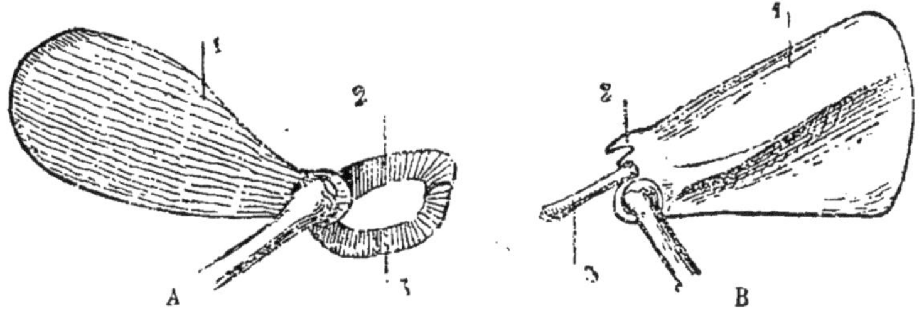

Fig. 120. — Analogie du bassin (A) et de l'omoplate (B) : 1, iléon et scapulum ; 2, ischion et coracoïdien ; 3, pubis et clavicule.

déterminée comme l'indique le tableau que je mets sous vos yeux.

MEMBRE POSTÉRIEUR		MEMBRE ANTÉRIEUR	
Bassin	Iléon	Omoplate	*Épaule.*
	Ischion	Coracoïdien	
	Pubis	Clavicule	
Cuisse	Fémur	Humérus	*Bras.*
Jambe	Tibia	Radius	*Avant-bras.*
	Péroné	Cubitus	
Cou-de-pied ou *tarse*	1re rangée : 3 os	1re rangée : 3 os.	*Poignet* ou *carpe.*
	2e — 4 os	2e — 4 os.	
Plante ou *métatarse*	5 os	5 os	*Paume* ou *métacarpe.*
Phalanges des orteils		*Phalanges des doigts.*	

Il y a entre l'épaule et le bassin cette différence considérable que celui-ci est soudé à la colonne vertébrale, et fait corps avec elle, tandis que l'épaule est libre, l'omoplate glissant sur les côtes et n'étant maintenue que par des muscles. Nous verrons, en parlant des mouvements, l'importance de ces dispositions.

Ossification. — J'ai à vous signaler maintenant dans l'histoire générale du squelette un fait extrêmement remarquable. Presque tous les os ont été, dans le jeune âge, mous et flexibles; c'étaient, comme on dit, des *cartilages*. Graduellement, petit à petit, ils se sont durcis; ils sont devenus des os. Cette transformation, sur laquelle je vais revenir dans un instant, se fait d'une manière extrêmement régulière.

Chaque os long, comme l'humérus, par exemple, primitivement cartilagineux, devient osseux par trois points, un au milieu, un à chaque extrémité. L'époque de l'apparition de ces *points d'ossification*, comme on les appelle (fig. 121), et l'époque de leur soudure sont parfaitement déterminées.

Ainsi la soudure de l'extrémité inférieure de l'humérus avec le *corps*

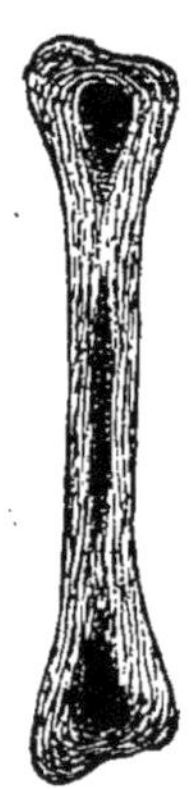

Fig. 121. — Coupe d'un os jeune montrant les trois points d'ossification.

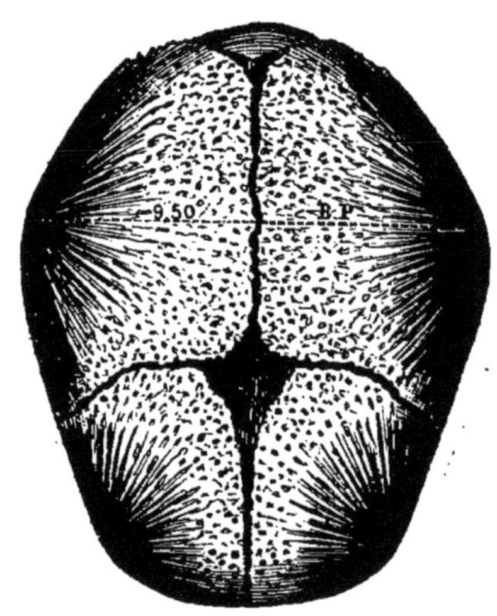

Fig. 122. — Crâne de jeune enfant, vu en dessus, et montrant les fontanelles antérieure et postérieure.

de l'os a lieu vers l'âge de quinze à seize ans; celle de la partie supérieure de vingt à vingt-cinq ans.

Ceci est important à connaître, parce que, tant que les os ne sont pas soudés, ils peuvent s'allonger par la partie molle intermédiaire entre leurs points d'ossification. La soudure opérée, aucun accroissement en longueur n'est plus possible.

Les os du crâne présentent quelque chose d'analogue. Isolés dans le jeune âge, ils se rejoignent plus tard, s'engrènent et vont même jusqu'à se souder. Vous avez pu remarquer que chez les très jeunes enfants il existe, sur la tête, deux points non protégés par les os, et où l'on voit des battements; c'est ce qu'on nomme les *fontanelles* (fig. 122).

Elles correspondent au lieu de la réunion future de plusieurs os du crâne, réunion qui s'opère généralement dans le courant de la seconde année. D'autre part, les soudures de tous les os composés ne sont guère terminées que vers l'âge de vingt à vingt-cinq ans; dès que cette réunion est opérée, la taille cesse à tout jamais de grandir.

Cette transformation du cartilage en os est donc un fait très important et que nous devons étudier avec quelques détails. Ce sera une occasion toute naturelle de connaître plus exactement ce qu'est un cartilage et ce qu'est un os.

Cartilage. — Voici un os, voilà un cartilage; ce dernier, vous le voyez, est assez mou, flexible, élastique; l'autre est rigide, et se briserait plutôt que de plier. Si je les place tous deux sur des charbons ardents, le cartilage brûlera en entier, ne laissant que des cendres; l'os gardera sa forme mais deviendra très blanc et friable. D'une autre part, si je les immerge dans un acide étendu, dans de l'acide chlorhydrique, par exemple, le cartilage ne paraît s'altérer en rien, tandis que l'os donne lieu à un certain dégagement de gaz, et, finalement, est transformé en un corps souple qui ne paraît différer en rien, à l'œil nu, du vrai cartilage. En d'autres termes, l'os se distingue d'abord du cartilage en ce qu'il contient, à côté de la substance animale, ou plutôt combinées avec elle, des matières salines; ce sont elles qui résistaient à l'action du feu qui avait détruit la substance animale; celle-ci, au contraire, résistait à l'acide qui avait dissous les sels. Ces sels sont le carbonate de chaux et le phosphate de chaux; aussi est-ce des os qu'on retire le phosphore.

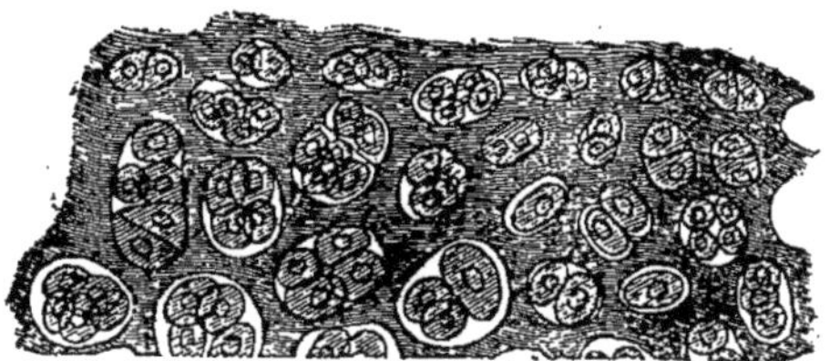

Fig. 123. — Coupe d'un cartilage (grossiss., 350).

Après l'action des acides, les os, vous ai-je dit, sont transformés en une substance qui ressemble au cartilage, mais qui n'est pas le cartilage. C'est qu'en effet ces deux espèces de corps ne diffèrent pas seulement par la composition chimique, mais par la structure intime, je veux dire par la forme et la disposition des éléments anatomiques qui les composent.

Si nous coupons une tranche très mince d'un cartilage, et que nous l'examinions au microscope avec un grossissement suffisant, nous la voyons composée d'une substance transparente, dans laquelle sont dispersés sans ordre une innombrable quantité de petits corps ovoïdes, dits *cellules de cartilage* (fig. 123).

Au contraire, une coupe transversale dans un os nous montre

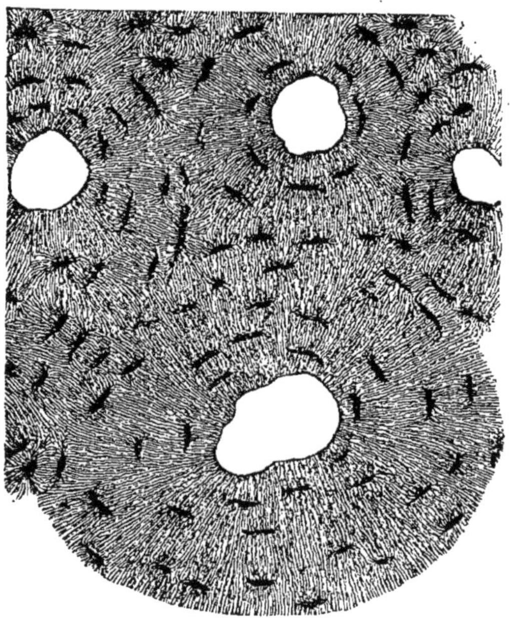

Fig. 124. — Coupe transversale d'un os (grossiss., 300), montrant les canalicules osseux et les cellules osseuses rangées concentriquement autour d'eux.

des canaux, et, tout autour, de petits corps très singuliers, rangés fort régulièrement en couches concentriques (fig. 124). Ces petits corps ou *cellules osseuses* ont de un centième à un centième et demi de millimètre en diamètre, et possèdent une très grande quantité de petits prolongements qui, finalement, communiquent les uns avec les autres.

Chaque os est enveloppé d'une membrane ou *périoste* (περὶ, autour; ὀστέον, os). Enfin les canaux sont remplis d'une substance nommée *moelle des os* (fig. 125), et composée elle-même de cellules.

Comment les cellules du cartilage font-elles place aux cellules de l'os? Comment s'effectue l'arrivée des matières calcaires? Ce sont là des phénomènes difficiles à observer, et sur lesquels les savants qui se servent particulièrement du microscope, et qu'on appelle pour cette raison des *micrographes* (μικρὸς, petit; γράφω, je décris), ne sont pas tout à fait d'accord; je ne vous en parlerai donc pas.

Moelle des os. — Mais je veux appeler votre attention, en terminant ce qui a rapport aux os, sur la propriété remarquable de la moelle qui en remplit les canaux, et qui est même interposée entre l'os et le périoste. Cette moelle est capable de former de l'os. Si, sur un jeune animal, on prend un peu de cette moelle et qu'on la greffe sous la peau, fort loin de l'os auquel on l'a empruntée, on la retrouvera au bout d'un certain temps, transformée en un véritable os. Si l'on enlève même l'os tout entier, mais en respectant le périoste qui l'entoure, ce qui ne peut se faire qu'en laissant aussi une certaine quantité de moelle, celle-ci entrera en action. Les chirurgiens tirent grand parti de cette propriété merveilleuse, et c'est chose admirable que de voir, par exemple, un pauvre enfant, auquel on a dû enlever le tibia tout entier, en prenant soin de respecter le périoste, marcher plus tard presque sans boiter, sur un tibia nouveau que la moelle a reformé.

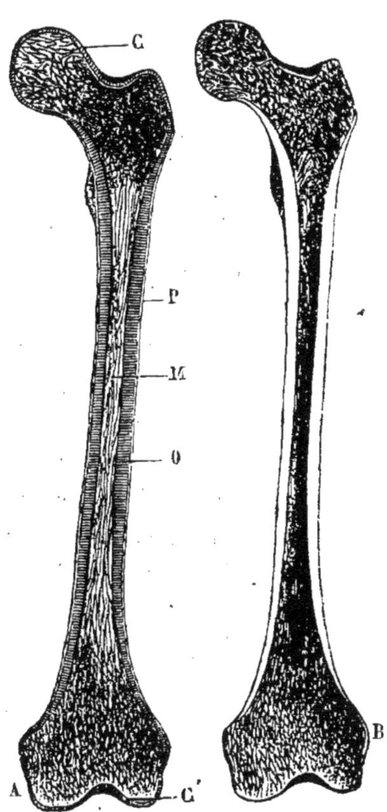

Fig. 125. — Coupe longitudinale d'un fémur humain. A. *Os frais:* P, périoste; O, corps de l'os; M, moelle; C, C', cartilages articulaires. B. *Os sec*, montrant le canal médullaire et le tissu spongieux des extrémités.

Structure des os. — On divise ordinairement les os en deux catégories, les os *courts* et les os *longs;* presque toujours ces désignations pourraient être remplacées par celles d'os *spongieux* et d'os *tubulaires*.

Prenons un de ceux-ci pour type, le fémur, par exemple. Voici un fémur humain; vous voyez qu'il se compose d'une partie cylindrique ou *corps*, et de deux extrémités ou *têtes*.

Coupons en long cet os ; nous le voyons tubulaire dans sa partie médiane, spongieux à ses deux extrémités (fig. 125, B).

Pour mieux examiner la structure de la partie médiane, faisons une coupe transversale, et examinons-la sous un faible grossissement. Nous y voyons des espèces de cercles concentriques, assez analogues à ceux que présente la coupe d'un tronc d'arbre. Mais en y regardant de plus près nous constatons une structure plus compliquée. Autour de nombreux orifices, qui ne sont autre chose que la coupe de canaux très petits, sont disposés en cercles d'une régularité et d'une élégance singulières les corpuscules osseux dont je vous ai parlé, il y a quelques instants (Voy. fig. 124). Les petits canaux communiquent avec le grand canal central, et comme lui sont remplis de moelle ; ils communiquent également avec la couche extérieure de l'os, et la moelle débouche ainsi sous le périoste. Dans leur cavité pénètrent les vaisseaux sanguins et les nerfs.

Aux deux extrémités osseuses, la structure de l'os n'est pas la même : plus de grand canal central, mais des lamelles irrégulières entre-croisées, qui forment un tissu spongieux, lequel présente des conditions de légèreté et de résistance très remarquables.

A la tête supérieure du fémur, sa disposition est très curieuse : il y a là un système de contre-forts qui servent à supporter le poids du corps. Dans la vieillesse, ces lamelles se raréfient, si bien que l'os devient moins solide, et qu'arrivent alors très facilement les redoutables fractures du *col du fémur*.

LES ARTICULATIONS

Les os sont quelquefois intimement unis les uns avec les autres, soit par juxtaposition et engrènement (fig. 126), comme les os du crâne pendant la jeunesse et l'âge mûr, soit par soudure définitive, comme il arrive pour ces mêmes os par les progrès de l'âge. Mais

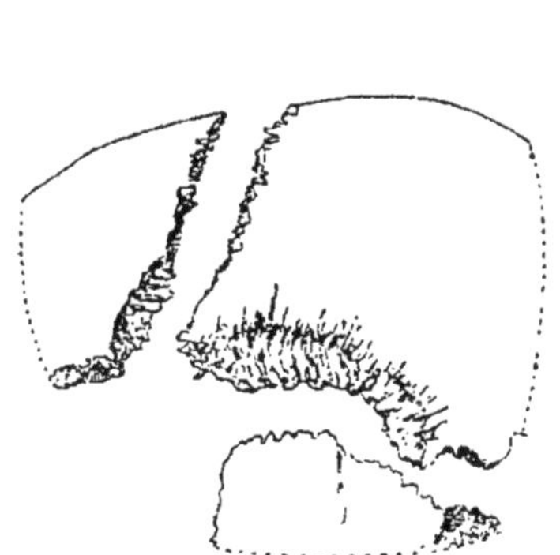

Fig. 126. — Union des os du crâne par *juxtaposition* et *engrènement*.

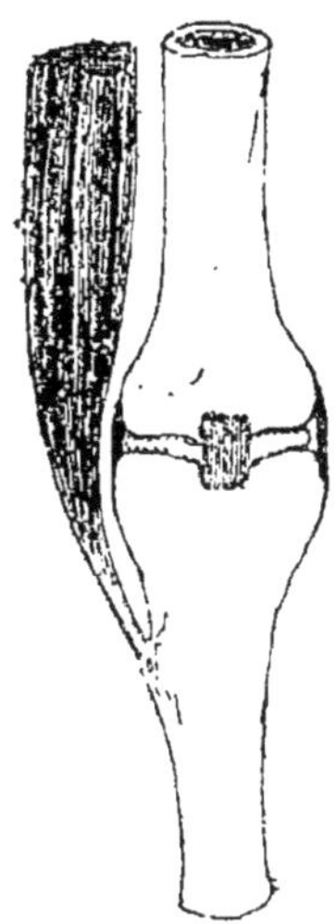

Fig. 127. — Articulation type. Schéma montrant la cavité articulaire ou synoviale, les ligaments, et un muscle passant d'un os à l'autre et solidifiant l'articulation.

le plus souvent ils jouent les uns par rapport aux autres, dans des limites d'une étendue très variable. Ils sont, comme on dit, *articulés*.

Les parties des os qui devront glisser et frotter l'une contre l'autre sont revêtues d'une couche cartilagineuse. Des ligaments aussi variés de formes que les articulations elles-mêmes enveloppent les deux extrémités osseuses (fig. 127) et déterminent une sorte de cavité, dans laquelle s'épanche incessamment un liquide qui facilite les glissements : on l'appelle *synovie* (σὺν, avec ; ὠὸν, œuf, à cause de sa ressemblance avec le blanc d'œuf).

Les deux os ne sont pas seulement retenus en présence par les ligaments passifs. Les muscles passent d'un os à l'autre, et maintiennent les os activement par leur propre contraction. Grâce à une harmonie fonctionnelle que nous étudierons plus tard en parlant du système nerveux, ils combattent énergiquement les causes de distension dans les chutes, les mouvements anormaux, qui menaceraient les articulations. Qui n'a senti, en se tordant le pied, les muscles du mollet se durcir et entrer en action subite pour ramener à son état normal l'articulation distendue ?

Diverses sortes d'articulations. — La forme des articulations est très variable ; depuis l'immobilité presque absolue, comme pour les os qui composent le poignet et le cou-de-pied (carpe et tarse), jusqu'à la mobilité extrême du bras sur l'épaule (humérus sur omoplate), on trouve toutes les transitions. Cependant on peut, pour fixer un peu les idées, ranger les articulations en quatre classes :

1° Celles qui sont à peu près complètement immobiles, comme les articulations du crâne, comme celle du bassin avec le sacrum, etc. ;

2° Celles où le mouvement ne peut être qu'un glissement plus ou moins étendu des os en contact l'un sur l'autre ; telles sont les articulations du tarse, du carpe, des vertèbres, de la clavicule avec le sternum et l'omoplate, du péroné avec le tibia, etc. ;

3° Celles qui permettent des mouvements angulaires : avant-bras sur bras, poignet sur avant-bras, phalanges, jambe sur cuisse, pied sur jambe, mâchoire inférieure, etc. ;

4° Celles qui permettent des mouvements beaucoup plus étendus de torsion ou de rotation : poignet, cuisse sur bassin, tête sur colonne vertébrale, et surtout bras sur épaule.

La forme des têtes osseuses et des cavités articulaires, le nombre, la force, la direction des ligaments qui servent à réunir les os, varient nécessairement pour chaque articulation. Ce sont là des détails que le chirurgien doit bien connaître, pour ce qui a rapport à l'espèce humaine ; mais leur étude nous entraînerait très loin, et vous intéresserait peu. Je ne veux vous parler, à titre d'exemple, que de quelques articulations curieuses à divers points de vue particuliers.

Articulation de la cuisse. — L'articulation du fémur avec l'os iliaque, l'articulation *coxo-fémorale*, est peut-être de toutes la plus solide, non seulement à cause de la force des os en contact et de l'épaisseur des parties molles qui la protègent, mais de la forme même de l'articulation. Le fémur se coude brusquement près de son sommet, et, laissant une saillie angulaire qu'on sent sous la peau, saillie nommée le grand *trochanter* (τροχαντὴρ, qui tourne), il se rétrécit en un *col* pour se renfler ensuite en une *tête* à peu près sphérique.

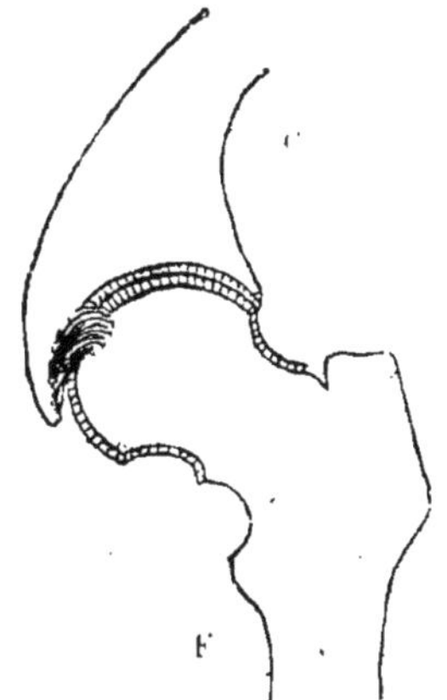

Fig. 128. — Articulation du fémur F, avec l'os de la hanche C. Coupe schématique montrant les cartilages articulaires et le ligament inter-articulaire.

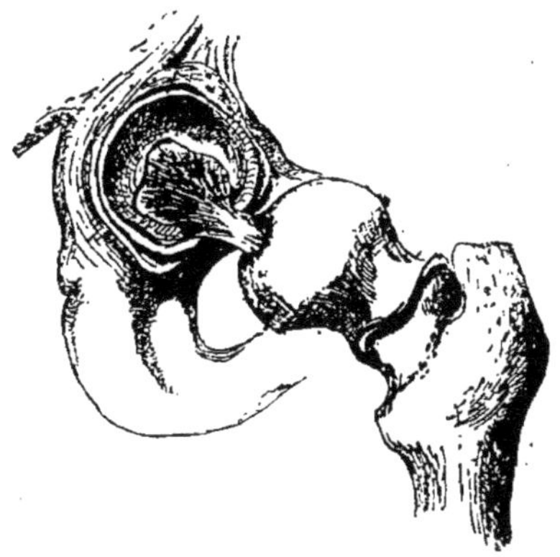

Fig. 129. — Articulation coxo-fémorale. Le fémur a été éloigné de la cavité cotyloïde pour montrer le ligament inter-articulaire.

Cette tête est reçue presque entièrement (fig. 128) dans une cavité de l'iliaque dite *cotyloïde* (κοτύλη, cavité); un bourrelet garni d'une membrane maintient la tête en place, et ferme l'articulation; enfin, au fond de celle-ci, un ligament solide y attache le sommet de la tête fémorale (fig. 129), si bien que si celle-ci était arrachée de sa capsule, elle pourrait encore être maintenue par le ligament, qui permettrait de la ramener plus aisément en place, et c'est ce qui arrive dans certaines luxations.

Toutes ces précautions sont bien en rapport avec le rôle considérable de cette articulation, qui doit porter le poids du corps, et dont le fonctionnement est indispensable. Aussi les luxations en sont-elles assez rares. Et même, dans les chocs brusques, dans les chutes, il arrive souvent, surtout chez les vieillards où l'os devient plus fragile, que le col du fémur se casse et que l'articulation reste intacte.

Articulation du genou. — L'articulation du genou offre un intérêt spécial par plusieurs détails de son organisation, et surtout par la présence d'un os singulier, la *rotule*, qui la ferme en avant (fig. 130). La rotule est développée dans le tendon de l'énorme

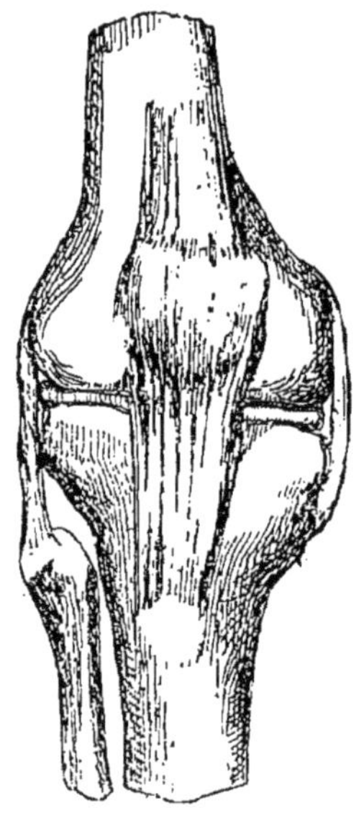

Fig. 130. — Articulation du genou, vue de face, montrant les ligaments articulaires et la rotule.

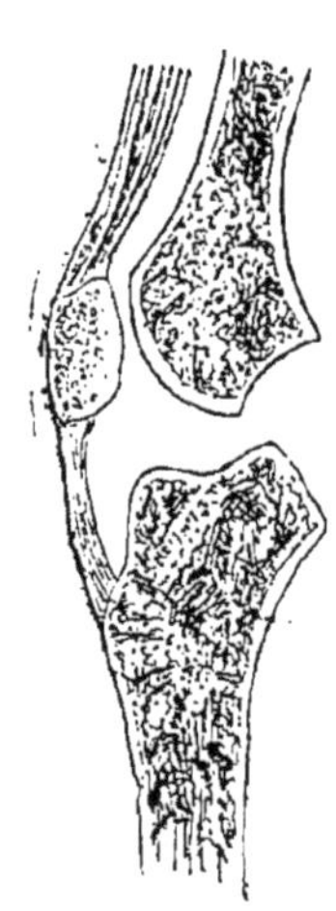

Fig. 131. — Coupe antéro-postérieure de l'articulation du genou montrant la rotule dans le tendon du triceps fémoral.

muscle antérieur de la cuisse, le *triceps fémoral*, qui se termine à la partie supérieure du tibia. Sa face postérieure fait partie de l'articulation *tibio-fémorale* (fig. 131). Elle joue un rôle analogue à celui des poulies sur lesquelles glisse une corde tendue, et elle évite le frottement du tendon contre les os.

Articulations du poignet. — Mais les plus curieuses des articulations sont sans doute celles qui permettent chez l'homme, les singes et quelques autres mammifères, les mouvements de rotation du poignet. Ces mouvements sont dits de *pronation* quand, l'avant-bras étant horizontal, la paume de la main est tournée en bas, et de *supination*, quand elle regarde en haut. Comme j'ai l'intention de vous faire avec quelques détails l'histoire des mouvements de la main, je dois ici m'arrêter quelque peu.

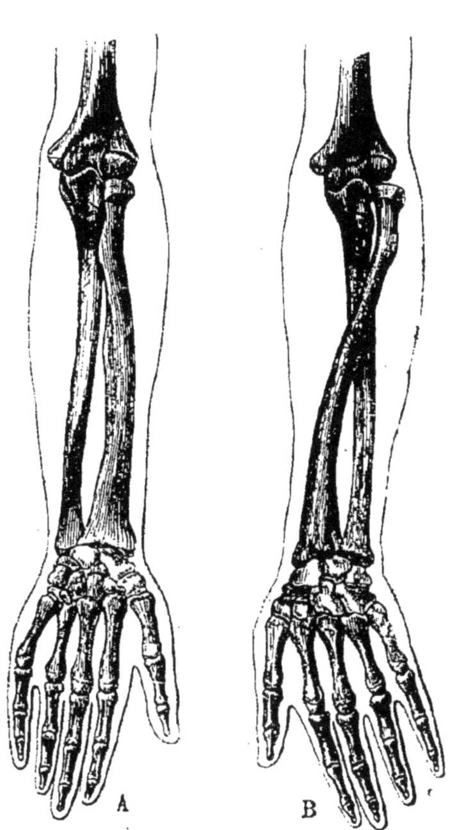

Fig. 132. — Mouvement du poignet : A, supination ; B, pronation.

Les mouvements de flexion et d'extension de l'avant-bras sur le bras sont opérés par le cubitus se mouvant sur l'humérus; l'autre os, le radius, suit passivement le cubitus. En revanche, du côté du poignet, le radius seul s'articule aux os du carpe, et c'est sur lui que la main se meut dans sa flexion et son extension totales (fig. 132): le cubitus se termine là presque en pointe. Mais par le mouvement de rotation, voici ce qui se passe : la main fait corps avec l'extrémité inférieure du radius, et celle-ci tourne autour du cubitus pris pour axe. La tête supérieure du radius, petite et ronde, pivote sur elle-même, sans changer de place; mais la tête inférieure bascule en tournant, et entraîne la main.

LES MUSCLES

Muscles. — Ce sont les muscles qui, dans l'exécution des mouvements, jouent le rôle prépondérant. Les os, articulés les uns sur les autres, ne sont que des leviers passifs, capables seulement d'obéir à l'ordre des muscles. Ce sont ceux-ci qui les font soit pivoter en tournant, comme fait le crâne sur la colonne vertébrale, ou encore l'humérus sur l'os de l'épaule, soit s'incliner l'un sur l'autre, comme le tibia sur le fémur, et les os de l'avant-bras sur celui du bras.

Nous savons déjà en quoi consiste cette puissance du muscle : c'est un raccourcissement actif, une contraction, comme on dit. Imaginez une bande de caoutchouc que l'on rendrait libre après l'avoir étirée, et vous aurez une idée de la manière dont agit le muscle : seulement celui-ci se raccourcit sans avoir été étiré au préalable.

Les muscles sont de petites masses isolées qui se rencontrent en nombre très considérable, comme vous devez bien le penser. Ils vont d'un os à l'autre, unissant tantôt des os voisins, tantôt des os éloignés, et leurs directions sont extrêmement variées, ce qui nous permet d'exécuter un très grand nombre de mouvements généraux ou partiels. Je vous donnerai quelques notions sur leur distribution et leur rôle quand nous parlerons des mouvements.

Les muscles constituent la plus grande partie de la masse du corps. Ce sont eux qui en déterminent la forme, et qui recouvrent de leurs saillies ondulées et élégantes les arêtes brusques et raides du squelette osseux. La peau qui les revêt, plus ou moins doublée de tissu graisseux, achève d'adoucir les lignes, et de transformer les angles disgracieux en contours arrondis.

Structure des muscles. — Un muscle se compose d'ordinaire de deux parties distinctes : une partie rouge, charnue, épaisse ; c'est le *muscle* proprement dit, la substance contractile ; une autre partie blanche, luisante, non contractile ; c'est le *tendon*. Le tendon doit être considéré comme une simple corde transmettant le mouvement que communique la contraction musculaire. On l'appelle parfois, à grand tort, dans le langage vulgaire, du nom de *nerf;* c'est là une confusion de mots de laquelle vous devrez bien vous garder.

Muscles striés et muscles lisses. — Le muscle lui-même, la chair que l'on mange, est composé d'un très grand nombre de filaments très fins, ayant chacun toute la longueur du muscle et se terminant au tendon. Un écheveau de fil en donne une idée grossière, mais assez exacte. Chacun de ces fils, qu'on appelle *fibres musculaires*, est d'une apparence très unie ; mais à l'examen microscopique (car le diamètre n'est guère que de un centième de millimètre) il apparaît comme composé de parties alternativement noires et rougeâtres. C'est cette particularité qui a mérité à ces muscles le nom de muscles *striés* (fig. 134).

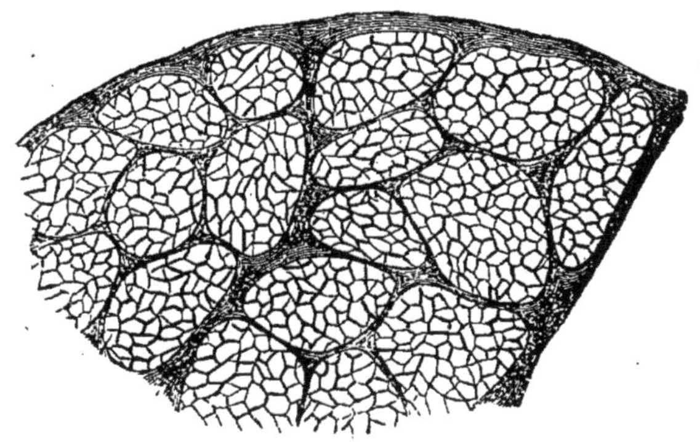

Fig. 133. — Coupe transversale d'un muscle (grossiss. 50).

En examinant les choses de plus près encore et avec de très forts grossissements, on voit que chaque fibre est formée par la juxtaposition de fibrilles extraordinairement grêles (un millième de millimètre de diamètre), toutes ces fibrilles élémentaires étant contenues dans une enveloppe commune. Ainsi les fibrilles réunies forment les fibres ; celles-ci se groupent en *faisceaux*, et l'ensemble des faisceaux constitue le muscle (fig. 133). Les fibres musculaires se terminent par des filaments non contractiles dont l'ensemble forme les tendons qui s'attachent sur les os (fig. 134).

Il y a d'autres muscles, dont les fibres composantes ne sont pas striées ; on les appelle pour cette raison muscles *lisses*. Or, entre les muscles striés et les muscles lisses, il existe des différences remarquables. Les muscles striés se contractent rapidement ; leur jeu vous est familier : plier le bras, fermer la mâchoire ou les yeux. Au contraire, les muscles lisses, qui sont ceux des organes internes, comme l'estomac, se contractent très lentement. *Strié* pourrait donc être remplacé par *rapide*, *lisse* le pourrait être par *lent*.

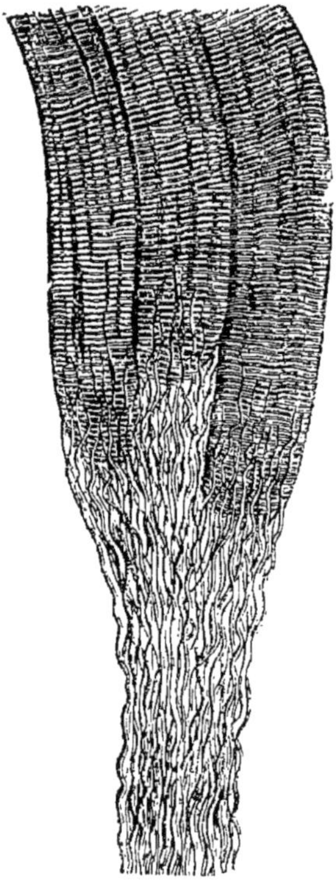

Fig. 134. — Fibres musculaires striées se terminant en un tendon d'attache (grossiss. 300).

Ce n'est pas tout : les muscles striés sont sous l'influence de la volonté. Les fibres lisses, au contraire, constituent les muscles des mouvements intérieurs ; ce sont elles qui font, par exemple, contracter l'estomac ; elles agissent à notre insu, et même malgré nous. On pourrait donc remplacer encore le mot *strié* par le mot *volontaire*, s'il n'existait à la règle ci-dessus énoncée quelques exceptions dont une très considérable : le cœur, dont les contractions échappent entièrement à l'action de la volonté, est composé de fibres striées fibres qui présentent, il est vrai, des caractères spéciaux dont le plus important est d'être ramifiées.

Tonicité. — Dans l'état ordinaire des choses, un muscle au repos n'est pas absolument inactif. Il reste toujours dans un état de contraction légère, qu'on appelle *tonicité*, et qui joue un rôle important dans un très grand nombre de fonctions physiologiques. Si l'on coupe le nerf moteur qui s'y rend, le muscle perd sa tonicité, il est paralysé et devient flasque. C'est ce que vous avez pu remarquer chez de pauvres paralytiques. Cette tonicité est la principale cause de la solidité des articulations, parce que les muscles, toujours un peu tendus, maintiennent les deux os appliqués l'un contre l'autre.

Maladies des muscles. — Cependant on observe des contractions durables dans certains états maladifs. Les plus fréquentes et les moins graves sont les *crampes*. Quelquefois même la contraction persiste pendant un temps quasi-indéfini; c'est ce qu'on appelle une *contracture*, et il en peut résulter des déformations permanentes.

Les muscles qu'on ne fait pas agir s'affaiblissent et peuvent arriver à une *atrophie* (α, privatif; τροφὴ, nourriture) telle, qu'on ne peut plus les faire contracter. C'est ce qui arrive, par exemple, à ces fakirs de l'Inde qui restent indéfiniment immobiles.

Inversement, l'exercice, l'action, fortifient, font grossir le muscle, sans cependant créer de nouvelles fibres musculaires. Cette augmentation de volume est de notoriété universelle; tout le monde sait que les boulangers ont de gros bras, les montagnards de gros mollets, etc.

Aux points où les muscles s'insèrent sur les os, on voit d'ordinaire des saillies ou au moins des rugosités. Leur importance est proportionnelle à la force des muscles, et permet sur le squelette d'en juger. Aussi, chez les femmes et les enfants, les os sont notablement plus lisses que chez les hommes.

Multiplicité des muscles. — La variété des muscles est bien autrement grande que celle des os et des articulations. L'étude de la *myologie*, comme on l'appelle, emploie la plus grande partie du temps que les jeunes médecins consacrent à l'anatomie. Quelques exemples vont vous permettre de vous faire une idée de cette multiplicité des muscles.

Muscles de la colonne vertébrale. — Prenons d'abord la colonne vertébrale, avec la tête qui la termine. Les diverses pièces ou vertèbres qui, bien que mobiles si on les considère une à une, peuvent cependant exécuter dans l'ensemble des mouvements généraux assez étendus, sont mises en action par des muscles qu'on peut diviser en :

Muscles *courts*, qui vont d'une vertèbre à une vertèbre voisine, et muscles *longs*, qui vont d'une vertèbre à une autre plus ou moins éloignée.

Au point de vue des mouvements, nous les classerons en :

Muscles *droits*, qui sont parallèles à l'axe de la colonne, et peuvent ainsi la courber en avant, en arrière, ou latéralement : ils vont d'un point d'une vertèbre au point correspondant d'une autre vertèbre ; — et en :

Muscles *obliques*, qui, s'insérant d'un point d'une vertèbre à un point non correspondant d'une autre vertèbre, amènent nécessairement une *torsion* de la colonne.

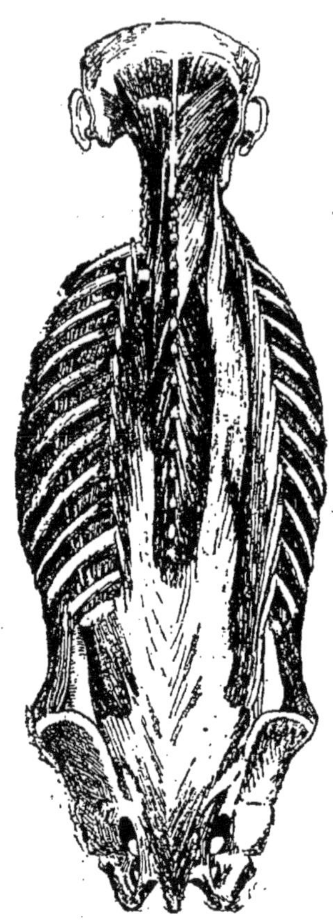

Fig. 135. — Masse des muscles sacro-lombaires s'attachant en haut aux côtes, aux apophyses transverses et aux apophyses épineuses.

Il y a des muscles courts droits et d'autres obliques, des muscles longs droits et des muscles longs obliques.

Les muscles longs s'insèrent presque tous en une masse commune, très forte, à l'endroit où le bassin s'unit à la colonne vertébrale. Il y a là une région charnue, désignée vulgairement sous le nom de *reins*, et que les anatomistes appellent les muscles *sacro-lombaires* (fig. 135), parce qu'ils recouvrent la région lombaire et la région sacrée de la colonne. De là, leurs multiples tendons s'allongent comme les cordes d'un mât, et vont s'attacher sur les côtes et les saillies appelées *apophyses* (de ἀπο, sur; φῦναι, croître) *épineuses* et *transverses* des vertèbres, jusqu'à la naissance du cou. Ici d'autres muscles, presque aussi vigoureux et plus compliqués dans leur nombre et leurs directions, partent des vertèbres pour aller soutenir et mouvoir la tête, à la partie occipitale de laquelle ils s'attachent.

Dans l'espèce humaine, la station verticale nécessite l'action incessante d'une quantité énorme de muscles ; car cette série de vertèbres empilées tend sans cesse à tomber de côté, et tomberait si, aussitôt qu'elle penche, un muscle disposé en sens inverse ne se contractait pour la retenir. De là chez nous le grand développement de la masse sacro-lombaire qui s'appuie, du reste, sur un bassin disposé horizontalement et présentant une base plus large que chez les quadrupèdes.

Muscles des membres inférieurs. — Le corps est soutenu sur deux colonnes qui sont les membres inférieurs : mais ces colonnes sont loin d'être rigides, puisqu'elles sont composées de plusieurs tiges qui, si on les abandonnait à elles-mêmes, s'écraseraient sous le poids, et se replieraient en zigzag. Ce sont les muscles qui les soutiennent, en les tendant, en les redressant les unes sur les autres. Examinons ceci d'un peu plus près.

Il faut d'abord bien évidemment empêcher la jambe de s'affaisser sur le pied, ce qu'elle ferait, si elle était inerte. Pour cela un gros muscle, un des plus forts de l'organisme, qui forme ce qu'on appelle le *mollet* (fig. 136, *a*), part du fémur et du haut du tibia, et va s'insérer au talon, à l'os nommé *calcanéum*, par un gros tendon qu'on appelle, par un souvenir mythologique, le *tendon d'Achille* (*à*). Il est clair que la contraction de ce muscle a pour effet, si le pied est fixé au sol, de redresser la jambe dans une position qui se rapproche plus ou moins de la verticale. Celle-ci fixée, un autre muscle, plus fort encore, le *triceps fémoral* (*b*), va du bassin et de la partie supérieure du fémur à la tête du tibia, et bien évidemment allonge, redresse la jambe sur la cuisse. Celle-ci, à son tour, est maintenue sur l'os iliaque par une énorme masse charnue qui en descend et va s'attacher aux crêtes et saillies osseuses de l'extrémité supérieure du fémur (*c*). Enfin l'os iliaque ne fait pour ainsi dire qu'un avec le sacrum ; il y a bien une articulation, mais elle reste immobile, et le sacrum est de telle forme qu'il s'enfonce entre les deux iliaques comme un coin ou mieux comme une clef de voûte, ce qui assure la solidité de la sustentation.

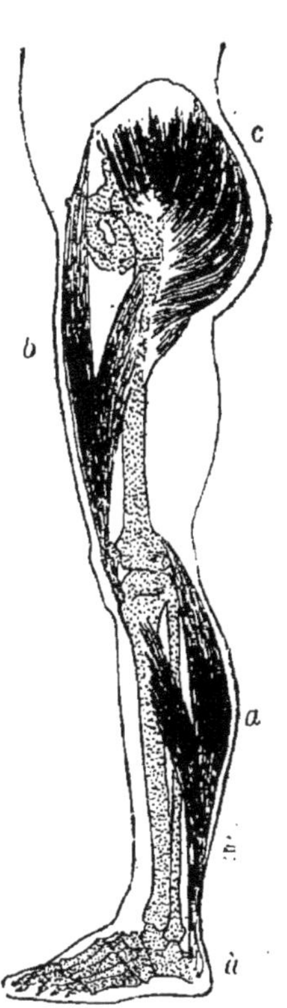

Fig. 136.— Muscles de la station au membre inférieur.

Ajoutons qu'il existe, entre les divers articles du membre postérieur, des muscles qui assurent les mouvements multiples de flexion, de rotation, d'écartement, de rapprochement, etc., d'où une complication, dans le détail de laquelle il me serait impossible d'entrer devant vous.

Tels sont les muscles qui servent à soutenir le corps *debout*, en redressant la colonne vertébrale et le membre inférieur.

Muscles des membres supérieurs. — Au membre supérieur l'omoplate n'est pas fixée à la colonne vertébrale comme le bassin. Aussi faut-il pour la soutenir des muscles vigoureux.

En avant c'est le *grand dentelé* (fig. 137) qui abaisse l'épaule,

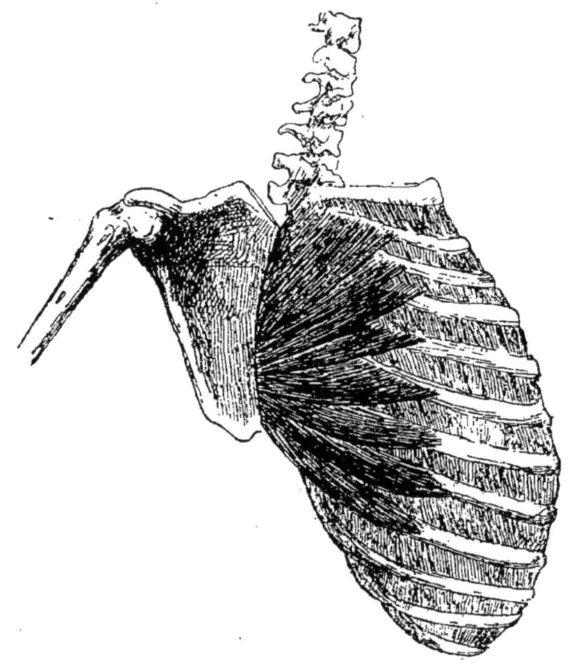

Fig. 137. — Muscle grand dentelé.

puisqu'il s'insère en bas aux côtes où il prend son point d'appui fixe en haut au bord postérieur de l'omoplate.

En arrière, c'est le *rhomboïde*, qui va des apophyses épineuses de la colonne vertébrale à l'omoplate qu'il attire en arrière.

En haut c'est le *trapèze* (fig. 138, *a*) qui, poussant de la tête au milieu du dos ses insertions fixes, arrive à l'omoplate qu'il tire en haut et en arrière.

Deux muscles puissants vont de la masse du squelette à l'humérus et président ainsi aux mouvements généraux du bras. C'est en arrière le *grand dorsal*, qui, remontant un peu plus haut qu'où finit le trapèze, et allant jusqu'aux lombes, rassemble ses fibres comme les branches d'un éventail en un court tendon qui s'insère à l'humérus (fig. 138, *b*). On dirait, en voyant ce muscle et le trapèze, d'un fichu jeté par-dessus un châle porté à la traîne. Le grand dorsal amène le bras en bas et en arrière, et, suivant les fibres qui se contractent, des effets différents sont produits.

Puis avant, le *grand pectoral*, qui part du sternum et s'attache à

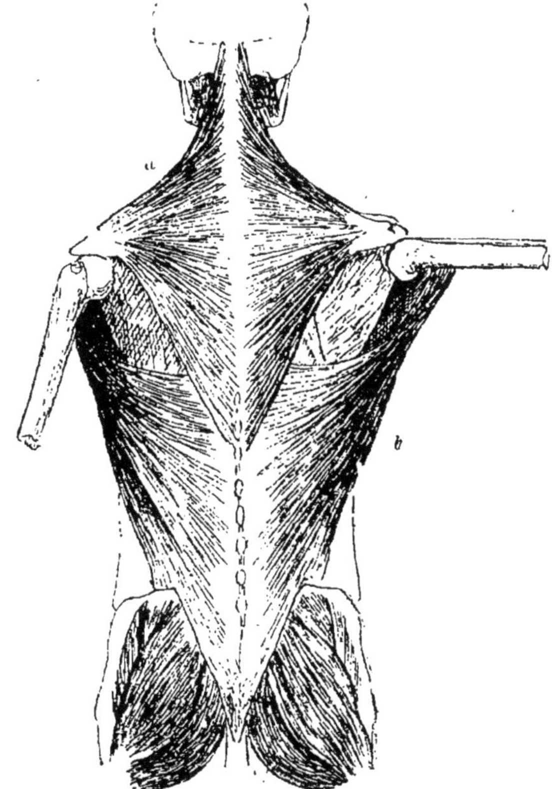

Fig. 138. — Trapèze *a*, et grand dorsal *b*.

l'humérus près de la tête articulaire (fig. 139). C'est le muscle robuste qui forme la paroi antérieure de la poitrine, muscle cher aux statuaires, et dont ont tant abusé les Hercule et les Jupiter, voire même les Junon et les Diane, de l'école classique.

Les deux pectoraux, celui de droite et celui de gauche, attirant en avant les deux humérus, feraient basculer les deux épaules en les rapprochant indéfiniment l'une de l'autre, sans la présence de la *clavicule*, qui se butant par un bout au sternum, par l'autre à l'omoplate, les maintient à une distance constante l'une de l'autre.

La présence de la clavicule est la condition de l'acte d'*embrasser*, dans le sens exact du mot, de prendre avec les bras, et elle n'existe, en outre de l'homme, que chez les animaux qui se servent de leurs pattes antérieures pour un acte analogue, les singes, les écureuils, etc. Elle manque complètement chez les mammifères coureurs qui, comme les chevaux, les cerfs, etc., font seulement osciller leurs membres d'avant en arrière.

Un gros et court muscle, le *deltoïde*, qui part de l'omoplate et va s'insérer à l'humérus (c'est lui qui forme la saillie arrondie de

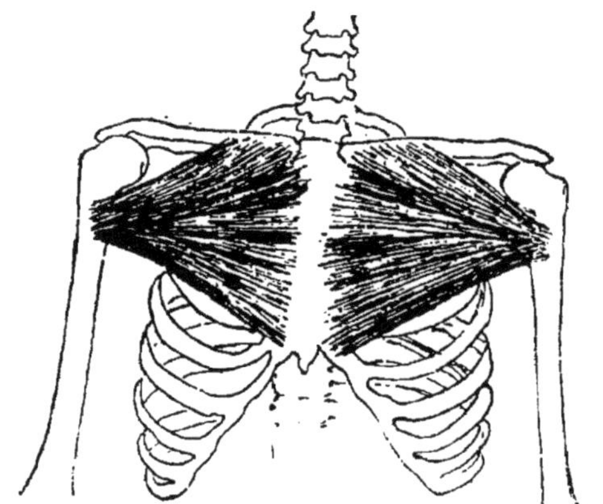

Fig. 139. — Grand pectoral.

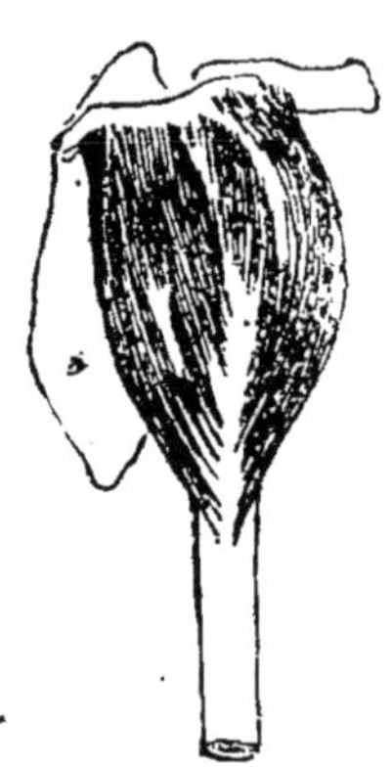

Fig. 140. — Deltoïde.

l'épaule) élève le bras en l'écartant du corps (fig. 140). D'autres muscles vont encore de l'omoplate à l'humérus et font tourner le bras en tous sens, lui permettant même, en combinant leur action avec les muscles de l'épaule, de décrire un cône très évasé, grâce à la cavité peu profonde par laquelle ces deux os s'articulent.

Les mouvements de l'avant-bras sur le bras sont la *flexion* qui rapproche ces deux parties, et l'*extension* qui les éloigne jusqu'à les mettre en ligne droite. La flexion est principalement produite par le muscle *biceps* (*bis*, *caput*), ainsi nommé parce qu'il a deux origines musculaires, parties l'une de l'omoplate, l'autre de l'humérus, et qui se rejoignent en une masse charnue d'où part un tendon qui s'attache au cubitus (fig. 142) : c'est lui qui, en se contractant, forme cette sorte de boule qu'on sent durcir et remonter à la partie antérieure du bras. Il a comme antagoniste, en arrière, le muscle extenseur, le *triceps*, dont les trois têtes partent, la médiane de l'omoplate, les deux latérales de l'humérus, et qui va à la saillie postérieure du cubitus, qu'on appelle l'*olécrâne* (ὠλένη, coude; κάρηνον, tête) (fig. 141).

Restent les muscles qui font mouvoir la main et les doigts; mais

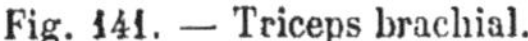

Fig. 141. — Triceps brachial.

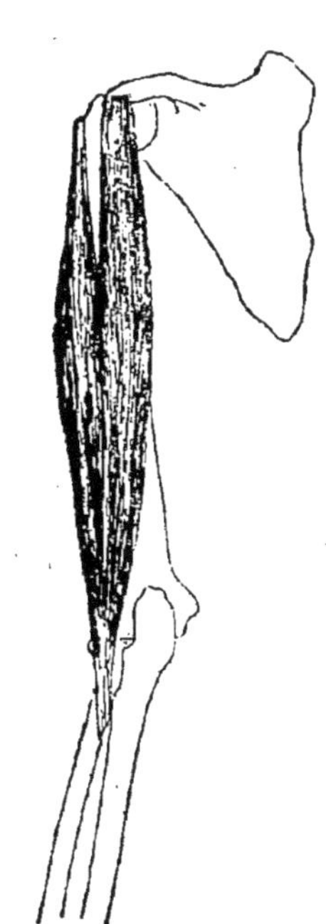

Fig. 142. — Biceps brachial.

ils sont trop nombreux et trop compliqués pour que nous puissions les étudier.

Parmi les autres muscles de l'organisme, je veux encore voir indiquer ceux qui font mouvoir la mâchoire inférieure.

Muscles de la mâchoire inférieure. — La mâchoire inférieure se meut principalement dans le sens vertical, accessoirement dans le sens transversal et dans le sens antéro-postérieur: ces deux derniers ordres de mouvements étant chez nous très peu marqués.

Supposons les mâchoires fermées et les dents au contact. L'abaissement de la mâchoire inférieure se produira d'abord en vertu de son propre poids, lorsque les muscles élévateurs se relâcheront ; en second lieu, par la contraction d'un muscle qui va de la mâchoire

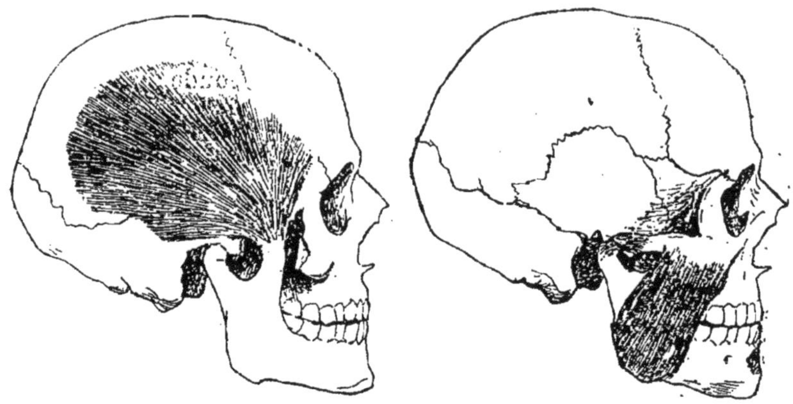

Fig. 143. — Temporal. Fig. 144. — Masséter.

au sternum, avec point d'appui et d'arrêt intermédiaire à l'os qu soutient la langue, l'os *hyoïde*, et au larynx.

L'élévation est produite par deux muscles. L'un, le *temporal*, prend son appui au crâne, sur l'os du même nom, et ses fibres radiées se rassemblent sur une saillie spéciale du maxillaire inférieur (fig. 143) ; on le sent, on le voit se durcir sur les tempes pendant la mastication. Le second muscle, ou *masséter* (μασσητὴρ, qui mâche), vient de l'arc osseux qui se voit sur le côté de la tête, et ses fibres parallèles descendent sur le corps même de l'os de la mâchoire (fig. 144). La puissance de ces muscles est, comme toujours, en rapport avec leur grosseur. Aussi, chez les animaux qui serrent fortement les mâchoires, comme les carnassiers et surtout les chats, les hyènes, ils sont très larges et très épais.

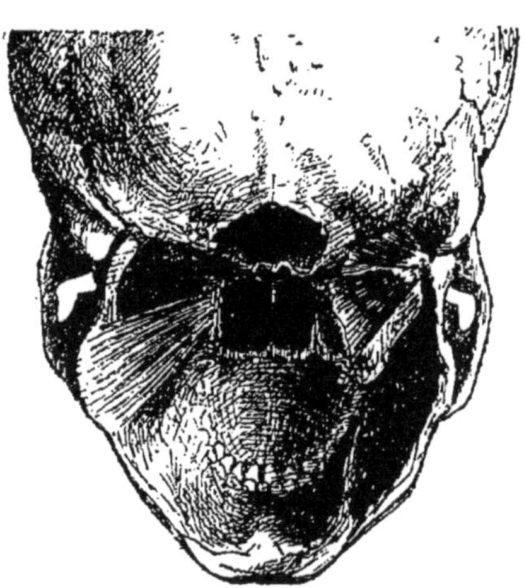

Fig. 145. — Mâchoire inférieure vue en arrière et en dessous, et montrant les ptérygoïdiens : interne (à droite), externe (à gauche).

Restent les mouvements transversaux. Ils sont produits par deux muscles allant du crâne à la mâchoire et s'attachant à la face interne de celle-ci (fig. 145). On les nomme *ptérygoïdiens*, du nom de la saillie osseuse (πτέρυξ, aile ; εἴδω, je ressemble) par laquelle ils prennent sur le crâne un point fixe d'appui. Bien évidemment, tandis que les muscles élévateurs se contractent simultanément à droite comme à gauche, il faut, pour obtenir le mouvement latéral, qu'il y ait alternative d'action entre les muscles de chacun des côtés. Ces muscles, faibles chez l'homme et surtout chez les animaux carnivores, sont très développés chez les herbivores qui font mouvoir transversalement la mâchoire pour broyer leurs aliments.

LA STATION ET LA LOCOMOTION

Parmi les mouvements si variés qu'exécutent les animaux, les plus importants peut-être sont ceux qui ont pour but de les faire mouvoir dans l'espace, ceux de la *locomotion.*

Marche, vol, natation. — La locomotion peut s'exécuter dans trois conditions bien différentes. Ou bien l'animal repose sur le sol résistant par des points de son corps plus ou moins nombreux; ou bien il est plongé dans un milieu extrêmement léger, l'air, où il ne se soutient et ne se meut qu'en créant des résistances, grâce à des mouvements très vifs de certaines surfaces appelées ailes; ou enfin il est plongé dans un milieu presque aussi dense que lui, l'eau, dont il doit au contraire vaincre la résistance pour se mouvoir. On distingue ainsi : la *marche* avec toutes ses variétés (reptation, marche, saut, etc.), sur la terre ou sur l'eau, le *vol*, la *natation.*

L'immense majorité des mammifères marche sur quatre pattes. Un petit nombre (certains singes, les kanguroos, etc.) relèvent d'une manière plus ou moins persistante leurs pattes antérieures; l'homme seul se tient debout, exclusivement sur les membres postérieurs maintenus en rectitude presque absolue.

Examinons ces divers points; et d'abord, distinguons deux circonstances différentes : 1° la *station;* 2° la *locomotion* proprement dite, le changement de lieu.

LA STATION

Station. — Les pieds de l'homme forment une voûte solide, appuyant fermement sur le sol par le talon et la base des orteils. Sur le dos de la voûte, dont les divers os sont taillés en coins comme les pierres d'une arche de pont, s'appuie perpendiculairement le tibia, redressé par l'action des muscles du mollet; au-dessus, le fémur, que le triceps empêche de fléchir en arrière; puis, le bassin, maintenu par les masses charnues qui l'attachent à chacun des deux fémurs; au-dessus, la colonne vertébrale, redressée par les vigoureux muscles sacro-lombaires, et s'appuyant comme un coin entre les deux os du bassin, que leur union en bas et en avant empêche de s'écarter sous son poids; enfin la tête dont la propension à tomber en avant est combattue par les muscles de la nuque (fig. 146).

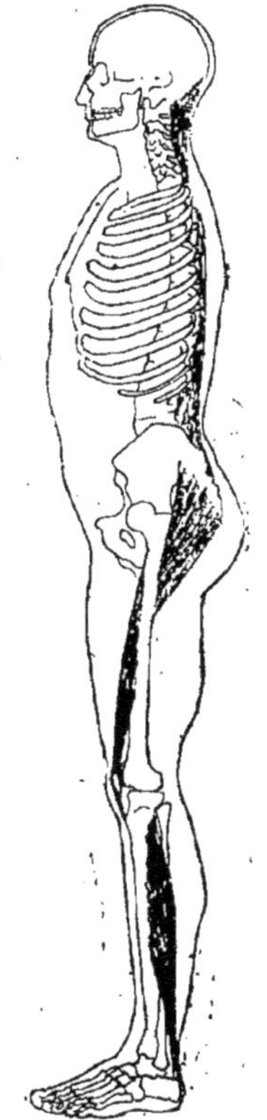
Fig. 146. — Équilibre de la station humaine.

Tout cet ensemble se tient, comme on dit, droit et d'*aplomb*; ce mot appelle une explication.

Vous savez ce qu'on entend par *centre de gravité* d'un corps. Vous savez également qu'on démontre en mécanique qu'un corps ne demeure en repos que lorsque la verticale qui passe par son centre de gravité tombe dans l'intérieur de la figure que déterminent ses *points de sustentation*, c'est-à-dire ceux par lesquels il repose sur le sol : on appelle cette figure la *base de sustentation*.

Or, le centre de gravité du corps de l'homme se trouve placé dans le bassin, sur un plan horizontal qui est de quelques centimètres plus élevé que celui qui joint les têtes des fémurs. La base de sustentation est formée par les deux pieds et par l'espace compris entre eux. Tant que la verticale abaissée du centre de gravité — ce qu'on appelle abréviativement la *projection* du centre de gravité — tombe dans l'intérieur de cette base, la station verticale est assurée.

Vous voyez d'abord pourquoi, toutes les fois qu'il y a quelques craintes à concevoir sur la solidité de l'équilibre, nous écartons assez notablement les deux pieds l'un de l'autre. Le maximum d'aplomb a lieu lorsque les deux jambes sont bien verticales.

Si, dans cette position, nous inclinons le corps en avant, la projection du centre de gravité s'avance, et une chute en avant sera certaine, quand le mouvement sera suffisamment prononcé pour qu'elle sorte de la base de sustentation; de même, pour les flexions en arrière ou sur les côtés.

Or, de semblables chutes nous menaceraient sans cesse, sans l'intervention active des muscles qui, aussitôt que le corps incline d'un côté, le tirent de l'autre pour le ramener à l'équilibre. Il en résulte que notre station ne peut être conservée que par une série d'efforts qui entraînent nécessairement de la fatigue.

Aussi, lorsque la station immobile est longtemps prolongée, on voit la personne qui y est condamnée se porter alternativement sur un pied, puis sur l'autre. La base de sustentation se réduit alors à la surface du pied qui porte le corps; l'équilibre est donc moins solide, mais pendant ce temps les muscles extenseurs de l'autre jambe se relâchent, se reposent; c'est ce qu'on appelle la station *hanchée*.

La base de sustentation peut se réduire encore plus; c'est ainsi qu'on arrive à se tenir en équilibre sur la pointe d'un pied, par laquelle tombe alors la projection du centre de gravité. Ces positions de gymnaste ne peuvent se garder que pendant très peu de temps, à cause de la contraction forcée des muscles qu'elles nécessitent; et, comme le centre de gravité est incessamment menacé de sortir des limites qu'exige l'équilibre, on ne peut ramener celui-ci que par d'incessants mouvements des bras et de la tête. Ainsi font encore, avec l'adjonction même d'un balancier, les gens qui se tiennent sur la corde raide, où la base de sustentation est si réduite.

Quand l'homme se charge d'un fardeau quelconque, la position de son centre de gravité se trouve déplacée, ce qui entraîne des mouvements du corps destinés à apporter la compensation nécessaire.

Une hotte placée sur le dos amène à pencher le corps en avant. L'enfant que la nourrice porte dans ses bras la force à se rejeter le buste en arrière. Le porteur d'eau qui soutient dans sa main droite un seau plein se penche à gauche, et écarte au loin son bras gauche. Tous ces mouvements ramènent dans l'intérieur de la base de sustentation la projection du centre de gravité.

LA LOCOMOTION

Le pas, la marche. — Supposons un homme debout, reposant seulement sur un pied, le pied droit par exemple. Imaginons qu'il redresse le talon du pied à l'appui tout en penchant en avant le haut du corps. Dans cette situation, il est bien évident que la projection de son centre de gravité va sortir de la base de sustentation, et qu'il va tomber en avant. Mais à peine sa chute commence-t-elle, que nous le voyons avancer vivement le pied gauche, celui qui était resté en l'air, et le poser à terre, en avant de la projection du centre de gravité, si bien que celle-ci se trouve comprise dans la figure déterminée par les lignes qui rejoignent les points d'appui des deux pieds. L'équilibre est ainsi assuré; l'homme a fait une enjambée, un *pas*.

Il peut s'arrêter là, dans cette station assez fatigante. Mais s'il veut continuer à marcher, il porte encore plus le corps en avant, projette à nouveau son centre de gravité en avant de la base de sustentation, et, au moment de la chute imminente, amène son pied droit en avant du pied gauche, de l'espace d'un nouveau pas. Et ainsi de suite. La marche est donc une *série de chutes en avant*, arrêtées par l'appui d'un pied jusque-là resté en arrière.

Examinons les choses d'un peu plus près, et supposons le premier pas fait. A ce moment, le pied droit touche encore le sol, et le pied gauche y arrive déjà. Mais, à moins que le pas ne soit très court, il a fallu que le talon droit fût relevé; c'est même ce soulèvement du talon droit par le jeu des muscles du mollet, qu'on sent alors durs et contractés, qui a permis de porter en avant le corps, et de rompre l'équilibre. Le pied gauche, lui, est arrivé à terre, le talon le premier. Aussitôt après, sa plante entière appuie sur le sol, qu'à ce moment même le pied droit quitte entièrement. La jambe gauche, un peu fléchie sur la cuisse, est redressée simultanément, par la contraction du triceps fémoral, tirant sur la rotule. Il y a un instant où elle devient toute droite et verticale. Cela permet à la jambe droite, qui se fléchit du reste assez notablement, d'être portée en avant sans toucher le sol, et, suivant le mouvement de progression du corps, d'amener son talon sur le sol, en temps utile, pour le second pas.

La série des actes que je viens de vous décrire recommence alors pour la jambe gauche, qui ne tient plus au sol que par le bout des orteils, et qui le quittera bientôt.

Si, en regardant quelqu'un marcher avec une certaine lenteur, vous suivez de l'œil avec attention un point quelconque vers le milieu de son corps, et sur le côté, vous voyez que ce point exécute trois sortes de mouvements. D'abord, il chemine d'arrière en avant, c'est là son mouvement le plus apparent ; mais il ne chemine pas en ligne droite, car, à chaque pas, il est soulevé quand la jambe du côté correspondant est à l'appui complet, et abaissé quand c'est l'autre jambe ; enfin, troisième mouvement, il oscille de droite à gauche et de gauche à droite.

Les membres antérieurs ne restent pas immobiles pendant la marche. Sans doute on peut marcher en les tenant inertes, pendant le long de corps, comme font les soldats à l'exercice ; mais on se sent gêné et privé d'une certaine aide dans la marche. Si on les laisse libres, voici ce qu'on remarque : lorsque la jambe gauche se porte en avant, le bras droit en fait autant, et réciproquement ; ce mouvement est d'autant plus accentué que la marche est plus rapide. Il est dû à une action musculaire, car on reconnaît de loin une personne paralysée d'un bras à l'immobilité verticale que conserve ce membre pendant qu'elle marche.

Le corps lui-même ne reste pas immobile, poitrine en avant. A chaque pas, il s'incline légèrement et se redresse ; en outre, il se tourne, un peu, du côté de la jambe à l'appui, en telle sorte qu'au moment où la jambe gauche est en arrière, l'épaule droite est en avant.

C'est à la combinaison heureuse de ces divers mouvements que tiennent l'élégance et la grâce de la démarche. Trop accentués, ils produisent un effet désagréable et, en même temps, coïncidence qui n'est pas rare entre le beau et l'utile, ils nécessitent une dépense exagérée de forces.

La course. — En voilà assez pour la marche ; passons maintenant à la *course*. Elle diffère de la marche par ceci que la jambe à l'appui, par une contraction soudaine de ses muscles qui, de fléchie qu'elle était, l'allongent énergiquement, lance le corps qui, pendant un moment, quitte complètement le sol. Il retombe alors sur l'autre jambe qui, pendant que le corps était en l'air, s'est vivement portée en avant. Ainsi la course est une *série de sauts* d'un pied sur l'autre.

C'est la rapidité de la contraction musculaire qui détermine la projection du corps. Prenez une des extrémités d'une tige d'acier, appuyez l'autre au sol de manière à courber la tige : si vous relevez lentement la main, elle se redresse tout simplement; mais si vous la lâchez soudain, elle bondit tout en se redressant. La contraction musculaire soudaine produit un phénomène du même ordre. Il peut se manifester dans le saut à deux pieds comme dans celui à un pied; il sera d'autant plus énergique que la flexion primitive aura été plus forte; aussi les sauteurs à pieds joints vont-ils presque jusqu'à s'accroupir. Tous ces détails s'expliquent aisément.

LA PAROLE

C'est dans le *larynx*, comme chacun le sait, que se produit le son, par l'effet du choc de la colonne d'air poussée par le poumon en expiration sur des membranes tendues, connues sous le nom de *cordes vocales*. L'acuité de ce son dépend du degré de tension que présentent ces cordes, et ce degré est réglé par le jeu fort compliqué des muscles qui font mouvoir les cartilages laryngés.

Le larynx. — Le larynx est essentiellement composé par deux

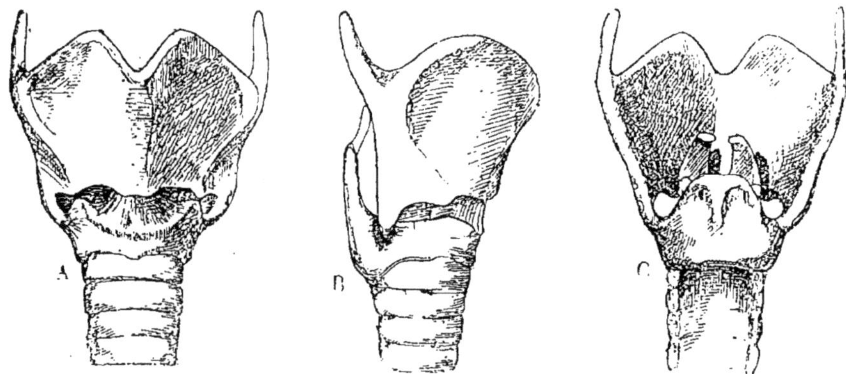

Fig. 147. — Cartilage du larynx de l'homme vus : A, par devant ; B, de profil ; C, par derrière.

cerceaux cartilagineux de la trachée, qui se sont notablement modifiés dans leur forme (fig. 147). L'un, le plus important, ressemble à un bouclier dont la convexité serait tournée en avant ; il présente, surtout chez l'homme, une saillie qui lui a mérité le nom irrévérencieux de *pomme d'Adam :* c'est le cartilage *thyroïde* (θυρεός, bouclier). Au-dessous, vient le cartilage *cricoïde* (κρίκος, anneau), qui ressemble à une bague dont l'anneau serait en avant et le chaton en arrière.

Au-dessus et en arrière du cartilage cricoïde, et s'articulant avec lui, se dressent deux petits cartilages en forme de triangles à base inférieure, dont les mouvements présentent la plus grande importance dans la production du son laryngé. On leur donne le nom de cartilages *aryténoïdes* (ἀρύταινα, entonnoir).

Ces divers cartilages sont unis les uns aux autres par des articulations, par des membranes, et aussi par des muscles dont je vais vous parler dans un instant.

Les cordes vocales. — Si nous ouvrons maintenant le larynx, nous voyons de chaque côté de la cavité deux saillies horizontales dirigées d'avant en arrière. La supérieure ne joue aucun rôle dans la production de la voix, et nous ne nous en occuperons point; mais l'inférieure est la vraie *corde vocale* (fig. 148), et nous devons nous y arrêter.

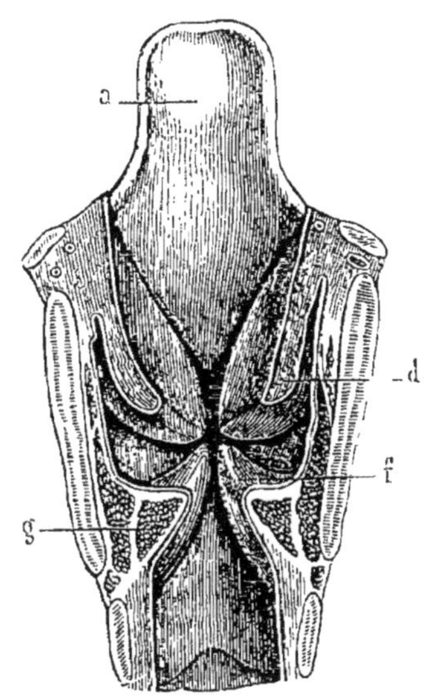

Fig. 148. — Coupe verticale et transversale du larynx vue par derrière : *a*, épiglotte : *d*, coupe de la fausse corde vocale supérieure : *f*, corde vocale inférieure, vraie corde vocale, avec la coupe *g* du muscle qui la constitue.

Enlevons la muqueuse qui la recouvre. Nous trouvons alors qu'elle est constituée par une bande fibreuse et par un muscle. Ce ruban contractile s'insère en avant au cartilage thyroïde, en arrière au cartilage aryténoïde, d'où son nom de muscle *thyro-aryténoïdien*. Lorsque ce muscle se contracte, la corde vocale se tend et en même temps s'épaissit; de plus, elle se raccourcit autant que le permet la rigidité notable des parties sur lesquelles elle s'insère. De là, vous le comprenez, des modifications importantes dans le son que peut rendre cette corde ou mieux cette *anche* membraneuse, lorsqu'elle est mise en vibration par la colonne d'air qui sort de la poitrine.

Il y a, bien entendu, une corde vocale de chaque côté. Les deux cordes s'attachent très près l'une de l'autre, à leur extrémité antérieure, sur le cartilage thyroïde; en arrière, au contraire, leurs attaches sont écartées d'une distance variable. Il en résulte qu'elles forment une sorte de triangle à sommet antérieur, triangle nommé *glotte* (γλῶττα, langue), par une assez bizarre inversion du sens des mots.

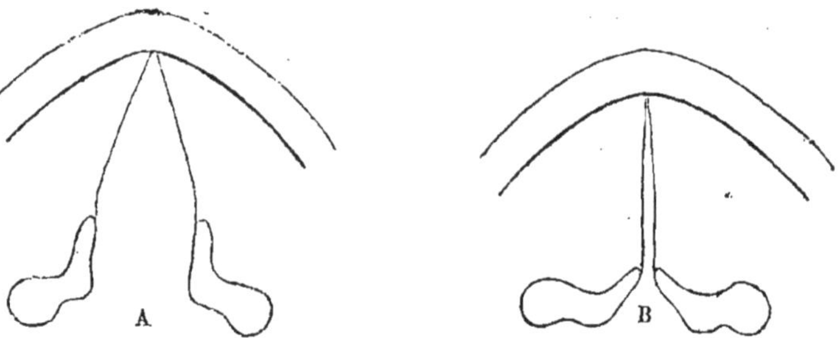

Fig. 149. — Figures schématiques montrant : A, la glotte ouverte par l'écartement des cordes vocales ; B, la glotte fermée par leur rapprochement.

Lorsque les cordes vocales, qu'on ferait mieux d'appeler les *lèvres laryngées*, se tendent, l'ouverture, le triangle glottique, se ré-

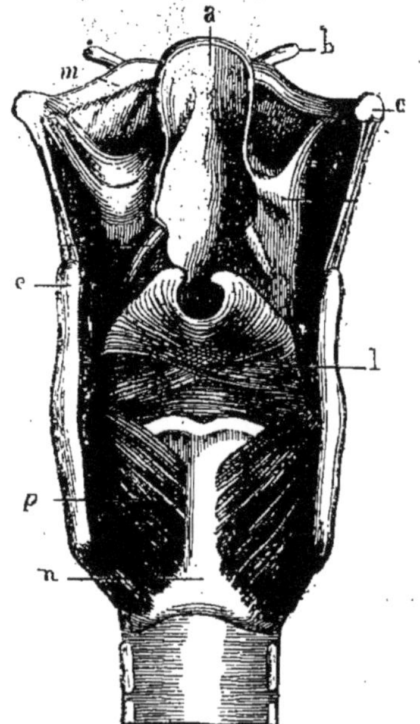

Fig. 150. — Larynx vu par derrière : *a*, épiglotte ; *m*,*b*,*c*, os hyoïde ; *e*, cartilage thyroïde ; *n*, cartilage cricoïde ; *l*, muscle inter-aryténoïdien ; *p*, muscle crico-aryténoïdien postérieur.

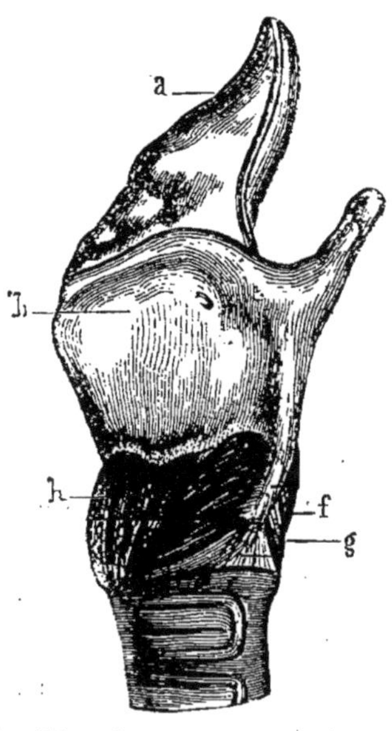

Fig. 151. — Larynx vu par côté : *a*, épiglotte ; *b*, cartilage thyroïde ; *g*,*f*, muscle crico-aryténoïdien postérieur ; *h*, muscle crico-thyroïdien.

trécit, par le rapprochement des deux rubans contractiles et le pivotement sur place des cartilages aryténoïdes. Ainsi l'ouverture d'écoulement de l'air est rétrécie par la contraction des muscles thyro-aryténoïdiens (fig. 149), en même temps que sont augmentées l'épaisseur et la rigidité des cordes vibrantes, et qu'est diminuée leur longueur : toutes conditions qui concourent à élever la hauteur du son produit.

Mais bien d'autres muscles entrent en action qui modifient les conditions de production du son laryngé (fig. 150, 151 et 152); les divers cartilages constituant l'appareil sont susceptibles de recevoir des mouvements très variés, dont le résultat est d'agir et sur la tension des cordes vocales et sur les diverses dimensions du larynx. Leur étude détaillée serait ici beaucoup trop longue, malgré tout l'intérêt qu'elle présente.

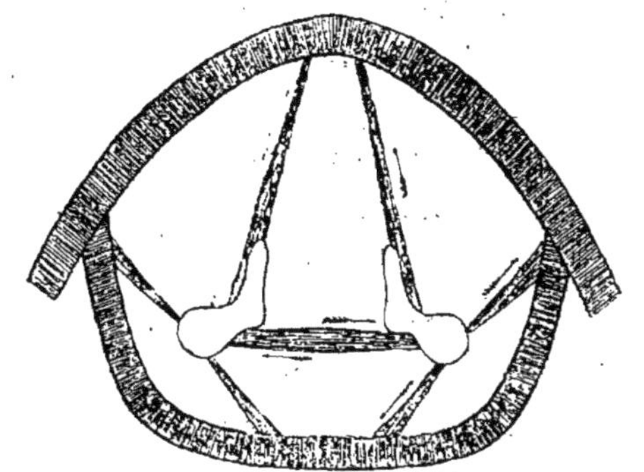

Fig. 152. — Figure schématique montrant les divers muscles qui font mouvoir les cartilages aryténoïdes et font ainsi varier l'ouverture de la glotte.

Il n'y a pas que les muscles propres du larynx qui entrent en jeu dans l'acte de la phonation : l'appareil tout entier s'élève ou s'abaisse, se raccourcit ou s'allonge, sous l'action de muscles extérieurs qui prennent leur insertion fixe des parties voisines. Ces mouvements de totalité sont faciles à constater sur soi-même pendant qu'on chante.

Tous ces changements font varier la hauteur, l'intensité et aussi le timbre des sons produits.

La parole. — Mais la production du son par les cordes vocales n'est que le fait initial dans la *voix* des animaux et de l'homme, et dans la *parole* spéciale à ce dernier. Le son engendré dans le larynx est modifié dans les régions supérieures de la bouche et des fosses nasales, et articulé par les mouvements de la langue, des joues et des lèvres.

Il est de notoriété universelle qu'un même son, ou plutôt qu'une même note laryngée, de hauteur et d'intensité constantes, impressionne très différemment l'oreille, suivant qu'il est émis la bouche ouverte ou fermée, ou suivant que les diverses parties de l'appareil buccal et pharyngien sont disposées de telle ou telle façon. Vous avez tous lu la charmante — et si exacte — leçon du maître de philosophie dans le *Bourgeois gentilhomme* : « La voix U se forme en rapprochant les dents sans les joindre entièrement et allongeant les deux lèvres en dehors, les approchant aussi l'une de l'autre, sans les joindre tout à fait : U. »

On connaît aujourd'hui la raison physique de ces différences dans la valeur ou, pour mieux dire, dans le *timbre* d'un même son, suivant l'adaptation buccale. Le timbre, on le sait, est produit par la superposition au son principal émis de sons secondaires dont les variations forment les variations du timbre : or, les cavités buccales et nasales sont capables de renforcer certains sons, à la manière des caisses de résonance du piano, du violon, etc. A chaque forme particulière de ces cavités correspond un certain son. Lors donc qu'elles ont pris une disposition telle, par exemple, que la note qu'elles renforcent donne la caractéristique de la voyelle *i*, on obtiendra toujours *i*, quel que soit le son émis par le larynx.

Les voyelles. — On a pu déterminer ces notes caractéristiques des diverses voyelles. Il est très curieux de constater qu'elles se disposent à des intervalles d'une octave.

Voyelles	OU	O	A	É	I
Sons fixes correspondants.	$si\flat_2$	$si\flat_3$	$si\flat_4$	$si\flat_5$	$si\flat_6$
Nombre de vibrations simples	470	940	1880	3760	7520
Rapports du nombre de ces vibrations	1	2	4	8	16

C'est sans doute à la simplicité de ces rapports qu'est dû ce fait remarquable que ces cinq voyelles existent dans toutes les langues humaines ; mais il en existe d'autres, propres à chaque langue.

Le fait que je viens de vous signaler explique facilement comment il se fait que ces voyelles *ou* et *o* se prononcent surtout dans les notes basses de la gamme, les voyelles *e* et *i* dans les notes hautes ; et aussi comment un chanteur qui veut émettre des notes très hautes ne peut le faire que sur les deux voyelles à note caractéristique très élevée.

On s'est assuré du fait dont je viens de vous entretenir en analysant à l'aide de *résonnateurs* le son émis par la voix humaine sur différentes voyelles.

Les consonnes. — Les *consonnes* ont été analysées avec autant de soin que les voyelles. On a distingué, par exemple, quatre R produits par la vibration : 1° des lèvres (comme dans *opprobre*) ; 2° du bout de la langue (*r* normal) ; 3° du voile du palais (*r* du grasseyement); 4° de l'orifice supérieur du larynx (*aïn* des Arabes, *jota* des Espagnols). Dans les consonnes *p* et *b*, la clôture des lèvres est complète et l'air ne pouvant s'échapper que d'un coup, elles sont dites *explosives*. Dans le *f* et le *v*, il se fait un écoulement constant d'air par les lèvres ; dans l'*m* l'écoulement se fait par le nez : ce sont des consonnes *prolongées*. Le *b* et le *v* ne diffèrent du *p* et de l'*f* que parce que lorsqu'on les émet le larynx vibre : aussi ces consonnes se remplacent souvent l'une par l'autre dans le langage.

Mais il y a là, au point de vue des voyelles et des consonnes, si l'on considère les accents et les langues des diverses nationalités, des faits d'une infinie variété. Les rapports de la prononciation avec la structure anatomique des régions buccales, nasales, pharyngées, laryngées, n'ont pas encore été étudiés ; ils montreront très vraisemblablement qu'une race n'est pas libre de choisir sa langue, et que le rêve d'une langue universelle n'est peut-être qu'une chimère.

L'étendue de la voix. — Les sons que peut émettre notre larynx embrassent un espace d'environ quatre octaves, de l'ut_1 (130,5 vibrations simples à la seconde) (1) à l'ut_5 (2888 vibrations). Les voix d'hommes (basse, baryton, ténor) vont généralement du mi_1 à l'ut_4; celles de femmes (contralto, mezzo-soprano, soprano), du sol_2 à l'ut_3. On a ordinairement à sa disposition deux octaves à deux octaves et demie.

Plus les sons sont aigus, plus les cordes vocales sont tendues et l'orifice de la glotte rétréci. Des dispositions particulières du larynx, encore mal déterminées, donnent naissance soit à la *voix de poitrine*, soit à la *voix de tête*.

Les larynx des hommes ont les cordes vocales plus longues que ceux des femmes ; aussi donnent-ils des vibrations moins nombreuses, des sons plus graves. Les enfants, dont les cordes vocales sont très courtes, peuvent émettre des sons extraordinairement aigus.

(1) Voir plus bas l'étude des sensations auditives.

LES ACTES NERVEUX EN GÉNÉRAL
LES ORGANES DES SENS

Nous voici arrivés à la partie la plus délicate, mais aussi la plus intéressante de notre tâche. C'est par la sensibilité, par l'intelligence, par le mouvement volontaire, que se caractérise l'animal. Ces fonctions supérieures ont pour organes diverses parties du système nerveux.

Mise en jeu du système nerveux. — Considérons un acte parmi les plus compliqués au point de vue du nombre des organes mis en jeu, qui puissent être la conséquence de nos relations avec le monde extérieur. Il nous servira à déterminer les grandes régions dont se compose le système nerveux et à constater le rôle de chacune d'elles.

J'aperçois et j'entends un chien furieux qui, au même moment, se précipite sur moi et me mord la main. Je retire aussitôt le membre blessé, je saisis une arme, je pâlis de colère. Que s'est-il passé, physiologiquement ?

1° Une impression ou, pour parler plus exactement, plusieurs impressions, par la vue, par l'ouïe, par le toucher. En rapport avec elles, existent des *organes sensoriels* nécessairement placés à la périphérie du corps : l'œil, l'oreille, la peau.

2° Une transmission de l'impression de la périphérie vers le centre. Elle se fait par l'intermédiaire de conducteurs plus ou moins comparables à des fils télégraphiques, de *nerfs de sensibilité*.

3° Deux mouvements : l'un immédiat, presque instantané, inconscient, que ma volonté même n'aurait peut-être pu empêcher, bien qu'en temps ordinaire elle puisse le produire : j'ai retiré ma main. Un second, plus tardif, évidemment volontaire et réfléchi : j'ai saisi une arme.

Nous pouvons donc penser qu'il y a deux endroits différents du corps, deux organes dans lesquels l'impression apportée par les nerfs sensitifs a donné, avec réflexion et conscience pour l'un, involontairement pour l'autre, naissance à un mouvement. Et c'est la vérité : le premier de ces organes, de ces *centres nerveux*, comme on dit, est le *cerveau*, le second la *moelle épinière*;

4° L'ordre de se mouvoir, de se contracter, qu'il soit venu du cerveau ou de la moelle, a dû cheminer le long de nouveaux conducteurs, les *nerfs moteurs*, qui l'ont apporté aux différents muscles ;

5° Autre centre, pour donner naissance à l'excitation portée sur les vaisseaux sanguins, d'où la pâleur ;

6° Autres nerfs, qui commanderont la contraction des fines artères de la peau du visage et y intercepteront ainsi le cours du sang.

Ces derniers centres, ces derniers nerfs portent le nom de *ganglions* et de *nerfs du système sympathique*.

Voilà une série bien compliquée. En y regardant de près, nous allons la simplifier considérablement.

D'abord, tous les conducteurs, tous les nerfs, qu'ils soient sensitifs, moteurs ou sympathiques, peuvent être considérés comme identiques, par leur structure et leurs propriétés. Tout semble démontrer qu'ils sont indifférents à la nature de l'excitation qui se propage en eux, et qu'ils peuvent la conduire également dans les deux sens. C'est ainsi qu'un fil télégraphique transmettra indifféremment une dépêche allant de Paris à Lyon, et une autre de Lyon à Paris. C'est ainsi que trois fils télégraphiques, dont l'un fait mouvoir un appareil Morse, dont un autre fait sauter une torpille, dont le troisième produit une étincelle lumineuse entre deux charbons, sont identiques, transmettent un ébranlement identique, en un mot, possèdent les mêmes *propriétés*, et ne diffèrent que par l'appareil auquel ils se rendent, et qui détermine ce qu'on appelle leur *fonction*.

Le nerf est une sorte de fil dont le diamètre est extrêmement faible (de un millième à un centième de millimètre), mais dont la longueur peut atteindre plusieurs mètres chez les grands animaux. En chemin il se bifurque fréquemment (fig. 153), surtout près de sa terminaison. Presque toujours, il est entouré d'une enveloppe ou moelle qui semble destinée à le protéger, à l'isoler (fig. 154). Quand il arrive soit à un centre nerveux, soit à une fibre musculaire, il

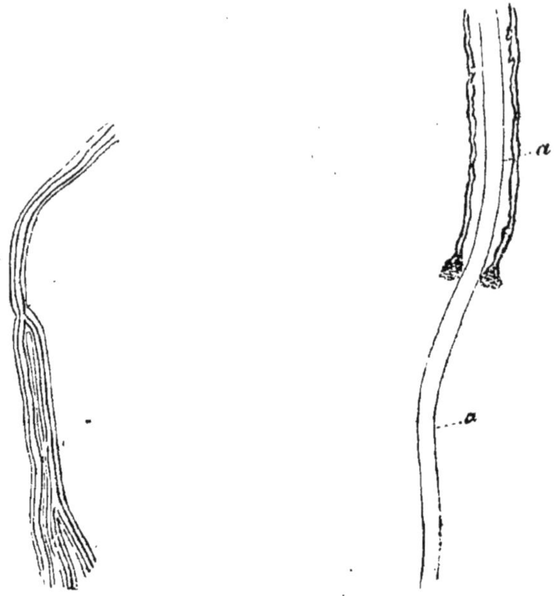

Fig. 153. — Divisions des fibres nerveuses primitives dans les muscles (grossiss., 350).

Fig. 154. — Fibre nerveuse (grossiss., 350) : *a*, fil nerveux faisant saillie hors de sa moelle.

se dépouille de son enveloppe et pénètre seul dans l'organe qu'il va impressionner.

Les organes sensoriels sont adaptés chacun à une fonction, et diffè-

Fig. 155. — Diverses formes de cellules nerveuses (grossiss., 100 diam.).

rent beaucoup et très évidemment les uns des autres : aussi nous les étudierons à part.

Les cellules nerveuses. — Quant aux centres nerveux, il est bien évident qu'ils diffèrent beaucoup les uns des autres, puisqu'ils ont chacun une fonction différente. Et cependant, l'anatomie aidée du microscope n'y trouve, qu'il s'agisse du cerveau, de la moelle ou d'un ganglion sympathique, qu'un seul élément anatomique : la cellule nerveuse.

C'est un petit corps, mesurant de un centième à un dixième de millimètre, d'aspect très variable (fig. 155) ; ces cellules sont dispersées dans une sorte de gangue grisâtre sans structure apparente. Il en sort des filaments, qui souvent se ramifient : les uns servent à relier deux cellules entre elles, d'autres sont la terminaison de nerfs sensitifs, moteurs ou sympathiques, d'autres semblent se perdre dans la gangue environnante.

Les physiologistes sont aujourd'hui unanimes pour penser que certaines cellules sont destinées à recevoir une impression sensitive, d'autres à élaborer un ordre moteur. Et cependant aucune différence de forme ni de dimension de ces petits corps ne peut être rattachée sûrement à ces diverses fonctions.

Propagation des excitations nerveuses. — Revenons aux conditions de propagation de l'excitation partie du dehors. Tout démontre qu'elle est d'abord transmise par le nerf sensitif à la cellule sensible de la moelle épinière qui, à son tour, la transmet à la cellule sensible du cerveau ou à celle du ganglion sympathique ; et chacune de ces trois cellules agit sur une cellule motrice qui commande ensuite à un nerf moteur.

La figure schématique ci-contre (fig. 156) peut servir à rendre compte de ce qui s'est passé dans le cas si complexe que j'ai pris pour exemple. On voit l'organe sensoriel OS communiquer son ébranlement au nerf sensitif ou mieux *centripète* NC, lequel le transmet à la cellule sensible de la moelle épinière SM ; celle-ci met en branle les cellules sensibles cérébrales SC, et sympathique SS. Ces trois sortes de cellules réceptrices ont sous leur dépendance les cellules motrices correspondantes MM, MC, MS. Parti de celles-ci, l'ordre de contraction arrive par les nerfs moteurs, ou mieux *centrifuges*, à la fibre musculaire striée des muscles ordinaires ou à la fibre lisse de l'intestin, des vaisseaux, des glandes, etc.

Ainsi, des fibres nerveuses qui apportent et emportent, des cellules nerveuses qui reçoivent et transmettent, voilà tout le système nerveux.

Les organes nerveux. — Sortons maintenant de ces généralités, sur lesquelles nous reviendrons plus tard, et arrivons à la description des divers organes, à l'étude de leurs fonctions. Car ces filaments nerveux si délicats ne cheminent pas isolés dans l'organisme ;

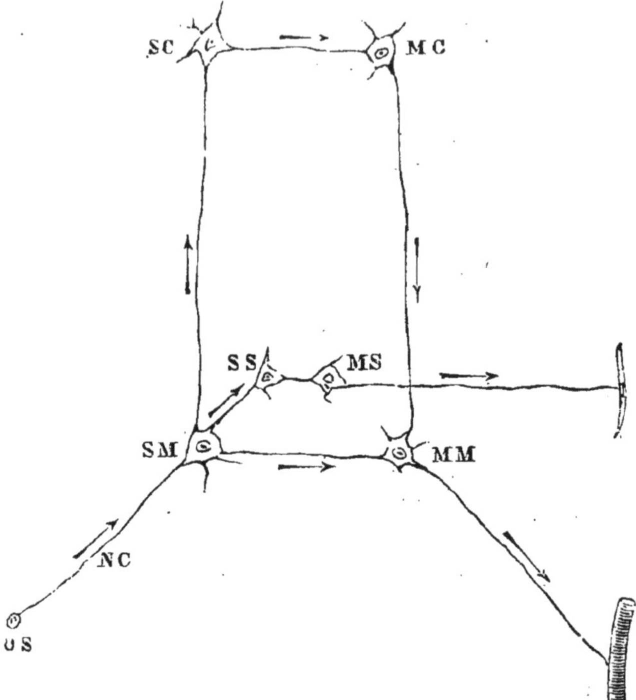

Fig. 156. — Figure schématique exprimant les rapports multiples des nerfs sensitifs et moteurs avec les cellules des centres nerveux, et avec les muscles lisses ou striés.

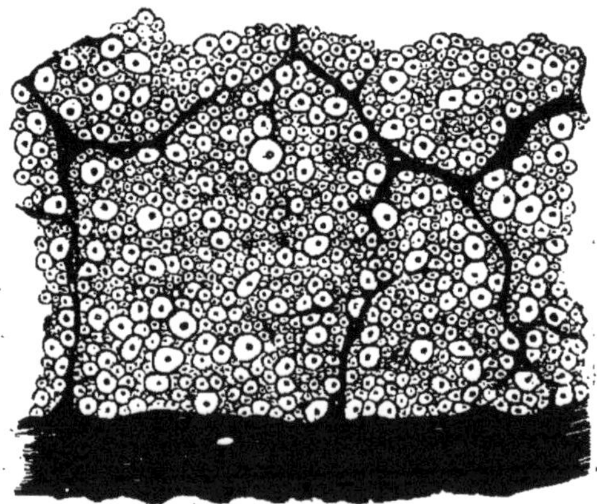

Fig. 157. — Coupe transversale d'un nerf (grossiss., 350).

ils sont groupés à la manière des fils d'un écheveau (fig. 157), en cordons blancs de dimensions plus ou moins fortes, qu'on appelle des *nerfs*. De même, les cellules nerveuses sont, je vous l'ai déjà dit, agglomérées dans des centres dont nous avons déjà indiqué les noms principaux. Enfin les terminaisons par lesquelles les nerfs de sensibilité reçoivent l'action des excitations extérieures font souvent partie d'organes d'une structure extrêmement compliquée ; ce sont les *organes des sens*.

Nous commencerons par ceux-ci, puisqu'aussi bien ce sont eux qui, dans nos rapports avec le monde extérieur, ouvrent la marche des phénomènes, eux dont l'excitation, se propageant vers les centres, amène en définitive un mouvement. Faisons donc d'abord l'histoire des organes des sens.

ORGANES DES SENS

La peau. — Nous voici encore une fois ramenés à l'histoire de la peau, qui est à la fois un revêtement protecteur, un organe de sécrétion et l'organe des sensations du *toucher*.

La peau est, en effet, sensible sur tous les points du corps, et la pointe même d'une aiguille est sûre de rencontrer toujours, si acérée qu'elle soit, une extrémité nerveuse dont l'excitation exagérée produira de la douleur.

Aucune disposition anatomique spéciale ne localise en certains points de notre peau les sensations tactiles ; chez divers mammifères, il existe des revêtements durs, des cuirasses, qui en rendent certaines parties insensibles.

Les terminaisons nerveuses elles-mêmes n'offrent rien de particulier. Vous trouverez décrits dans beaucoup de livres, sous le nom de *corpuscules du tact*, des espèces d'enroulements du nerf de sensibilité auxquels il n'est pas le moins du monde prouvé que le toucher se rattache.

En nombre incalculable les nerfs de sensibilité se répandent dans la peau, traversent le derme et se terminent dans sa couche superficielle, envoyant de petits filaments libres dans les couches profondes de l'épiderme ; c'est là ce qui explique la sensibilité excessive des surfaces cutanées un peu excoriées.

Tel est l'organe de la sensibilité tactile, le plus simple des appareils sensoriels, sans doute parce qu'il est en rapport avec la plus matérielle des excitations sensorielles.

La bouche. — Les muqueuses sont, elles aussi, douées de sensibilité ; il suffit pour s'en assurer de piquer la langue ou l'intérieur des narines. Cependant les muqueuses profondes ne nous font guère connaître leur sensibilité que par son excès, c'est-à-dire par la douleur.

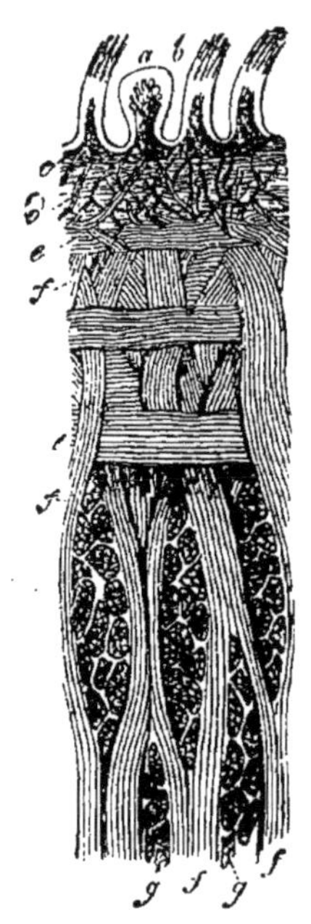

Fig. 158. — Section verticale antéro-postérieure de la langue : *a*, papille fongiforme ; *b*, papille filiforme ; *c*, muqueuse linguale ; *d*, couche fibreuse subjacente à cette dernière ; *e*,*f*, muscles longitudinaux ; *g*, section du muscle transversal.

Mais, de plus, la bouche, orifice du tube digestif, le nez, orifice de l'appareil respiratoire, nous apportent des sensations d'ordres spéciaux, recueillies par des muqueuses à peine modifiées dans leur structure. La bouche est consacrée aux sensations *gustatives*, qui sont à leur maximum d'intensité sur la *langue*.

Sur cet organe, qui est la partie principale de l'organe gustatif, se voient, en outre, de petites glandes qui versent un liquide assez gluant, des saillies ou *papilles*, auxquelles leurs formes diverses out fait donner par les anatomistes des noms divers (fig. 158). Là se terminent des nerfs, dont je vous dirai plus tard les noms, qui recueillent les excitations produites par les matières dissoutes, dites *sapides*, et les transmettent à certains centres nerveux qui les transforment en sensations du goût.

Il est facile de comprendre comment la mobilité de la langue facilite ces contacts et augmente leur intensité. Quand la bouche est close, les substances volatiles qui se dégagent des aliments entrent dans les cavités nasales par leur orifice postérieur, et se joignent à celles qui viennent directement par l'ouverture du nez.

Chez l'homme et chez quelques singes, les ouvertures antérieures des fosses nasales sont surmontées d'un *nez* qui vient surplomber la bouche. Il en résulte que l'aliment est interrogé dans ses parties volatiles au moment où il va entrer dans la bouche pour y être soumis à l'analyse gustative, qui porte sur ses parties liquides.

Les fosses nasales. — La muqueuse qui tapisse l'intérieur des fosses nasales reçoit, surtout dans ses parties supérieures, les ramifications du *nerf olfactif*, qui s'y termine par d'innombrables petites pointes libres (fig. 159), dans l'intervalle des cellules de la couche épithéliale.

Les fosses nasales (fig. 160) sont deux cavités séparées par une

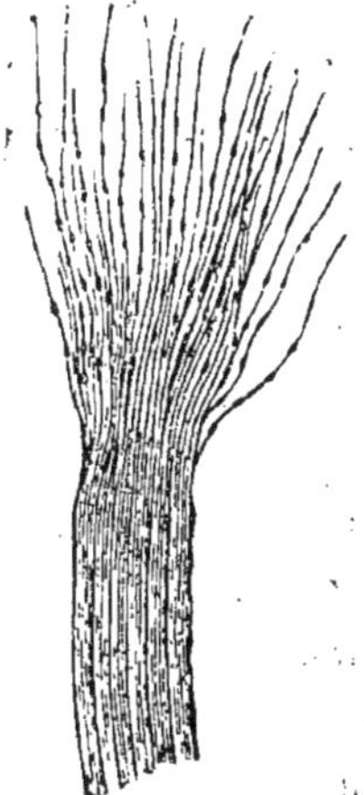

Fig. 159. — Terminaison d'un petit ramuscule du nerf olfactif de la grenouille (très fort grossiss.).

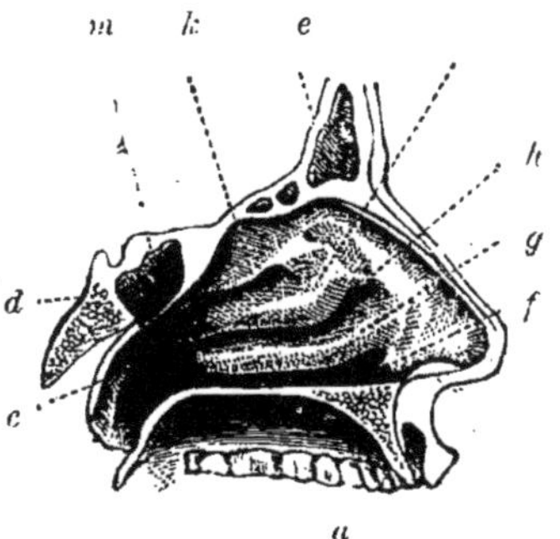

Fig. 160. — Fosses nasales, coupe d'arrière en avant : *a*, bouche ; *d*, portion de la base du crâne ; *e*, front ; *c*, ouverture de la trompe d'Eustache ; *o*, voile du palais ; *k*, *i*, *g*, les trois cornets ; *h*, *f*, les cavités qu'ils déterminent.

cloison osseuse, remontant en voûte jusqu'à la base du crâne, et s'ouvrant en arrière dans l'arrière-bouche, plus loin que le voile du palais. En haut, elles communiquent avec des anfractuosités de l'os frontal, et sur les côtés, avec une grande cavité creusée dans l'os de la pommette. C'est pour cette raison, disons-le en passant, que lorsque la muqueuse nasale s'enflamme, dans le *coryza*, ou, comme on dit vulgairement et très à tort, le *rhume de cerveau*, on éprouve souvent des douleurs assez fortes dans ces régions de la face.

Sur le côté de chacune de ces deux cavités se voient, fixées latéralement à la façon d'un auvent, trois lamelles osseuses auxquelles leur forme recourbée a fait donner le nom de *cornets olfactifs* (fig. 160, *k*, *i*, *g*). La muqueuse nasale les revêt, bien entendu, et leur usage paraît être d'en augmenter ainsi la surface et de donner plus d'acuité au sens de l'olfaction (fig. 161). Du moins chez les animaux qui ont ce sens beaucoup plus développé que nous, chez les chiens surtout, ces cornets sont chargés de replis secondaires extrêmement compliqués.

La mise en jeu de l'organe olfactif se fait pendant l'acte inspiratoire; l'air est alors appelé de dehors en dedans, et il est interrogé par le nerf olfactif qui peut, si son investigation lui donne des renseignements suspects, commander un arrêt respiratoire.

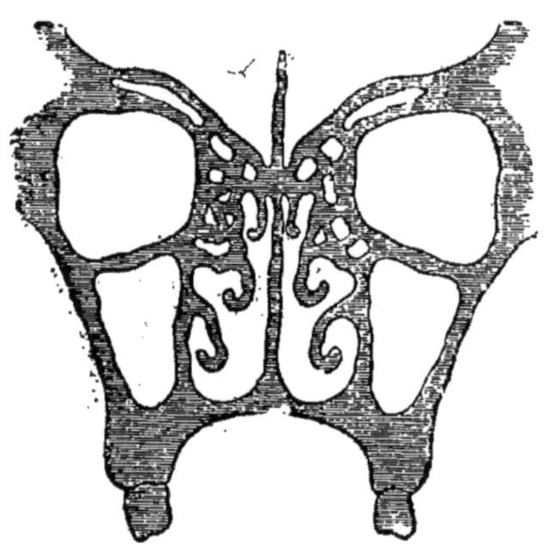

Fig. 161. — Coupe verticale des fosses nasales dans le sens transversal.

Ainsi, le nez est en quelque sorte la sentinelle avancée de l'appareil respiratoire, comme la bouche est celle de l'appareil digestif.

L'oreille. — Les vibrations de l'air, quand elles sont suffisamment nombreuses dans un temps donné, sont perçues par notre oreille et deviennent, comme on dit, sonores. Mais les nerfs auditifs ne se terminent pas tout simplement, comme les nerfs tactiles, gustatifs, et olfactifs, par des filaments libres dans l'épaisseur d'une membrane. Ils sont, au contraire, cachés dans l'épaisseur d'un des os du crâne, noyés au sein d'un liquide qui ne leur communique les ébranlements sonores qu'après les avoir reçus lui-même d'un ensemble compliqué de parties dures et de membranes.

Pour faciliter ma description, je diviserai, comme on le fait d'ordinaire, l'organe auditif en trois parties : l'oreille externe, l'oreille moyene, l'oreille interne (fig. 162).

L'oreille externe. — L'*oreille externe* se compose du *tube auditif,* sorte de canal qui s'enfonce à une certaine profondeur dans le crâne, et du *pavillon*, plus ou moins développé, plus ou moins mobile, suivant les diverses espèces de mammifères. Le pavillon de l'oreille humaine est presque complètement immobile, et à peu près plat, avec des saillies en forme d'hélice et un appendice ou *lobe*. Chez les animaux qui l'ont très développé, ce pavillon joue le rôle d'un véritable cornet acoustique, que l'animal dirige du côté d'où

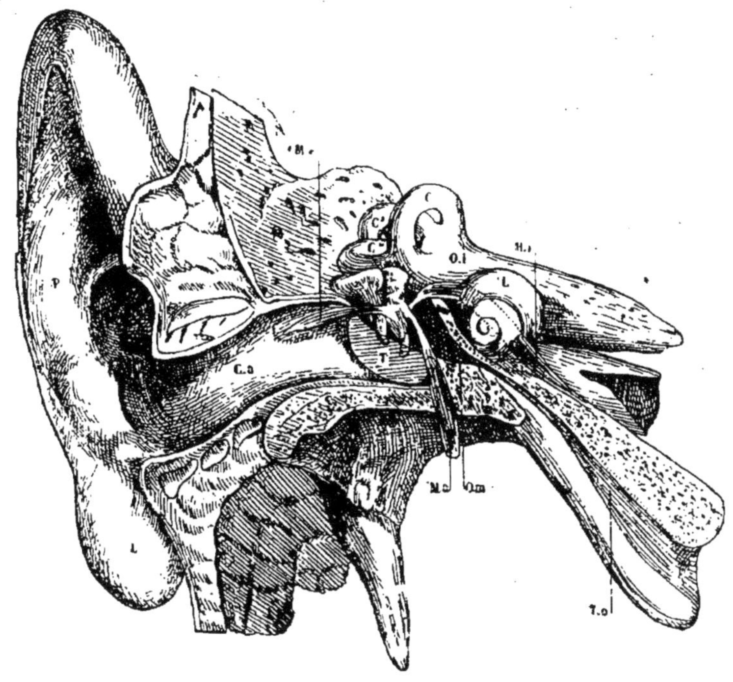

Fig. 162. — L'oreille vue d'ensemble, coupée dans le sens transversal : P, pavillon ; *Ca*, conduit auditif externe ; T, membrane du tympan ; O*m*, oreille moyenne ; M*e*, M*i*, M*a*. muscles du marteau ; T*e*, trompe d'Eustache ; O*i*, oreille interne ; D, limaçon ; *c*, *c'*, *c"*, canaux demi-circulaires.

vient le son, afin de l'entendre mieux : vous avez tous observé chez les chevaux, chez les chats, ces mouvements si étendus. Le nôtre, légèrement incliné en avant, ramasse un certain nombre d'ondes sonores, et c'est pour cette raison qu'instinctivement nous tournons un peu la tête du côté où se fait entendre un léger bruit ; les sourds augmentent son action en plaçant derrière lui leur main. Cependant, il ne joue qu'un rôle très secondaire.

L'oreille moyenne. — Le fond du conduit auditif est complètement fermé par une membrane, la *membrane du tympan*. De l'autre côté se trouve une cavité, la *caisse* ou *oreille moyenne*, laquelle présente quatre ouvertures, dont trois fermées par des membranes, la quatrième, seule ouverte, communiquant par un tube long et étroit, nommé la *trompe d'Eustache*, avec l'arrière-gorge, où elle s'ouvre un peu en arrière et au-dessus du voile du palais. Un jeu musculaire fort élégant fait qu'à chacun de nos mouvements de déglutition, l'orifice de la trompe s'ouvre, et la caisse se trouve en communication avec l'extérieur, de sorte que l'air s'y peut renouveler.

Les trois autres ouvertures de la caisse, ouvertures toujours fermées, sont le *tympan*, la *fenêtre ronde* et la *fenêtre ovale*. Du tympan

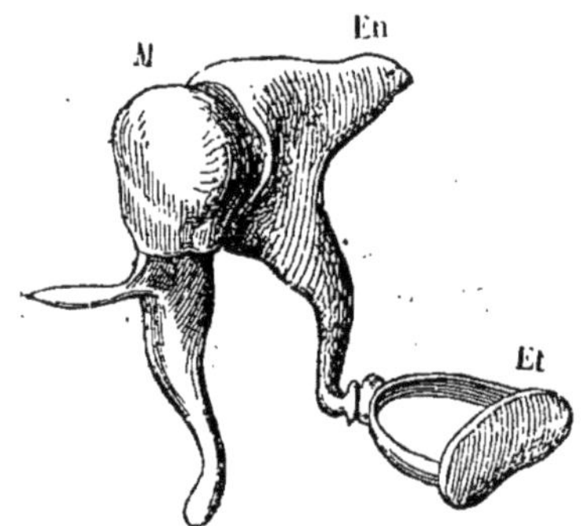

Fig. 163. — Osselets de l'oreille moyenne : M, marteau ; E*n*, enclume ; E*t*, étrier.

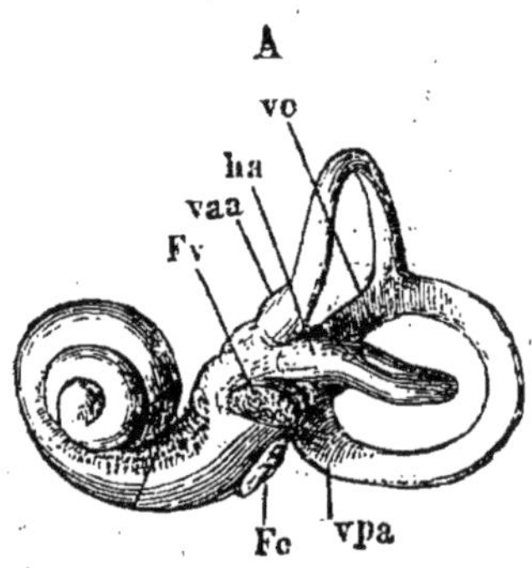

Fig. 164. — Oreille interne sculptée dans le rocher : F*v*, fenêtre ovale : *vaa*, ampoule du canal vertical supérieur ; *vpa*, ampoule du canal vertical postérieur ; *ha*, ampoule du canal horizontal ; Fc, fenêtre ronde.

à la fenêtre ovale s'étend une chaîne de petits *osselets* à qui leur forme a fait donner les noms caractéristiques de *marteau*, *enclume*, *étrier* (fig. 163). Reliés entre eux par des articulations et de petits muscles, ils établissent entre les deux membranes une communication suffisamment rigide et convenablement élastique, si bien que les ondes sonores qui ont frappé la membrane du tympan sont transmises, grâce à la bonne conductibilité des solides pour les sons, à la membrane de la fenêtre ovale. Elles ont toutes pour action commune d'ébranler le liquide qui remplit l'oreille interne.

L'oreille interne. — Celle-ci constitue un appareil vraiment bien curieux et dont la complication, non plus que la forme régulière et géométrique, n'est nullement expliquée (fig. 164). Elle se compose de deux parties : les *canaux demi-circulaires* et le *limaçon*, qui sont creusés dans l'épaisseur d'un os situé à la base du crâne, et auquel sa dureté extraordinaire a fait donner le nom de *rocher*, La membrane de la fenêtre ovale sépare la *caisse* du *vestibule*, petite cavité d'où partent et où reviennent les trois canaux demi-circulaires. De ces organes curieux, l'un est horizontal, et les deux autres verticaux, se coupant tous trois à angle droit.

De l'autre côté du vestibule se voit le *limaçon* (fig. 165). Figurez-vous un tube fermé à l'une de ses extrémités, et divisé en deux par-

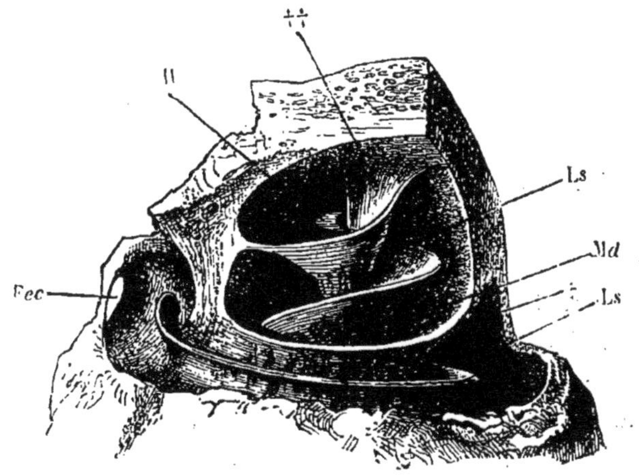

Fig. 165. — Le limaçon ouvert : *Md*, l'axe de la cloison osseuse ; *Ls*, *Ls*, †, section de cette cloison entre les tours du limaçon, et †† son extrémité supérieure ; H, sommet de la lame spirale ; *Fec*, fenêtre ronde.

ties par une cloison qui ne va pas tout à fait jusqu'au bout; puis enroulez ce tube sur lui-même, comme une coquille de limaçon, vous aurez l'organe connu sous ce nom. L'une des moitiés du tube s'ouvre dans le vestibule, l'autre est fermée par la membrane de la fenêtre ronde; elles communiquent entre elles au sommet de la spire.

Le nerf auditif entre dans le rocher et se divise en deux branches, dont l'une se distribue d'une manière très compliquée à la fine muqueuse qui tapisse le limaçon. On a décrit là des terminaisons nerveuses fort délicates. L'autre branche du nerf auditif se rend aux canaux demi-circulaires. Toutes ces parties sont pleines d'un liquide clair; des poussières calcaires se rencontrent dans les canaux.

La fenêtre ronde ne joue que le rôle de soupape de sûreté. Quand l'étrier refoule la membrane de la fenêtre ovale et par suite le liquide du labyrinthe, il faut bien que celui-ci puisse fuir, sans quoi il n'y aurait aucun ébranlement, car il est incompressible. Le choc transmis à ce liquide se propage dans la moitié correspondante du limaçon, puis, par la communication du sommet, à l'autre moitié du même organe, et revient refouler la fenêtre ronde.

On ne sait rien de net sur le rôle de ces diverses parties. Les plus importantes semblent être le vestibule et les canaux demi-circulaires. Du moins, chez les oiseaux, le limaçon est très réduit, et il disparaît complètement chez les grenouilles et les poissons, qui ne sont pas sourds pour cela, tant s'en faut.

L'œil. — L'œil, encore plus compliqué que l'oreille, est cependant d'une description bien plus facile à comprendre. C'est un globe un peu allongé d'avant en arrière, logé dans une cavité, ou *orbite*, que forment principalement en haut le frontal, en bas l'os de la pommette. Il est soutenu et protégé en avant par deux voiles partiellement mobiles, les *paupières*, et il peut se mouvoir dans toutes les directions par l'action de six muscles qui sont cachés avec lui dans l'orbite.

Au-dessus de lui, un arc de petits poils rudes, les *sourcils*, le garantissent contre les poussières et la sueur qui coulent du front. Le bord des deux paupières porte des poils plus longs et élastiques, les *c ls*, qui jouent avec plus d'efficacité encore le même rôle protecteur.

Dans l'angle externe et supérieur de l'orbite, la *glande lacrymale* sécrète un liquide limpide et légèrement salé, qui arrose incessamment la face antérieure de l'œil, la préserve contre la dessiccation qui en troublerait la transparence, et y lave les petites poussières qui ont échappé au tamis formé par les cils.

Ce liquide, que les mouvements incessants des paupières promènent sur la surface de l'œil, ne tend pas à sortir sur la joue, ni à mouiller les cils, grâce, d'une part, à la petite poche que lui présente la paupière inférieure, et en second lieu, à l'enduit gras que déversent sur le bord des paupières de petites glandes cachées dans leur épaisseur.

Mais revenons au liquide lacrymal. Il est incessamment sécrété:

donc, il faut bien qu'il sorte. Ainsi fait-il, par un mécanisme des plus curieux. Si vous vous regardez de près dans une glace, vous verrez, tout près de l'angle interne de l'œil, deux petits trous, un sur chaque paupière (fig. 166). Ce sont les orifices de deux petits canaux, lesquels se rendent dans un sac, le *sac lacrymal*, qui, à son tour, débouche à la partie supérieure des fosses nasales. C'est par là que s'en vont les larmes, et l'on s'en aperçoit bien, lorsqu'à la suite de quelque émotion vive, elles sont sécrétées en trop grande quantité : on pleure et l'on mouche en même temps. Leur passage à travers cet étroit canal est assuré par la contraction d'un petit muscle qui le fait ouvrir juste au moment où les paupières se ferment; serré entre l'œil et les deux voiles palpébraux, le liquide entre facilement dans les deux *points lacrymaux* ouverts : si cependant il est trop abondant, il force aisément le passage et se répand sur les joues.

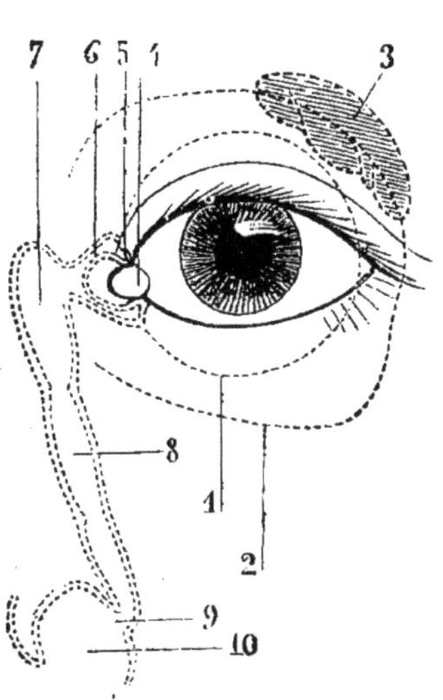

Fig. 166. — Schéma de l'appareil lacrymal : 1, contour du globe oculaire ; 2, contour de l'orbite ; 3, glande lacrymale ; 4, caroncule lacrymale ; 5, tubercule et point lacrymal supérieur ; 6, conduit lacrymal supérieur ; 7, sac lacrymal ; 8, canal nasal ; 9, ouverture inférieure du canal nasal ; 10, méat intérieur des fosses nasales.

Les paupières se ferment, par la contraction du muscle *orbiculaire*. La paupière inférieure est relevée par un muscle spécial qui vient du fond de l'orbite, *le releveur de la paupière supérieure*.

Les mouvements de l'œil sont, vous ai-je dit, produits par six muscles ; quatre sont dits *muscles droits*, deux *muscles obliques* (fig. 167). Les muscles droits prennent leur insertion fixe au fond de l'orbite ; en avant, ils s'attachent sur le globe de l'œil même, l'un en haut, l'autre en bas, l'un à gauche, l'autre à droite ; ils le tirent ainsi dans toutes les directions. Leur action est complétée par celle des muscles obliques, qui sont disposés de manière à faire tourner la pupille, l'un, le *petit oblique*, en haut et en dehors, l'autre, le *grand oblique*, en bas et en dehors.

Si j'ajoute que du fond de l'œil sort le *nerf optique*, qui s'en va au cerveau en traversant un trou du crâne, je vous aurai donné une idée suffisamment complète des moyens de suspension, de mouvement et de protection de cet organe délicat.

Structure de l'œil. — Voyons maintenant sa structure.

C'est un globe plein de liquide, dont une portion de la face antérieure est transparente, et sur le fond duquel s'étale un nerf capa-

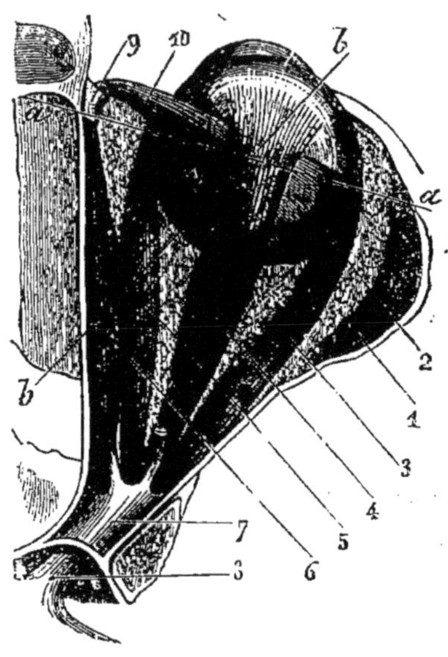

Fig. 167. — Muscles moteurs du globe de l'œil vus de haut en bas : 1, coupe de la cavité orbitaire ; 2, muscle petit oblique : 3, muscle droit externe ; 4, muscle droit supérieur ; ce muscle cache sur la figure le nerf optique et le muscle droit inférieur ; 5, muscle droit interne ; 6, portion directe du muscle grand oblique ; 7, anneau tendineux ; 8, nerf optique ; 9, poulie de réflexion du muscle grand oblique ; 10, portion réfléchie du grand muscle oblique ; *aa*, axe de rotation du globe pendant la contraction du muscle droit supérieur ou du muscle droit inférieur ; *bb*, axe de rotation du globe pendant la contraction des muscles obliques ; le troisième axe de rotation, qui correspond aux muscles droits externe et interne, est perpendiculaire au plan de la figure.

ble d'être impressionné par les ondulations éthérées qui constituent la lumière. La poche opaque qui le forme s'appelle la *sclérotique* (σκληρός, dur) ; la partie transparente située à l'avant, la *cornée ;* la membrane nerveuse, la *rétine*. Mais il est bien clair que si l'organe était réduit à ces parties, il ne nous serait que d'un médiocre secours. Nous pourrions bien avec son aide distinguer le jour de la nuit, mais il ne viendrait pas sur notre rétine une image nette d'une étendue suffisante de l'espace.

Pour que cette condition d'une vision convenable soit remplie, il faut qu'entre les objets et la rétine soit interposée une lentille biconvexe qui rassemblera les rayons lumineux et produira une image petite et nette d'un objet relativement grand. L'œil sera alors comparable à la machine du photographe, la rétine tenant la place de la plaque sensibilisée.

Cette lentille s'appelle le *cristallin*. Elle est suspendue, par les

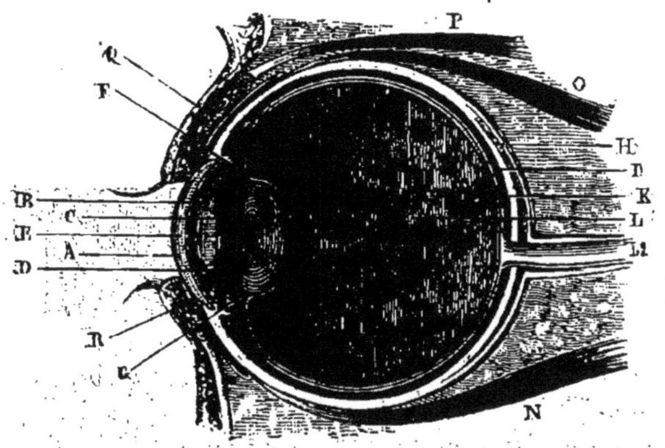

Fig. 168. — Coupe verticale de l'œil : A, cornée ; B, chambre antérieure ; C, pupille ; D, iris ; E, cristallin ; FG, procès ciliaires ; H, sclérotique ; I, choroïde ; K, rétine ; L, chambre postérieure ; M, nerf optique ; NO, muscles moteurs de l'œil ; QR, paupières.

procès ciliaires, un peu en avant du milieu de l'œil qu'elle divise ainsi en deux parties : la *chambre antérieure* remplie par un liquide, l'*humeur aqueuse*, et la *chambre postérieure* remplie par une substance visqueuse, l'*humeur vitrée*.

Vous savez que les opticiens, lorsqu'ils veulent obtenir avec une lentille une image bien nette, n'emploient que les rayons lumineux qui ont traversé les parties centrales de la lentille ; ils protègent les bords avec un écran circulaire. Un semblable écran existe dans l'œil ; c'est l'*iris*, qui est percé d'un trou, la *pupille*. Cette ouverture se rétrécit quand la lumière est vive et s'élargit au contraire lorsque nous regardons un objet peu éclairé. L'iris présente des colorations très variées : ce sont elles qui déterminent la couleur des yeux bruns, bleus, gris, etc.

Marche des rayons dans l'œil. — Voici donc la marche des rayons lumineux : passage à travers la cornée et l'humeur aqueuse ;

puis traversée, grâce au trou pupillaire, du cristallin et de l'humeur vitrée; arrivée sur la rétine, où se fait l'impression, que le nerf optique, dont la rétine n'est qu'un épanouissement, emporte au cerveau.

Il est encore un perfectionnement dont je dois vous parler. Entre la rétine et la sclérotique, on trouve une membrane noire, opaque, la *choroïde;* elle est destinée à absorber les rayons lumineux après qu'ils ont impressionné la membrane sensible.

Dans la première partie de son trajet, en traversant la cornée et l'humeur aqueuse, le rayon lumineux est fort peu dévié de sa direction primitive; mais quand il entre dans le cristallin, il se brise, se

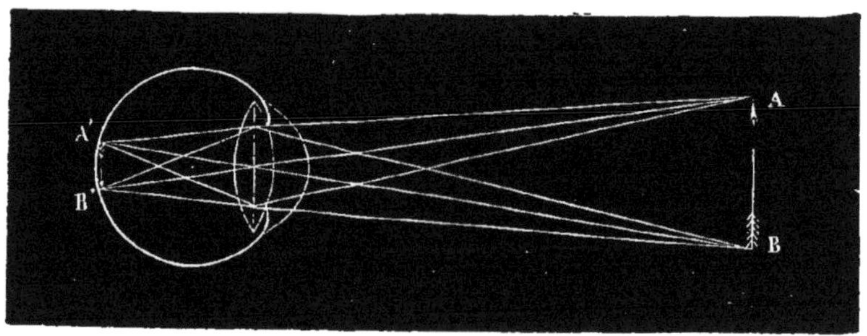

Fig. 169. — Formation de l'image renversée dans le fond de l'œil (il y a erreur dans la gravure pour l'attribution des points A' et B').

réfracte, comme on dit en physique ; nouvelle réfraction au contact de l'humeur vitrée.

Si donc nous considérons un objet, une flèche, avec les rayons émanés de ses deux extrémités, nous voyons que les déviations dont nous venons de parler ont pour conséquence la formation sur l'écran rétinien d'une image plus petite que l'objet, et renversée (fig. 169), parce que la rétine est au delà de ce que les physiciens appellent le *centre optique* de la lentille cristallienne.

L'accommodation. — Il faut, pour que l'image formée sur la rétine soit bien nette, pour que nous y voyions bien clair, que le foyer du cristallin soit très peu en avant du fond de l'œil; autrement l'image deviendrait comme estompée, avec coloration irisée sur les bords. Or, il est bien clair que le lieu de formation de l'image variera suivant que l'objet est plus ou moins éloigné de l'œil. Pour que nous puissions voir également bien de près ou de loin, il faut donc qu'il se fasse dans l'œil une modification ou, comme on dit, une *accommodation* particulière.

Voici comment les choses se passent. Au repos complet, l'œil est accommodé pour la vision des objets lointains, c'est-à-dire placés à une distance d'au moins une vingtaine de mètres; leur image se peint, par conséquent, nettement sur la rétine. Quand les objets se rapprochent, leur image tend à s'éloigner en arrière de la membrane sensible, et, par conséquent, elle perd sa netteté. Pour la ramener en avant, il faut que le cristallin devienne plus *réfringent*, plus sphérique (fig. 170); c'est ce que produit la contraction d'un

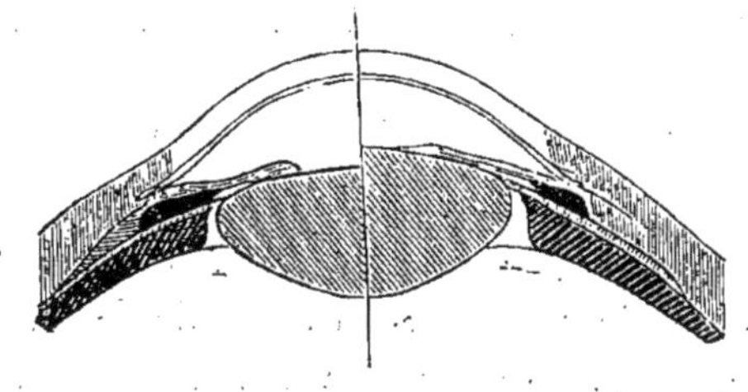

Fig. 170. — Changement de courbure du cristallin.

petit muscle annulaire qui l'entoure, car, malgré sa rigidité apparente, il est en réalité très élastique : l'image est alors ramenée sur la rétine. Mais vous comprenez que l'accommodation pour les objets voisins étant due à une contraction musculaire, elle ne peut se soutenir longtemps sans une certaine fatigue : aussi devons-nous reposer notre œil de temps en temps en regardant un peu loin.

La distance à laquelle l'action du muscle de l'accommodation commence à se produire est d'environ 30 à 40 centimètres ; c'est ce qu'on appelle la *distance de la vision distincte.* Il est prudent de la conserver pour un travail d'une certaine durée.

Imperfections de l'œil. — Pour certaines personnes, la distance de la vision distincte est notablement plus courte ; elles ont un œil trop long et ne voient pas nettement les objets éloignés, parce que leur image se fait en avant de la rétine (fig. 171). A ces personnes, qu'on nomme *myopes* (μύειν, cligner ; ὤψ, œil), on fait porter des lunettes concaves dont l'action contrarie celle du cristallin, et la corrige en éloignant l'image (fig. 171). D'autres n'y voient que d'assez loin, et, par exemple pour lire, tiennent le livre à bout de bras. On les appelle *presbytes* (πρεσβὺς, vieillard), parce que cette disposition s'acquiert souvent lorsqu'on avance en âge (fig. 172). Leur œil est trop court, ou leur muscle de l'accommodation pas

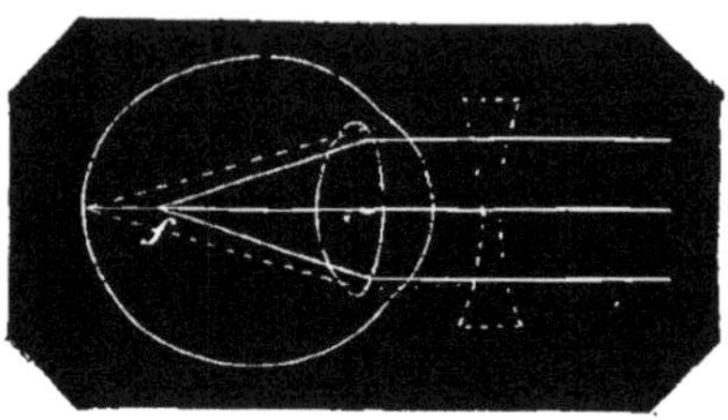

Fig. 171. — Lentille biconcave ramenant l'image sur la rétine d'un œil myope.

assez énergique ; l'image se fait en arrière de la rétine. Des lunettes à verres convexes la ramènent en place.

Enfin, il est un autre trouble de la vue qu'on n'a bien étudié que dans ces derniers temps. On l'appelle l'*astigmatisme*. Les gens qui en sont atteints ne peuvent voir nettement à la fois une ligne verticale et une ligne horizontale placées dans le même plan. Cela

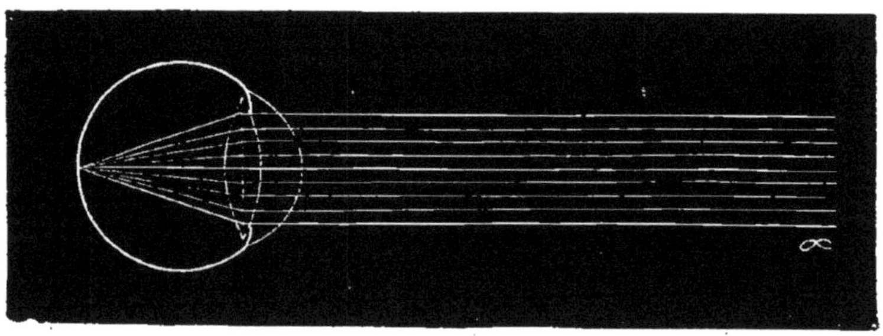

Fig. 172. — Marche des rayons parallèles dans un œil normal ; l'image se forme sur la rétine.

tient à ce que la cornée n'a pas la même courbure dans le sens vertical et dans le sens horizontal. On y remédie par l'emploi de verres cylindriques placés soit horizontalement, soit verticalement.

Vous voyez que l'œil n'est rien de moins, comme on le dit partout, qu'un instrument parfait. Même chez les personnes qui sont douées de la meilleure vue, on y constate aisément bien des imperfections tenant à la non-transparence des milieux et à la forme non régulièrement géométrique des surfaces. Mais la grande habitude que nous avons acquise, dès l'enfance, de corriger les sensations mauvaises qui résultent de ces graves défauts fait que nous ne nous en apercevons pas.

Beaucoup de mammifères ont les yeux tout à fait divergents,

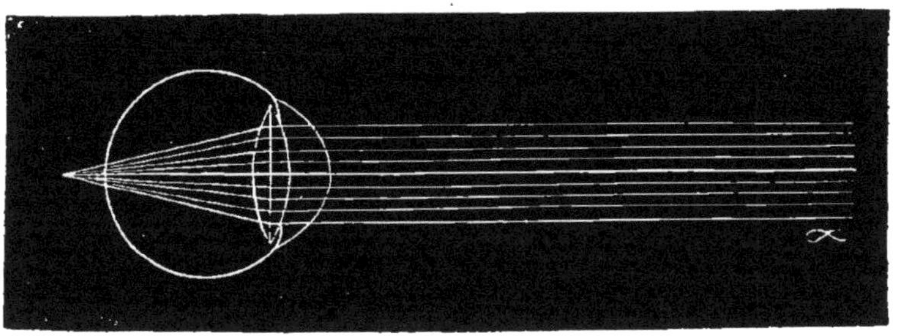

Fig. 173. — Œil presbyte : l'image se forme *en arrière* de la rétine.

situés de chaque côté de la tête : tels les ruminants, les lapins. Chez nous, chez les singes et quelques autres espèces encore, les deux yeux sont à côté l'un de l'autre, regardant en avant et tous deux à la fois le même objet. La vision s'exécute donc avec les deux yeux,

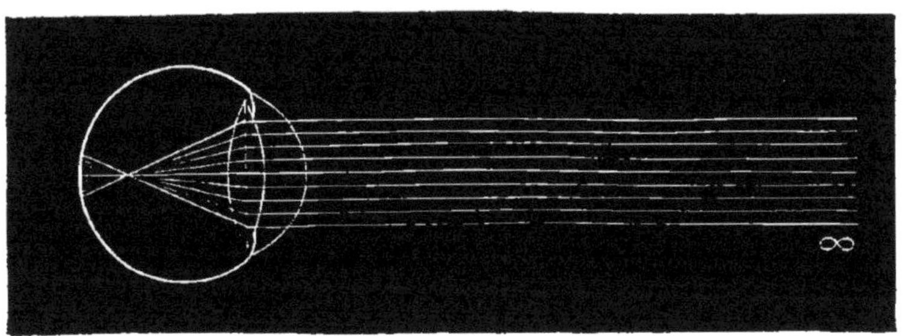

Fig. 174. — Œil myope : l'image se forme *en avant* de la rétine.

elle est *binoculaire*. Les deux yeux nous donnent tout naturellement chacun une image de l'objet considéré; cependant les deux images se confondent en une seule, lorsque nous regardons dans les conditions régulières et naturelles. Nous verrons plus tard quelles sont ces conditions et comment on essaye d'expliquer cette fusion des deux images. Je me contenterai de vous faire remarquer aujourd'hui qu'il y a une relation très curieuse entre les mouvements des deux yeux, une relation forcée. Nous ne pouvons pas, en effet, mouvoir un œil dans une direction sans que l'autre le suive aussitôt. Et remarquez que ce ne seront pas toujours des muscles de même nom qui se contracteront ensemble ; si nous regardons à droite, par exemple, nous ferons agir le muscle droit externe pour l'œil droit, le droit interne pour l'œil gauche.

La simultanéité d'action des deux yeux va plus loin encore. Si vous approchez une lumière de l'œil d'un de vos amis, vous verrez aussitôt la pupille se rétrécir ; or, elle se contractera semblablement à l'autre œil, alors même que vous l'auriez maintenu avec soin dans l'obscurité.

DES CENTRES NERVEUX CÉRÉBRO-SPINAUX (MOELLE ÉPINIÈRE, ENCÉPHALE)

La moelle épinière. — Dans le canal vertébral proprement dit, le centre nerveux s'appelle la *moelle épinière*. C'est un cordon blanc, qui s'avance plus ou moins loin, suivant les espèces, dans le canal, où il se termine par un pinceau nommé *queue de cheval*. Chez l'homme, la moelle finit au commencement de la région lombaire (fig. 175). On remarque, à la région du cou et au bas de la région dorsale, un *renflement* qui correspond à l'origine des nerfs des membres supérieurs et inférieurs.

En avant et en arrière, ce cylindre nerveux présente deux sillons profonds qui vont presque jusqu'à se rencontrer ; d'autres sillons, beaucoup plus superficiels, déterminent de chaque côté un *cordon postérieur*, un *cordon latéral*, un *cordon antérieur*.

La moelle est blanche, avons-nous dit ; mais si on la coupe transversalement, on voit à sa partie centrale une *substance grise*, dont la singulière figure permet de reconnaître des *cornes postérieures* et des *cornes antérieures*. Cette substance grise est composée de cellules nerveuses, unies les unes aux autres, et plongeant dans une masse grisâtre. La *substance blanche* est formée de filaments qui mettent en communication, dans le sens de la longueur, les diverses régions de la moelle épinière. Au centre, se trouve un canal de très petite dimension.

Des cornes de la substance grise partent des filets très fins, qui sortent de la moelle et se réunissent l'un à l'autre à une certaine distance ; ils constituent alors un nerf qui quitte le canal vertébral pour se distribuer au dehors. Les nerfs naissent toujours par paire, en face l'un de l'autre ; chacun d'eux provient de deux *racines*, l'une *antérieure* (*inférieure* chez les quadrupèdes), l'autre *postérieure*,

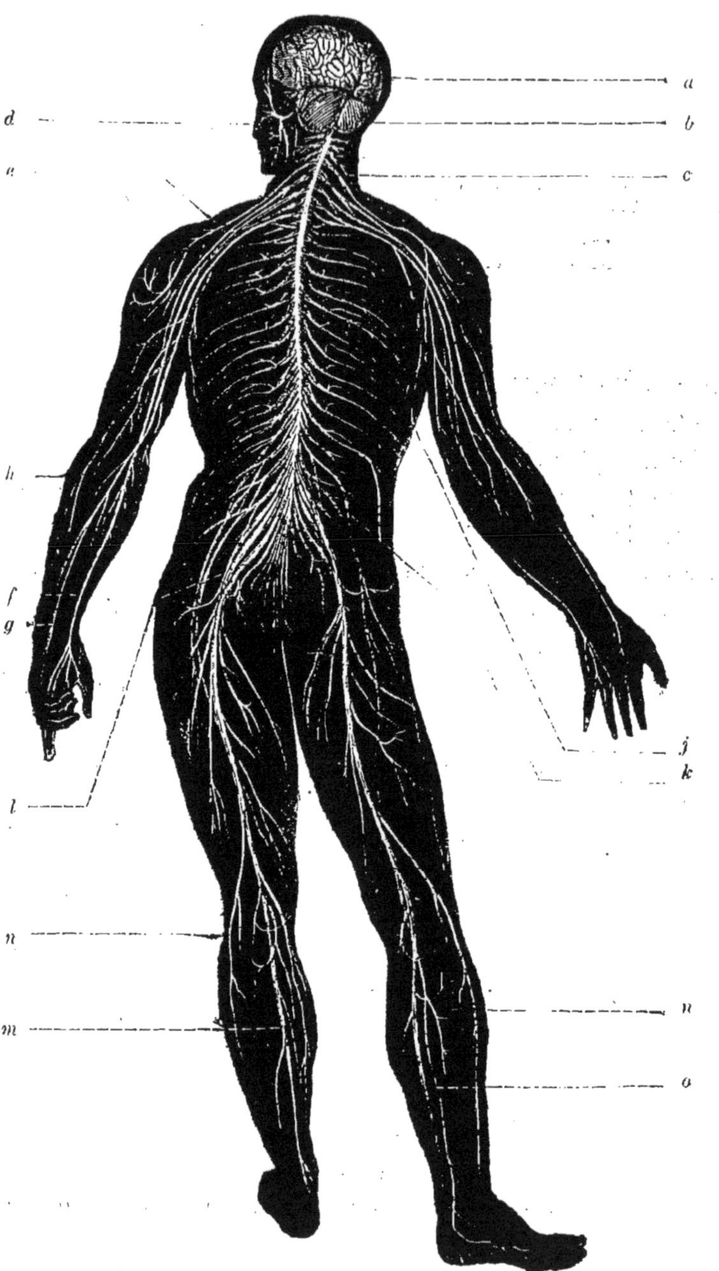

Fig. 175. — Voir la légende page 197.)

et sur le trajet de celle-ci se trouve un petit ganglion nerveux (fig. 177 et 183).

L'expérience a montré que les racines postérieures sont exclusivement composées de nerfs sensibles, tandis que les racines antérieures ne contiennent que des nerfs moteurs. Ces deux espèces de nerfs se réunissent en un tronc mixte. Il n'est donc pas étonnant de voir l'excitation des cordons postérieurs de la moelle provoquer surtout de la douleur, tandis que celle des cordons antérieurs occasionne des mouvements convulsifs dans certaines régions du corps.

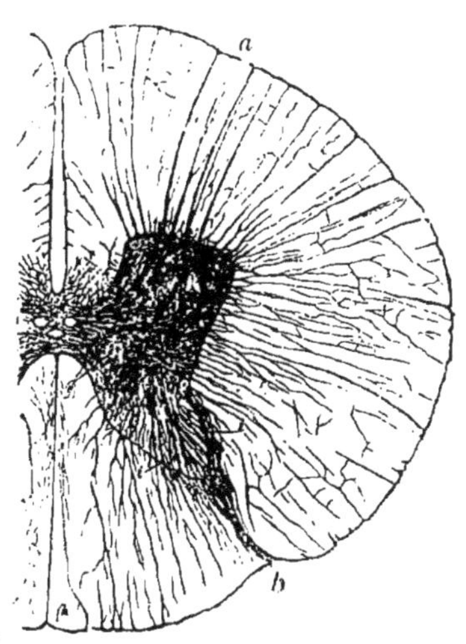

Fig. 176. — Section transversale de la portion inférieure de la région dorsale de la moelle : *a*, origine des racines postérieures, sensibles ; *b*, origine des racines antérieures, motrices.

Si l'on coupe en travers une des moitiés latérales de la moelle épinière, on voit que le membre postérieur du même côté est paralysé, ne peut se mouvoir, mais est resté sensible, tandis que celui du côté opposé est devenu presque insensible à tout pincement, mais obéit parfaitement à la volonté de l'animal. C'est pour cela qu'on dit que l'irritabilité motrice se transmet directement du cerveau le long de la moelle, tandis que la sensibilité passe en croisant d'un côté à l'autre.

Mouvements réflexes. — Une section transversale complète de la moelle épinière paralyse entièrement les membres postérieurs, en ce sens que l'animal ne peut plus volontairement s'en servir et qu'il n'en perçoit plus les excitations.

Mais si l'on pince violemment le pied de cet animal, il retire le

Fig. 175. — Système nerveux de l'homme : *a*, cerveau ; *b*, cervelet ; *c*, moelle épinière ; *d*, nerf facial ; *e*, plexus brachial formé par la réunion de plusieurs nerfs qui proviennent de la moelle épinière ; *f*, nerf médian du bras ; *g*, nerf cubital ; *h*, nerf cutané interne du bras ; *i'*, nerf radial et nerf musculo-cutané du bras ; *j*, nerfs intercostaux ; *k*, plexus fémoral formé par plusieurs nerfs lombaires et donnant naissance au nerf crural ; *l*, plexus sciatique donnant naissance au nerf principal des membres inférieurs, lequel se divise ensuite pour former le nerf tibial (*m*), le nerf péronier externe (*n*), le nerf saphène externe (*o*), etc.

membre blessé, et même, si l'excitation a été suffisamment énergique, il agite toute la partie postérieure du corps. Il n'a, du reste, aucune conscience de ces mouvements que, par opposition à ceux qui s'exécutent sous l'influence de la volonté, on appelle *mouvements réflexes*.

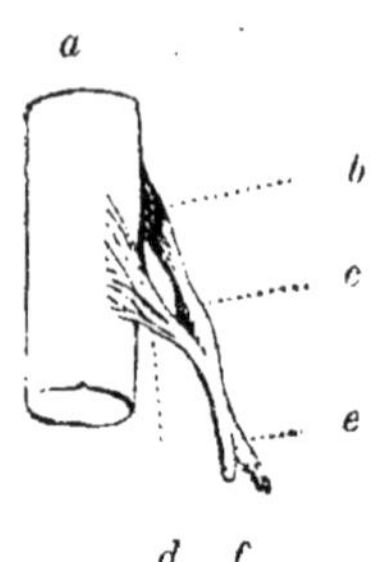

Fig. 177. — Tronçon de la moelle épinière montrant la disposition des nerfs qui en naissent : *a*, moelle épinière ; *b*, racine postérieure de l'un des nerfs spinaux : *c*, ganglion situé sur le trajet de cette racine ; *d*, racine antérieure du même nerf ; *e*, tronc commun formé par la réunion de ces deux racines ; *f*, petite branche qui va s'anastomoser avec le nerf grand sympathique.

Ce nom, d'aspect assez singulier, tend à exprimer l'espèce de *réflexion* (dans le sens physique du mot) qu'éprouve l'influence sensitive arrivant à la moelle épinière et en ressortant sous forme d'excitation motrice. La figure 178 montre très clairement comment les choses se passent.

L'importance des mouvements réflexes est d'autant plus grande que la portion de moelle séparée est plus considérable, c'est-à-dire que la section a été faite plus près de la tête. Nous verrons tout à l'heure comment, lorsque le cerveau seul est enlevé, leur harmonie se conserve à un tel degré qu'on peut les croire, à première vue, encore dirigés par la volonté.

Moelle allongée. — En quittant le canal vertébral pour pénétrer dans le crâne, la moelle épinière s'agrandit comme la cavité qu'elle remplit. On lui donne alors le nom de *moelle allongée* ou de *bulbe rachidien*. Puis elle se termine à droite et à gauche par un gros noyau composé de substance grise cellulaire et de substance fibreuse blanche.

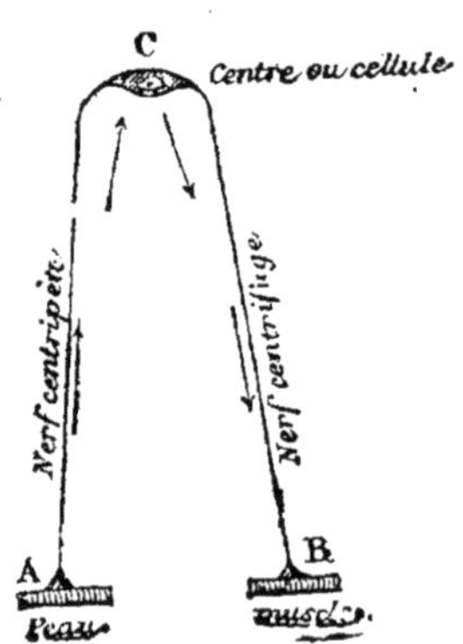

Fig. 178. — Marche de l'excitation centripète et origine du mouvement réflexe.

La moelle allongée, et son prolongement ou *noyau* de l'encéphale, jouent, par rapport aux nerfs qui s'en détachent et sortent du crâne au nombre de douze paires, le même rôle que la moelle épinière par rapport aux nerfs du reste du corps. Les impressions sensitives ou centripètes, les excitations motrices ou centrifuges traversent cette moelle et son prolongement, les actes réflexes s'y exécutent : je n'insiste pas sur les détails.

Il en est un, cependant, que je ne saurais passer sous silence. Très près de l'endroit où la moelle épinière pénètre dans le crâne, se voit un petit sillon en forme de V (fig. 179). Si l'on pique, fût-ce avec une épingle, la pointe de ce V, immédiatement la respiration s'arrête : mouvements du thorax, du diaphragme, soulèvement simultané des ailes du nez, tout cesse à la fois. Il en résulte que l'animal est comme foudroyé et tombe instantanément mort ; ce centre des mouvements respiratoires a été baptisé pas Flourens, qui l'a découvert, du nom de *nœud vital.* C'est là que l'épée du toréador doit aller frapper, pour le tuer d'un coup, le taureau dont la tête baissée laisse libre un espace entre le crâne et la première vertèbre ; c'est là, pour prendre une comparaison moins noble, que les cuisinières normandes piquent avec une épingle les volailles à sacrifier.

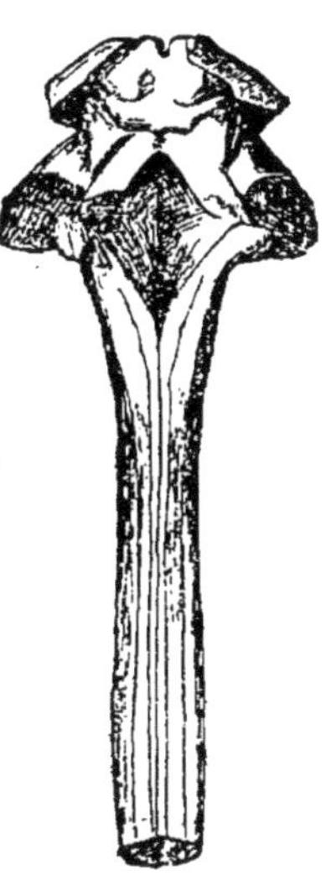

Fig. 179. — Le haut de la moelle épinière, la moelle allongée et le noyau de l'encéphale, vus par derrière.

La distension de la moelle en ce point produit le même effet que la piqûre : d'où le *coup du lapin,* également connu des chasseurs et des cuisinières. Il est même arrivé qu'en soulevant brusquement un petit enfant par la tête, on a produit cette dislocation instantanément mortelle : avis à vous mettre en garde contre cette imprudente facétie !

Tout près de ce point s'en trouve un autre, qui présente également un grand intérêt. Claude Bernard a montré que si on le pique avec une aiguille à travers les parois du crâne, on détermine dans le foie une production exagérée de sucre ; si bien que l'organisme ne peut le consommer, et qu'il s'en fait par les urines une élimination qui peut aller à une centaine de grammes par jour : d'où le *diabète sucré.*

La moelle allongée ne remplit pas le crâne, tant s'en faut. Au-dessus d'elle, et intimement reliées à elle, se voient trois masses nerveuses, qui sont, en procédant d'arrière en avant : le *cervelet* C, les *tubercules quadrijumeaux* TQ, le *cerveau* CH (fig. 180). Tout cet ensemble porte le nom d'*encéphale* (ἐν, dans ; κεφαλή, tête).

Le cervelet. — Le cervelet est un gros corps gris, qui semble formé de plis juxtaposés ; quand on en fait une section, on voit à son intérieur une substance blanche, disposée en ramifications qui donnent à la coupe un aspect fort élégant ; les anciens nommaient cette figure l'*arbre de vie*. Comme toujours, dans les centres nerveux, la partie grise est composée de cellules nerveuses, la blanche, de fibres conductrices.

On ne sait trop à quoi sert le cervelet. Si on l'enlève chez un animal, ou si on le blesse, il survient des troubles de la locomotion, troubles qui persistent ou disparaissent suivant la gravité de la lésion. On avait été amené, par suite, à lui attribuer un grand rôle dans les divers actes locomoteurs ; mais on a constaté, en faisant des autopsies, que certains individus dont la marche n'avait rien présenté d'insolite étaient privés de cervelet : il a donc fallu en rabattre de ces conclusions.

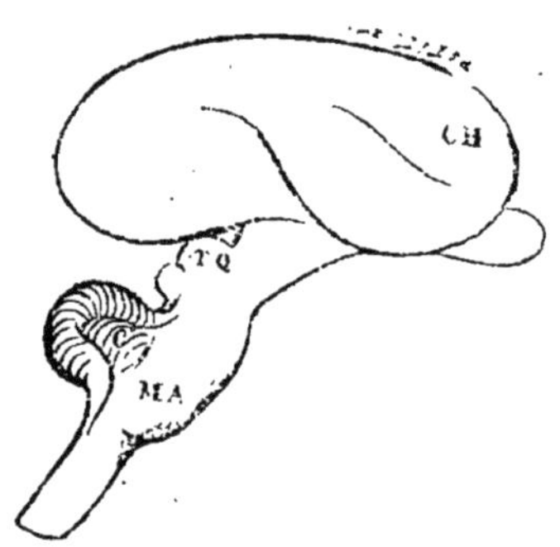

Fig. 180. — Encéphale (figure schématique) : MA, moelle allongée ; C, cervelet : TQ, tubercules quadrijumeaux ; CH, hémisphères cérébraux.

Vous voyez, pour le dire en passant, un exemple des services que rendent à la physiologie l'observation des malades pendant leur vie et aussi l'examen de leur corps après leur mort, l'*autopsie*, comme on dit assez maladroitement (αὐτὸς, soi-même ; ὄψις, vue), ou mieux la *nécropsie* (νεκρὸς, mort). C'est surtout dans l'étude du système nerveux encéphalique et médullaire que ces services ont pris la plus grande importance.

Le cervelet se relie de chaque côté à la moelle alllongée par deux *jambes*, disaient les anciens, ou, comme nous disons, par deux *pédoncules cérébelleux*. Tout près d'eux partent les deux jambes du cerveau ou *pédoncules cérébraux*. Toutes ces parties ont avec le cervelet ceci de commun que leur blessure amène de grands troubles locomoteurs. Suivant le lieu de la lésion et diverses circonstances encore mal connues, on voit l'animal se lancer en avant, reculer, se rouler, tourner sur lui-même comme une bûche qu'on roule, décrire des mouvements circulaires tout à fait semblables à ceux d'un cheval dans un manège, etc.

En avant du cervelet se voient quatre globes grisâtres, beaucoup plus petits : ce sont les *tubercules quadrijumeaux*. On ne sait guère sur leur rôle que ceci ; quand ils sont détruits, l'animal perd la vue, d'où le nom de *lobes optiques* sous lequel on les désigne souvent.

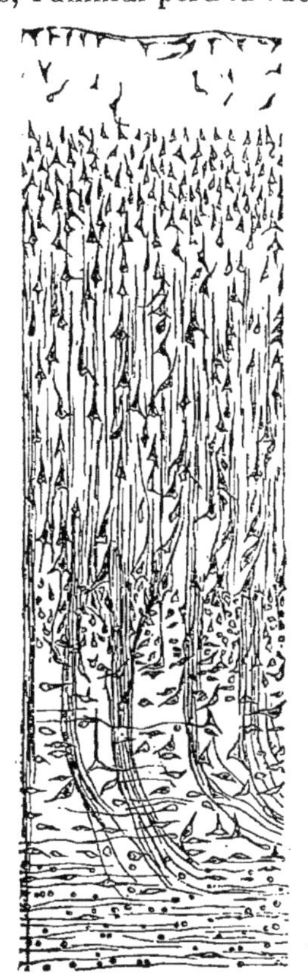

Fig. 181. — Coupe de l'écorce cérébrale (fort grossissement).

Le cerveau. — Enfin, en avant, coiffant et enveloppant les boutons terminaux de la moelle allongée, se voit le cerveau, gris et celluleux à la surface, blanc et fibreux dans la profondeur (fig. 181). Il se divise en deux parties, séparées l'une de l'autre par un sillon profond, et fort improprement dénommées *hémisphères cérébraux*, car chacune d'elles ne représente guère que le quart d'une sphère. Sur le côté se voit un autre sillon obliquement dirigé, et connu sous le nom de *scissure de Sylvius* : il sépare le *lobe frontal* du *lobe pariétal*. Dans leur partie profonde, les deux hémisphères sont reliés l'un à l'autre par une masse blanche, qu'on aperçoit au fond du sillon médian, et qu'on nomme *corps calleux*.

La surface du cerveau est couverte de plis ou *circonvolutions* (fig. 182). La substance grise pénètre dans ces plis. Les circonvolutions y sont si compliquées d'aspect que, jusqu'à ces dernières années, les anatomistes ne se préoccupaient ni de les décrire ni de les dessiner exactement ; les variations légères qu'elles présentent d'un individu à un autre les aidaient à se persuader qu'elles s'intriquaient au hasard. L'anatomie, la physiologie et la pathologie se sont accordées pour faire revenir les savants sur cette erreur, et l'on sait aujourd'hui que les circonvolutions sont disposées suivant un ordre constant pour chaque type de mammifères.

Les méninges. — L'encéphale et la moelle épinière sont maintenus en place dans le crâne et le canal vertébral, d'abord par les nerfs qui en sortent et les vaisseaux qui les pénètrent, en outre et surtout, par des membranes auxquelles les anatomistes ont donné le nom de *méninges*.

Ce sont : la *pie-mère*, qui doit son nom (*pia mater*) à ce qu'elle n'abandonne jamais la surface des organes et l'accompagne dans ses circonvolutions et anfractuosités si diverses ; l'*arachnoïde*, à la trame ténue (ἀράχνη, araignée), et enfin la *dure-mère*, membrane

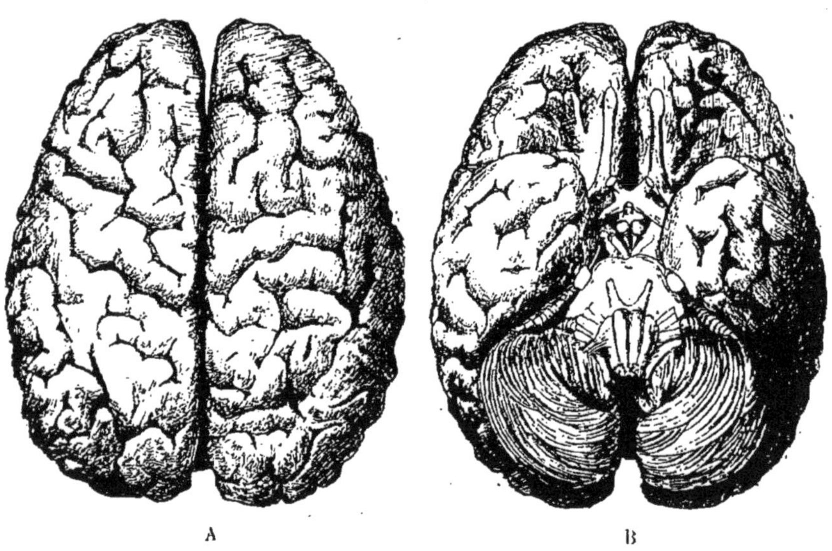

Fig. 182. — Encéphale de l'homme : A, vu en dessus ; B, vu en dessous.

épaisse, qui s'attache solidement, en divers points, aux parois osseuses du crâne et du canal vertébral.

Et maintenant, de cette description sommaire, passons à la physiologie du cerveau.

Excitabilité de la surface du cerveau. — L'excitation de la surface des hémisphères ne produit aucune douleur ; on s'en est assuré non seulement sur les animaux, mais sur des hommes blessés. Pendant longtemps on a cru également qu'elle ne produisait aucun mouvement, ou, pour parler plus exactement, qu'il n'y avait pas de rapport entre elle et les mouvements divers que le corps pouvait exécuter. Des recherches récentes ont montré que c'était là une erreur. L'excitation, à l'aide d'un courant électrique, des circonvolutions qui avoisinent la scissure de Sylvius détermine toujours et régulièrement des mouvements dans les membres, les mâchoires et d'autres parties du corps; chaque région du corps semble avoir son *centre excitateur*.

Action croisée des hémisphères. — Le mouvement obtenu est croisé, c'est-à-dire qu'en excitant les circonvolutions de droite, on fait contracter les muscles de gauche, et réciproquement. Ces faits acquis par les expériences sur les animaux concordent avec d'autres, que les médecins avaient antérieurement constatés sur des malades atteints d'*hémorrhagies cérébrales*.

Ablation du cerveau. — Une grenouille sans cerveau se tient congrûment accroupie sur ses quatre pattes; si on la pince, elle saute en criant; si on la jette à l'eau, elle nage; si à la surface du vase elle rencontre un corps flottant, elle grimpe dessus et s'y repose. Si on lui met sur le flanc une goutte d'acide qui la brûle, elle se gratte avec la patte postérieure du même côté; coupe-t-on cette patte, elle s'efforce avec celle du côté opposé de soulager le point douloureux.

Un pigeon qui a subi la même opération reste sur son perchoir, et s'y cramponne quand on le fait osciller; il tressaute aux bruits violents, suit des yeux une lumière qui tourne; jeté en l'air, il vole régulièrement; si on lui porte du grain dans l'arrière-bouche, il l'avale, le digère, s'en nourrit, si bien qu'on peut, avec des soins suffisants, le garder vivant des mois entiers.

Un chat nouveau-né ainsi mutilé crie en agitant les pattes quand on le pince, et tette avidement le doigt qu'on met dans sa bouche; mais les mammifères meurent toujours des suites de cette affreuse blessure.

En un mot, tous les actes qui concourent à la nutrition : respiration, circulation, digestion, absorption, sécrétion, élimination, s'exécutent régulièrement sans cerveau. Il en est de même pour tous les mouvements qui mettent l'animal en relation avec le monde extérieur, et auxquels le cerveau commande ordinairement.

Qu'y a-t-il donc de disparu? Ce qui fait l'animal même : l'intelligence, la volonté.

Cette grenouille et ce pigeon, que vous conservez en vie, resteront éternellement immobiles, si aucun excitant extérieur ne vient les troubler. Le pigeon, jeté en l'air, volera droit devant lui, sans souci des obstacles, et il ira jusqu'à ce qu'il se heurte, ou que ses ailes fatiguées refusent le service. La nourriture qu'il avale quand on la lui enfonce dans l'arrière-bouche, il est incapable de la chercher, de la saisir spontanément. Il n'y a plus là que la machine-pigeon, que la machine-grenouille ; l'animal, le mécanicien, n'y est plus.

Ces expériences et les milliers de faits de l'observation pathologique le prouvent : ce sont les hémisphères cérébraux qui sont les organes immédiats par lesquels l'intelligence agit sur le corps, lui commande, le dirige. Et, plus spécialement, dans le cerveau, c'est la substance grise, c'est l'amas des cellules cérébrales, auquel est dévolu ce rôle capital. Toute lésion de cette région importante retentira sur l'intelligence, et il en sera de même pour les lésions des parties qui mettent régulièrement en rapport les uns avec les autres, par une action harmonique et commune, les divers points des hémisphères. Réciproquement, toute altération de l'intelligence concorde avec ces diverses et si variées lésions cérébrales.

Localisations cérébrales. — On a essayé de faire un pas de plus et de chercher si le fonctionnement des différentes parties du cerveau ne serait pas en rapport avec ce que les psychologues ont appelé les facultés de l'âme: volonté, sensibilité, imagination, etc. Tout ce qui a été fait dans cette direction, je me hâte de vous le dire, a été absolument vain.

La plus célèbre de ces tentatives de *localisations cérébrales*, suivant l'expression consacrée, est celle du docteur Gall. Cet Allemand, auteur de beaux travaux anatomiques sur la structure du cerveau, crut avoir trouvé un rapport constant entre le développement de certaines régions du cerveau et celui de certaines facultés; et comme il pensait que la configuration extérieure du crâne représente exactement la surface cérébrale, il prétendit que les saillies et les creux qu'on y remarque donnent des indications précises sur les tendances intellectuelles ou morales de l'individu observé. De là ce qu'on appelle pompeusement la *méthode phrénologique* (φρὴν, esprit), et que le bon sens public baptisa du nom moins révérencieux de *système des bosses*. Vous avez tous vu, chez les marchands de curiosités, des têtes en plâtre dont le crâne est divisé en une trentaine de petits carreaux inégaux et irréguliers, et sur lesquels on lit : courage, destruction, mémoire des mots, affection, orgueil, etc. Armés de cette carte singulière, les phrénologues ont prétendu faire l'histoire intellectuelle et morale d'un homme en lui palpant la tête ; que dis-je? ils ont prétendu prédire celle d'un enfant et, par suite, réformer toute l'éducation !

Il ne vaudrait pas la peine d'insister sur « un tissu d'assertions arbitraires, qui ne reposent sur aucun fondement réel » (J. Müller), si la phrénologie n'avait eu de nombreux adeptes, et si elle n'avait, par l'audace et la légèreté de ses affirmations, compromis une thèse qui n'est pas absurde en soi, tant s'en faut, celle des localisations cérébrales.

Sur ce point, ce que nous savons se réduit à bien peu de choses, en dehors des relations que je vous ai, il y a quelques instants, signalées entre les mouvements des membres et certaines circonvolutions cérébrales. A vrai dire même, nous ne connaissons qu'un fait bien précis ; mais il faut avouer qu'il présente une importance capitale.

L'aphasie. — On rencontre des malades qui présentent cette anomalie singulière de ne pouvoir parler, non qu'ils soient atteints de quelque paralysie du larynx, de la langue ou des lèvres, mais parce qu'ils ont oublié tous les mots. D'ordinaire, ils en conservent trois ou quatre qu'ils répètent à satiété, avec lesquels ils répondent à toutes les questions, se dépitant et s'affligeant de leur triste impuissance. La parole n'est pas seule altérée : ils ne peuvent très souvent pas plus écrire que parler, et cependant ils comprennent parfaitement ce qu'on leur dit ou leur fait lire. Je me souviens d'avoir observé un de ces malheureux qui n'avait plus, en parlant, à sa disposition qu'un énorme juron, qu'il appliquait à toutes choses. Ayant voulu lui faire écrire son nom, il n'écrivit ni nom, ni, comme je m'y étais attendu, son juron favori. Il écrivait en caractères majuscules, et non sans difficultés, à cause d'une paralysie de la main droite, le mot FÉVRIER ; et il suivait sa plume d'un air satisfait. « Mais, lui dis-je, ce n'est pas là votre nom. » Aussitôt mon homme de s'arracher les cheveux et de recommencer, sans pouvoir sortir de son terrible FÉVRIER ; mais cette fois il n'alla pas jusqu'au bout sans s'apercevoir avec désespoir d'une erreur qu'il était impuissant à éviter ou à corriger.

On a réuni un grand nombre de faits de cet ordre, très variés dans leurs manifestations, mais répondant toujours à la formule : perte totale ou partielle de la mémoire des mots. Or, dans tous ces cas, lorsqu'on a pu faire l'autopsie, on a trouvé une lésion du cerveau siégeant dans le même point, au voisinage de la scissure de Sylvius, et, dans l'immense majorité des cas, du côté gauche seulement. Cette localisation est assez précise pour pouvoir être utilisée en chirurgie; un homme ayant à la suite d'une chute violente perdu la mémoire des mots, étant, comme on dit, devenu *aphasique* (α, non; φάσις, parole), on a appliqué sur la région temporale gauche un instrument nommé *trépan*, fait un trou dans le crâne, et retiré un fragment d'os qui comprimait le cerveau juste au point indiqué : le retour de la parole fut presque instantané.

Intelligence et volume du cerveau. — Voilà tout ce que nous savons sur les localisations cérébrales envisagées au point de vue intellectuel. Mais j'ai encore quelque chose à vous dire des rapports du cerveau avec l'intelligence.

On a cru pendant longtemps que la symétrie du cerveau, la ressemblance en volume et configuration de ses deux hémisphères, était une condition à peu près indispensable d'une intelligence bien organisée. On sait aujourd'hui que cette régularité n'est rien moins que nécessaire; par une coïncidence assez piquante, le célèbre physiologiste Bichat, qui avait soutenu cette thèse, s'est trouvé avoir un hémisphère beaucoup plus petit que l'autre.

L'encéphale de l'homme blanc pèse en moyenne 1,300 grammes; celui de la femme, une centaine de grammes en moins. Dans ce chiffre, le cerveau proprement dit représente environ 1,200 grammes. L'encéphale des autres mammifères est considérablement moins lourd, alors même que leur corps atteint un poids plus élevé que le nôtre, sauf pour l'éléphant et la baleine où il peut arriver à 1,800 grammes.

Ainsi, l'encéphale du cheval pèse environ 650 grammes, celui du bœuf 500. Celui du gorille, l'animal le plus voisin de nous, dont le poids dépasse le nôtre, est de 550 grammes.

Si l'on cherche le rapport du poids du corps à celui de l'encéphale, on trouve que, chez l'homme, il est environ 50 fois plus considérable, 100 fois chez le chien, 400 fois chez le cheval et jusqu'à 800 fois chez le bœuf. Mais ce mode de comparaison ne permet presque aucune conclusion, sinon que, l'homme excepté, le cerveau est d'autant plus gros par rapport au corps que l'animal est plus petit. Ainsi la souris a, par rapport à son corps, à peu près autant de cerveau que l'homme, et 11 fois plus que l'éléphant.

Si l'on compare maintenant le poids de l'encéphale à celui de la moelle épinière, on voit que chez l'homme le premier pèse environ 50 fois plus que la seconde; chez le chien, le rapport tombe à 5, chez le cheval à 2. Cette dernière manière de comparer le système nerveux central de l'homme à celui des animaux est le meilleur moyen de faire ressortir l'extraordinaire supériorité que possède chez nous l'organe de l'intelligence.

Dans l'espèce humaine, les variations de poids de l'encéphale sont assez considérables. Dans l'état d'intégrité de l'intelligence, elles varient environ du simple au double (1830 chez Cuvier, 907 chez une femme australienne et même 872 chez une femme boschimane). Le cerveau des nègres et même celui des Chinois pèse notablement moins, en moyenne, que celui des blancs.

Toutes les fois que chez un homme blanc un cerveau pèse moins de 1000 grammes, l'individu qui le portait a mérité d'être classé parmi les *idiots*.

Beaucoup d'hommes éminents, dans toutes les branches des connaissances humaines, ont eu un gros cerveau, et par suite une grosse tête. Ainsi, le cerveau de Cuvier pesait 1,830 grammes, celui de lord Byron 1,800 grammes, celui de Schiller 1,785 grammes, etc.

D'un autre côté, il semble bien prouvé que d'une manière générale, et en moyenne, les hommes instruits ont la tête plus grosse que les ignorants. Ainsi, à l'hôpital du Val-de-Grâce, on a constaté que la moyenne de la grosseur de la tête des docteurs en médecine était très supérieure, surtout dans la région frontale, à celle des soldats complètement illettrés. Voici les chiffres :

DIAMÈTRES.	DOCTEURS	SOLDATS.
Longitudinal	85,29	71,13
Transversal (front)	49,91	42,34
Transversal (occiput)	52,58	50,27

Mais il serait difficile de dire si ces hommes avaient plus d'intelligence parce que leur cerveau était plus gros, ou si leur cerveau avait grossi parce qu'ils l'avaient exercé, comme il advient des muscles et de tous les organes que l'on fait travailler.

Tout en admettant, dans ces termes extrêmement généraux, un rapport entre le développement de l'intelligence et celui du cerveau, nous devons bien nous garder de croire que ce rapport soit régulier, et qu'il y ait des intelligences de 1,200, de 1,300, de 1,500 grammes. On tomberait dans une étrange erreur en pensant que la balance ou le ruban métrique puisse jamais servir à mesurer l'intelligence. Il y a, dans le cerveau, bien d'autres faits à considérer que le poids total. D'abord, il faudrait, pour comparer des choses comparables, peser exclusivement la matière grise, la matière cellulaire, seule vraiment active. Eût-on même fait cela, qu'on n'en serait pas beaucoup plus avancé, car il faudrait pouvoir tenir compte du nombre des cellules cérébrales, de la complexité de leurs relations anatomiques, et surtout, ce qui sera peut-être éternellement inconnu, de leurs qualités propres.

Voilà tout ce que j'avais à vous dire de scientifiquement établi sur les rapports du cerveau avec l'intelligence. Je reviens maintenant aux mouvements.

Transformation du mouvement volontaire en involontaire. — Si je me suis fait bien comprendre, vous devez voir qu'un mouvement peut être déterminé par deux causes différentes. Il peut être ordonné par la volonté, par un acte cérébral, et dans ce cas, l'excitation motrice part des hémisphères (d'un seul ou des deux à la fois, nous n'en savons rien; nous savons seulement qu'un seul peut suffire), traverse en croisant la moelle allongée, puis descend dans la moelle épinière jusqu'aux cellules d'où naît le nerf moteur qui fera contracter le muscle commandé. Le mouvement est dit alors *volontaire*.

Il peut encore procéder d'une excitation périphérique, qui remonte à la moelle par un nerf de sensibilité, passe de la cellule sensible réceptrice à la cellule motrice, de là au nerf et au muscle. Il est dit *réflexe*.

Or, il est très intéressant de voir que des mouvements appris, et par conséquent primitivement volontaires, peuvent devenir absolument réflexes, et même finir par échapper entièrement à l'action de la volonté qui ne peut plus ni les produire, ni les empêcher.

Tels sont, par exemple, les mouvements de la locomotion. L'enfant a lentement et non sans peine appris à les exécuter tous, l'un après l'autre, en se rendant maître petit à petit du jeu de ses muscles, de leur contraction successive ou simultanée, du degré de cette contraction; tout nouveau mouvement nécessite pour lui une éducation nouvelle, et la dernière qu'il fait consiste à lutter musculairement contre les accidents qui troublent son équilibre et menacent de le faire tomber. Mais au bout d'un certain temps, tous ces mouvements s'exécutent d'eux-mêmes, tout à fait en dehors de sa volonté, de son cerveau; il marche comme volait le pigeon sans cerveau, du moins tant qu'aucune difficulté spéciale ne vient attirer son attention. S'il heurte un obstacle, s'il glisse, aussitôt, et avant même qu'il s'en soit rendu compte, tous ses muscles se contractent, tous ceux du moins dont l'action doit arriver à ramener au-dessus de la base de sustentation le centre de gravité qui s'en est momentanément écarté. Son mécanisme va tout seul, et son intelligence peut s'endormir ou vaquer à d'autres soins.

Ce sont là les phénomènes qu'on désigne sous le nom général d'*habitudes*. L'habitude consiste dans la transformation en actes réflexes d'actes primitivement volontaires. C'est d'abord une économie de temps dont nous apprendrons bientôt à mesurer la valeur. C'est surtout une économie, en ce sens que le grand chef, l'intelligence, n'a plus à s'occuper des besognes inférieures. Il arrive même qu'elles se font mieux sans lui, et que son intervention gâte tout.

Si le danseur de corde voulait, en s'élançant, décomposer ses mouvements, comme il a dû le faire à ses débuts, il y aurait grand'chance pour qu'il ne pût aller loin. Le pianiste qui joue un morceau par cœur exécutera d'autant mieux les passages brillants et difficiles par la rapidité des mouvements, qu'il se laissera plus aller, c'est-à-dire que son intelligence surveillera moins ses doigts. Ce qu'il y a de plus difficile dans un métier, ce n'est pas de se rendre maître des mouvements compliqués qu'il exige, ce n'est pas de les répéter sûrement et à volonté, c'est de les faire en les analysant, et, comme dit le maître d'armes de Molière, par raison démonstrative : tous les professeurs de gymnastique seront unanimes sur ce point.

Supprimer le recours à l'intelligence, qui devient superflu et même dangereux, est donc, en réalité, le but de l'éducation corporelle dans tous les exercices, dans toutes les professions.

Association de mouvements. — Ces mouvements réflexes peuvent présenter une complexité singulière par ce qu'on appelle l'*association*. Un pianiste s'assied au tabouret; immédiatement et sans qu'il en ait conscience, tout son corps se dispose harmoniquement pour l'usage de l'instrument qu'il n'a pas encore touché; de la tête aux pieds, littéralement, il est prêt, et cependant il ne s'est pas préoccupé d'être prêt.

Ces mouvements associés ont leur origine dans une éducation souvent très longue et très pénible. On pourrait en multiplier les exemples.

Mouvements associés à des idées. — Les mouvements associés à des idées, qu'ils aient été toujours involontaires ou volontaires, à l'origine au moins, ne sont pas plus rares. Ce sont eux, par exemple, qui constituent presque tous les mouvements de la *physionomie* (φύσις, nature; γνώμων, qui connaît), en comprenant dans le sens de ce mot et les gestes de la face et ceux du corps. Ils ont laissé leur trace dans la formation du langage. C'est ainsi, par exemple, que l'idée d'un acte, d'un fait répugnant, ou même d'une pensée répugnante, suffit pour susciter le même ensemble de mouvements qui accompagne la nausée, suite d'une sensation répugnante elle-même : la lèvre supérieure se relève, les sourcils se froncent, les narines s'écartent; le menton se rapproche du cou, la main s'avance pour repousser,... pour repousser l'idée! C'est que cette idée *écœure*, donne du *dégoût*.

Idées et sensations associées à des mouvements. — La réciproque de ces faits, l'association de sensations et d'idées à des mouvements, est plus difficile à montrer clairement, et peut-être plus intéressante encore. Cette influence existe incontestablement chez l'homme sain et dans l'état de veille; mais pour la voir se manifester de manière saisissante, il faut aller prendre ses exemples chez les malades ou chez les *somnambules*.

Je vais vous citer à ce propos l'histoire d'un malade récemment observé, et qui présentait de curieux faits d'association.

Il s'agit d'un soldat, à qui un coup de feu, reçu à Sedan, enleva une partie du pariétal gauche avec un fragment du cerveau.

Après la guérison, survinrent des troubles intellectuels. Au milieu de l'état de santé le plus parfait en apparenre, tout à coup, sans convulsions, sans cris, le pauvre soldat perd à la fois la conscience et la notion du monde extérieur.

Dans ces conditions, si on l'assied et si on place dans sa main des ustensiles de table, il se met à manger. Si c'est une plume, il commence à écrire. Il voit son papier, car si l'on interpose entre son œil et sa plume une feuille de carton, il s'arrête; car si on lui donne de l'eau au lieu d'encre, il s'étonne et s'arrête; mais si on lui enlève sa feuille, il continue à écrire sur la feuille sous-jacente, puis sur une troisième, une quatrième, et ainsi de suite, jusqu'à la signature; et ceci fait, il relit avec satisfaction la dernière page presque blanche, en y corrigeant juste en place les fautes qui réellement existent sur les feuilles enlevées.

Il a été chanteur avant d'être soldat. On fait soudain arriver sur ses yeux un rayon de soleil : il le prend pour les lumières de la *rampe*, se redresse, se rajuste, et se met à chanter avec justesse, avec sentiment. Puis il prend, le sourire aux lèvres, un verre d'eau vinaigrée qu'on lui tend, et le boit en remerciant.

Mécanismes cérébro-spinaux. — Vous voyez, pour résumer ces questions difficiles, qu'il y a, dans les systèmes nerveux centraux, des mécanismes tout montés dont la complication va en augmentant avec l'âge : mécanisme des mouvements dans la moelle épinière, mécanisme des sensations et des idées dans les hémisphères cérébraux. Ces mécanismes peuvent être mis en jeu par des excitations sensorielles extérieures; ils peuvent l'être l'un par l'autre. Et ainsi s'engendrent et s'associent en actes intellectuels ou corporels souvent extraordinairement complexes, les mouvements, les sensations, les idées. Ils fonctionnent alors seuls, en dehors de la volonté qui a, le plus souvent, commencé par les organiser, et qui reste alors libre pour des actes d'un ordre supérieur. La volonté peut également les mettre en action; enfin ils peuvent, si elle se désintéresse d'eux trop longtemps, s'en rendre indépendants, et, au moment voulu, refuser de lui obéir, soit pour s'ébranler, soit pour s'arrêter. Il faut bien le savoir : toute idée conçue, toute sensation éveillée, tout mouvement produit, laisse trace de son passage dans les centres nerveux, et la volonté pourra quelque jour en souffrir dans sa libre action. Il y a là une vérité physiologique que doivent toujours avoir présente à l'esprit ceux à qui est confiée l'éducation des enfants.

LES NERFS CÉRÉBRO-SPINAUX — LE SYSTÈME DU GRAND SYMPATHIQUE — HISTOIRE GÉNÉRALE DES NERFS.

Les nerfs sont formés par l'agglomération des filaments nerveux élémentaires dont je vous ai donné la description dans une de nos dernières leçons. On peut les comparer à des écheveaux dont les éléments nerveux formeraient les fils constituants; une membrane d'enveloppe commune les relie et les protège. A l'œil, ils apparaissent comme des cordons blanchâtres, de dimensions variables, venant de la moelle épinière ou de l'encéphale, puis se divisant en filaments de plus en plus fins, qui finissent par se distribuer en fibres élémentaires, les uns aux muscles, les autres aux organes de sensibilité.

Certaines fibres nerveuses, comme je vous l'ai dit, ramènent aux centres nerveux les excitations venues du dehors; elles sont ainsi *centripètes*, ou, suivant une expression plus fréquente, *sensibles;* d'autres sont *centrifuges* ou *motrices*. Il peut arriver que les écheveaux nerveux, les *nerfs* proprement dits, contiennent seulement des fibres centripètes, ou des fibres centrifuges, ou enfin les deux à la fois : on les appelle, suivant ces différents cas, *nerfs de sensibilité*, *nerfs de mouvement*, *nerfs mixtes*.

NERFS CÉRÉBRO-SPINAUX

Tous les nerfs qui viennent de la moelle épinière sont des nerfs mixtes ; ils sont formés, comme je vous l'ai dit, de deux racines, l'une postérieure, sensible, l'autre antérieure, motrice. Il naît ainsi un tronc nerveux, de chaque côté du corps, au niveau de chaque vertèbre (fig. 177, p. 198).

Ces nerfs sortent alors par des trous spéciaux, dans l'intervalle des vertèbres, et vont se distribuer dans les organes (fig. 184).

Nerfs médullaires. — A la région du thorax, le nerf suit l'intervalle intercostal, protégé par une gouttière de la côte supérieure. Il envoie des filaments moteurs qui vont animer les muscles intercostaux. Il envoie également des fibres sensibles qui se rendent à la peau.

Au-dessus et au-dessus du thorax, les choses se compliquent singulièrement, à cause de la présence des membres.

Les nerfs qui se rendent dans le membre antérieur sont au nombre de cinq, qui correspondent aux quatre dernières vertèbres cervicales et à la première vertèbre dorsale. Ils se réunissent, s'entrecroisent, s'intriquent d'une manière singulièrement compliquée (c'est

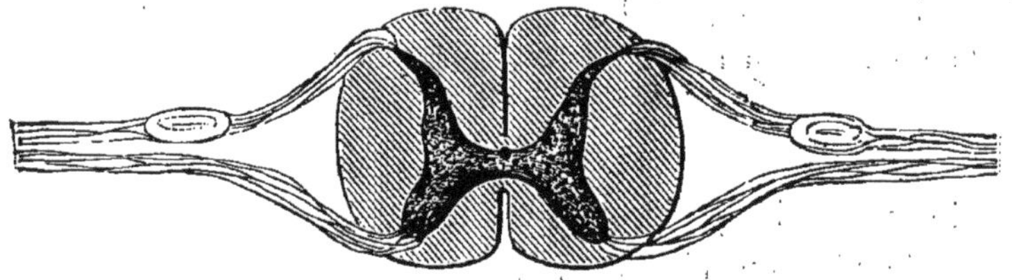

Fig. 183. — Coupe transversale de la moelle épinière montrant la substance grise, la substance blanche, deux racines nerveuses, avec le ganglion de la racine postérieure, sensitive.

ce que les anatomistes appellent un *plexus*, du latin *plectere*, entrelacer) ; de ce lacis sortent alors plusieurs nerfs, qui se rendent aux diverses parties du bras. On leur a donné des noms qui expriment leur mode de cheminement ou de distribution : nerf *radial*, qui suit le radius ; nerf *cubital*, le cubitus ; nerf *médian*, qui se place entre eux et qu'on rencontre à la saignée du bras. Le nerf cubital présente une particularité intéressante : il passe en arrière dans une gouttière du coude. Là, il est presque superficiel et appuie sur un plan osseux ; il en résulte qu'il peut être facilement froissé, et c'est en effet ce qui arrive souvent : on ressent alors une assez vive douleur, non seulement au coude, mais dans le petit doigt ; nous aurons à revenir sur ce fait curieux.

Les nerfs du membre postérieur sont également au nombre de cinq, provenant des cinq vertèbres lombaires. Ils se réunissent comme ceux d'en haut, pour former le *plexus lombaire*, duquel sor-

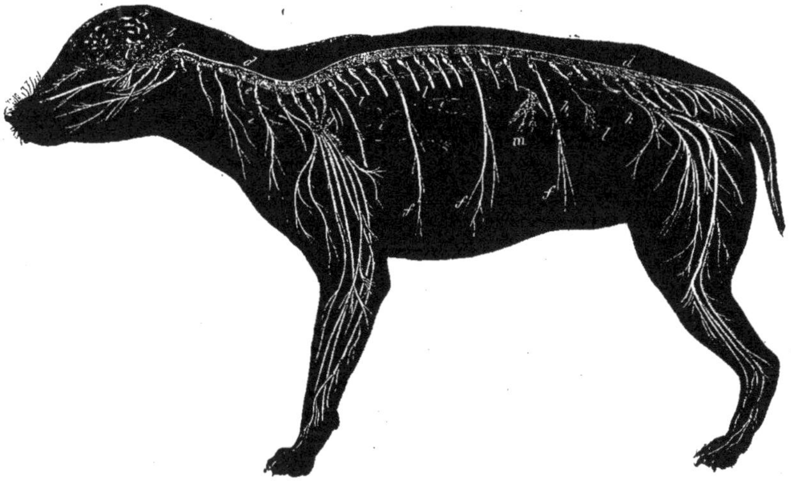

Fig. 184. — Système nerveux du chien : *a*, cerveau ; *b*, cervelet ; *c*, moelle allongée ; *d*, *d*, moelle épinière ; *e*, *e*, ganglions spinaux situés sur les racines postérieures des nerfs rachidiens ; *f*, *f*, *f*, nerfs intercostaux ; les autres ont été coupés près de leur sortie de la colonne vertébrale ; *g*, plexus formé par les nerfs des membres antérieurs ; *h*, plexus formé par les nerfs des membres postérieurs ; *i*, *i*, *i*, nerfs pneumogastriques, se rendant au cœur, aux poumons, à l'estomac, etc. ; *k*, *k*, *k*, système nerveux ganglionnaire ou grand sympathique ; *l*, plexus des nerfs des intestins ; *m*, ganglion semi-lunaire et plexus solaire, dont partent plusieurs des branches du système ganglionnaire qui se rendent à l'estomac, au foie, etc.

tent deux nerfs principaux, le nerf *crural* et le nerf *sciatique*.

Le nerf crural descend à la partie interne de la cuisse ; il accompagne l'artère et la veine du même nom. Le nerf sciatique, qui est le plus considérable du corps, passe à la partie postérieure de la cuisse, et va animer la plus grande partie des muscles du membre inférieur.

Nerfs crâniens. — Je crois inutile de vous en dire davantage sur les nerfs issus de la moelle épinière. Ceux qui viennent de l'encéphale nous arrêteront davantage : on en compte douze, de chaque côté, bien entendu, d'où l'appellation bien connue des *douze paires de nerfs crâniens*.

Ces nerfs ne sont pas tous mixtes, comme les nerfs médullaires :

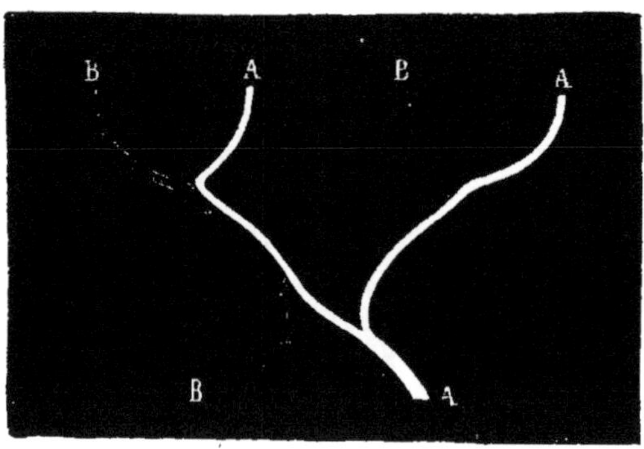

Fig. 185. — *Chiasma* des nerfs optiques : A, nerf optique droit ; B, nerf gauche.

tant s'en faut. Il en est d'exclusivement moteurs, il en est d'exclusivement sensitifs, et, parmi eux, il en est qui sont en rapport avec des sensations spéciales : olfactives, visuelles, auditives, gustatives, Commençons par ceux-ci.

Nerfs crâniens de sensibilité. — Le nerf *olfactif* naît à la partie antérieure et inférieure de l'encéphale, et donne naissance à de nombreux filets qui s'étalent sur la voûte des fosses nasales.

Le nerf *optique* paraît naître des tubercules quadrijumeaux, dits souvent, par suite, *lobes optiques* (fig. 180, p. 200). Sa distribution présente une particularité très singulière et très importante : Le nerf optique droit ne se rend pas exclusivement à l'œil droit, et réciproquement. Peu après leur sortie du centre nerveux d'origine, encore dans le crâne, les deux nerfs s'entre-croisent, en formant ce qu'on appelle le *chiasma* (χίασμα, entre-croisement) des nerfs optiques. Là se fait un échange de fibres, une partie de celles du nerf de droite passant à gauche et réciproquement (fig. 185).

Le nerf *auditif*, sorti de la moelle allongée, pénètre dans un canal creusé dans l'os temporal; arrivé au voisinage de l'appareil auditif, il se divise en deux branches : l'une dite *cochléenne* (κόχλος, limaçon), va au limaçon; l'autre, dite *vestibulaire*, se rend au vestibule et aux canaux demi-circulaires.

Les nerfs *gustatifs* ne sont pas aussi nettement localisés.

Le *nerf trijumeau*, ainsi nommé parce qu'il se divise en trois branches, préside à la sensibilité de la peau de la face. C'est lui qui est malade dans les *névralgies faciales*, trop connues.

Nerfs moteurs. — Trois paires de nerfs crâniens sont exclusivement motrices et se rendent aux muscles moteurs de l'œil. Le *nerf moteur oculaire commun* fait contracter tous les muscles de l'œil (sauf le grand oblique et le droit externe), et aussi le muscle qui relève la paupière supérieure. De là vient que, lorsqu'il est paralysé, comme cela arrive souvent sans lésion du cerveau par la simple action du froid, non seulement l'œil ne peut plus se mouvoir, mais la paupière supérieure retombe et le ferme. De plus, ce nerf agit pour rétrécir le champ de la pupille en faisant contracter les fibres circulaires de l'iris. Aussi la pupille est-elle dilatée chez les malades qui en sont paralysés.

Le *nerf pathétique* doit son nom à ce qu'il anime le muscle grand oblique de l'œil, celui qui amène la pupille en bas et en dehors.

Le *moteur oculaire externe* va au muscle droit externe de l'œil.

Le nerf *facial* préside aux mouvements de presque tous les muscles de la face. Aussi sa paralysie, qui n'est pas rare, et qui a souvent lieu sous l'action du froid, a pour conséquence une déviation singulière de la face. Un acteur comique anglais, célèbre par ses grimaces étranges, devait une part de son succès à une paralysie faciale qui établissait une inégalité bizarre entre les deux parties de sa figure.

Nerf pneumogastrique. — Un des nerfs crâniens ne se distribue pas à la face ou aux organes de la tête; sorti du crâne, il descend le long du cou, et s'en va très loin dans la poitrine et même dans l'abdomen. On l'appelle le nerf *pneumogastrique*.

Si on voulait désigner par une énumération complète les organes auxquels se distribue ce gros tronc nerveux, il faudrait dire nerf *laryngo-œsophago-pneumo-cardio-hépato-gastro-intestinal*, car il va au larynx, à l'œsophage, au poumon, au cœur, au foie, à l'estomac, à l'intestin, et, pour chacun de ces organes, il contient des fibres nerveuses centripètes et des fibres nerveuses centrifuges. C'est lui, par exemple, qui fait contracter les petites bronches et facilite ainsi l'expulsion de certaines mucosités ; c'est lui qui préside aux contractions de l'œsophage, de l'estomac et de l'intestin.

La section d'un des deux nerfs pneumo-gastriques n'est pas suivie d'accidents graves. Mais la section des deux nerfs amène toujours la mort dans un temps qui, chez les animaux, varie de deux ou trois jours à un mois.

Nerfs d'arrêt. — L'histoire du nerf pneumogastrique est, à certains points de vue, plus curieuse que celle des autres nerfs; ou du moins elle va nous apprendre des faits nouveaux et tout à fait inattendus. Jusqu'ici, en effet, nous avons vu l'excitation des nerfs moteurs amener des mouvements directs par contraction des muscles auxquels ils se rendent, et celle des nerfs sensitifs en amener d'autres, plus généraux, d'ordre réflexe ou volontaire, par suite de l'action de ricochet qui s'exerce dans les centres nerveux. Ici, nous allons trouver des fibres sensitives dont l'excitation *arrête* des mouvements déjà en action, et des fibres centrifuges qui se rendent à des muscles, et qui cependant, au lieu de les faire contracter, les *arrêtent* tandis qu'ils se contractent déjà. Ce sont les nerfs d'*arrêt* ou *suspenseurs*, une des pierres d'achoppement de la physiologie : ils ont été découverts par Claude Bernard. Voyons cela d'un peu près.

Lorsqu'on met à découvert le nerf pneumo-gastrique à la région moyenne du cou, où il descend à côté de l'artère carotide et de la veine jugulaire interne, et qu'on l'excite, on constate qu'aussitôt le cœur cesse de battre pendant un temps plus ou moins long, comme un quart de minute, une demi-minute; puis les battements recommencent, alors même que l'excitation continue. En examinant le phénomène avec attention, on voit que le cœur s'est arrêté relâché, en état de paralysie ou mieux de *diastole*.

Si, d'autre part, on coupe le nerf en travers, les battements du cœur s'exagèrent beaucoup en rapidité.

Voici donc un nerf qui se rend à un muscle, car le cœur est, suivant l'expression des anciens anatomistes, un muscle creux, et dont cependant l'excitation, bien loin de faire contracter ce muscle comme nous l'avons toujours vu jusqu'ici, le fait se relâcher lorsqu'il est déjà en action.

Pareille excitation peut venir du centre nerveux encéphalique lui-même, qui commande alors un arrêt du cœur. C'est ce qui arrive dans l'accident connu sous le nom de *syncope*.

Arrêt du cœur et de la respiration par voie réflexe. — Cette excitation des origines du pneumo-gastrique peut avoir lieu par voie réflexe. Une très vive douleur, par exemple, amène souvent la syncope. Ainsi, aux actes réflexes qui ont pour conséquence un mouvement, vous voyez qu'il faut en joindre d'une autre espèce, ayant pour conséquence une cessation du mouvement.

Ce même nerf pneumo-gastrique nous en montre un nouvel exemple. Lorsque, en effet, on l'a coupé dans la région du cou, et qu'on en excite le bout resté en rapport avec l'encéphale, le bout *central*, comme disent les physiologistes, on voit s'arrêter aussitôt non plus le cœur, mais la respiration. Dans certaines circonstances même, elle ne revient pas, et l'animal meurt.

On peut obtenir ces résultats curieux non seulement en excitant ainsi les fibres centripètes du nerf pneumo-gastrique qui président à la sensibilité des bronches et des poumons, mais encore en excitant le nerf dit *laryngé supérieur*, d'où dépend la sensibilité du larynx, ou enfin le nerf *nasal*, qui anime les narines. Ces nerfs, ces *sentinelles* de la respiration, comme on peut les appeler, qui veillent aux trois portes successives de l'appareil respiratoire, ralentissent ou même suspendent cette fonction si importante, lorsqu'ils sont violemment excités.

Ainsi, la chute d'une goutte d'eau dans le larynx a d'ordinaire pour conséquence un ensemble de mouvements réflexes qui constituent la *toux;* de même, le chatouillement des narines produit l'*éternuement*, deux actes expulsifs énergiques. Mais si ces diverses excitations sont suffisamment énergiques, la respiration est suspendue ou même arrêtée. Toutes les personnes dans le larynx desquelles est tombée une substance très irritante, comme quelques gouttes d'une liqueur alcoolique, ont éprouvé des symptômes d'angoisse et de suffocation avant de tousser. C'est le même accident, poussé plus loin encore, qui a amené si souvent la mort chez des enfants ayant introduit dans leur larynx un haricot, lequel certes est incapable de l'oblitérer complètement, et, par suite, de tuer par asphyxie. C'est là aussi, très probablement, la cause de la mort soudaine des boxeurs frappés d'un violent coup de poing sur le nez.

Dans tous ces cas, l'action centripète des *nerfs sentinelles* a pour conséquence la suspension de la respiration, sans doute par suite d'une excitation trop forte de la région du *nœud vital*, du centre respiratoire, d'où ils naissent. Voilà donc un second cas d'acte réflexe suspenseur du mouvement.

Tels sont, envisagés à grands traits, les principaux nerfs qui proviennent des centres nerveux encéphaliques et de la moelle épinière, ou, comme on dit souvent, les nerfs *encéphalo-rachidiens*. Vous voyez qu'ils commandent le mouvement à tous les muscles qui, dans l'organisme, obéissent aux ordres de la volonté, depuis les muscles de la face jusqu'à ceux des orteils. Ce sont eux qui servent de conducteurs aux impressions sensitives dont nous avons une conscience claire, depuis les simples attouchements de la peau jusqu'aux délicates impressions visuelles.

SYSTÈME DU GRAND SYMPATHIQUE

Mais, sauf quelques exceptions dont les plus importantes sont présentées par le nerf phrénique qui anime le diaphragme et le nerf pneumogastrique, le système nerveux céphalo-rachidien n'a rien à voir avec les organes cachés dans les grandes cavités du thorax et de l'abdomen. Les sécrétions digestives, l'excrétion urinaire, les mouvements de l'intestin, se passent en dehors de lui. Ce n'est pas lui qui fait battre le cœur; ce n'est pas lui qui commande à tant d'actions inconscientes : sécrétion de la sueur, contraction ou dilatation des vaisseaux sanguins, etc.

Ce rôle si important, plus important peut-être que celui du système céphalo-rachidien, puisqu'il tient sous sa dépendance les organes fondamentaux, est dévolu à un ensemble de nerfs auxquels d'anciennes idées théoriques ont fait donner le nom de système du *grand sympathique*.

Je dois maintenant vous en parler.

Ganglions et nerfs sympathiques. — Lorsqu'on ouvre le thorax d'un mammifère, si on enlève le cœur, les poumons, les gros vaisseaux (fig. 184), on aperçoit de chaque côté de la colonne vertébrale, dans la gouttière que forme la concavité des côtes, une série de petits corps blanchâtres réunis par un cordon comme les grains d'un chapelet, et desquels partent des nerfs dans plusieurs directions.

C'est la partie thoracique du système grand sympathique. Les petits corps sont des centres nerveux, au même titre que la moelle épinière, c'est-à-dire des agglomérations de cellules nerveuses; on les nomme *ganglions*. Quant aux nerfs, ils vont se rendre, après des trajets souvent extraordinairement compliqués, sur les organes voisins.

Les ganglions du sympathique n'ont pas dans les autres régions du corps cette disposition régulière. Ils sont disséminés comme au hasard, et l'on en trouve partout, dans tous les organes ou à leur voisinage; il en existe sur les intestins, dans les parois du cœur, près des glandes salivaires, etc.

Les nerfs qui mettent en rapport ces diverses et innombrables parties du système sympathique ne sont pas non plus partout, comme au thorax, nettement isolés. Tant s'en faut. Le plus souvent, ils se joignent aux nerfs du système céphalo-rachidien, les accompagnent plus ou moins loin, et ne se séparent d'eux qu'en arrivant tout près des organes auxquels ils sont destinés. En ajoutant que les ganglions du sympathique reçoivent des nerfs que leur envoie directement la moelle épinière (fig. 177, *f*, p. 198), je vous aurai donné une idée de la complexité singulière et vraiment effrayante, pour ceux qui ont besoin de la connaître à fond, de ce système nerveux.

Les nerfs qui sortent des ganglions sympathiques sont les uns centrifuges, commandant des mouvements ou des arrêts de mouvements, les autres centripètes : je n'ose dire de sensibilité, car nous n'avons nulle conscience des impressions qu'ils rapportent à l'état sain, bien qu'ils deviennent très sensibles lorsqu'ils sont enflammés.

Les ganglions sympathiques peuvent être et sont en effet le lieu d'actions réflexes, au même titre que la moelle épinière.

Les nerfs sympathiques peuvent donc produire des sécrétions et des mouvements. Il en est qui peuvent également arrêter des mouvements déjà produits.

Nerfs vaso-moteurs. — Enfin, ils jouent encore un autre rôle, bien plus important et bien plus curieux. Il existe un cordon sympathique qui accompagne au cou le nerf pneumogastrique. Si on le coupe sur un lapin blanc, et qu'on examine ses oreilles après l'opération, on voit que celle du côté du sympathique coupé est devenue toute rouge, les vaisseaux sanguins ayant augmenté de diamètre

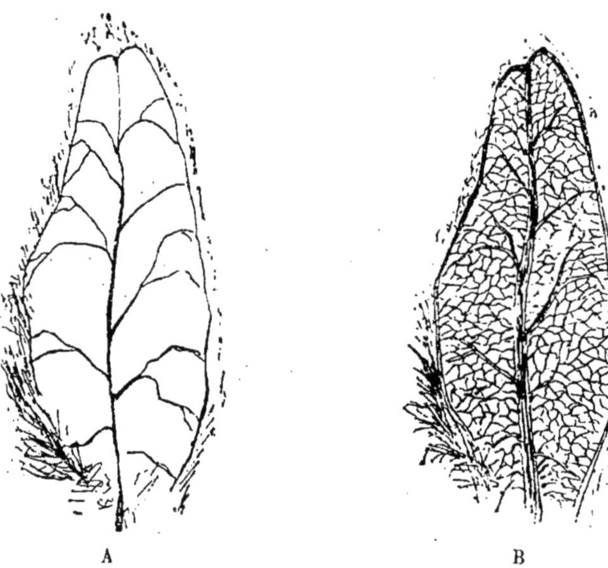

Fig. 186. — Vaisseaux de l'oreille d'un lapin : A, à l'état normal ; B, après la section du nerf sympathique.

(fig. 186, B). Si maintenant on irrite le nerf, ces vaisseaux se rétrécissent jusqu'à devenir presque invisibles, et l'oreille est toute pâle : la rougeur reparaît aussitôt que cesse l'excitation.

Le nerf sympathique contient donc des fibres qui agissent sur les petits vaisseaux et à qui cette action a mérité le nom caractéristique de *vaso-motrices* que leur a donné Claude Bernard qui les a découvertes.

L'action des nerfs *vaso-moteurs* peut être suscitée par voie directe, comme nous venons de le voir, ou par voie réflexe. Ainsi, une douleur un peu vive fait pâlir ou rougir la peau de la face et du cou.

On comprend qu'une dilatation vasculaire continue ou qu'une constriction vasculaire continue dans une région du corps puisse avoir sur la nutrition de cette région des conséquences plus ou moins graves. Ainsi, pour prendre un exemple simple, si au lapin auquel on a coupé le sympathique cervical droit, par exemple, on ampute bien symétriquement l'extrémité des deux oreilles, on verra la cicatrisation de l'oreille droite terminée avant celle de l'oreille gauche. Le nerf sympathique, par son action sur la circulation, influence donc à la fois la calorification et la nutrition.

C'est, vous le voyez, le grand moteur, le grand régulateur des fonctions organiques, de ce qu'on appelle souvent la *vie végétative*, par opposition avec la *vie animale*, à laquelle commande le système nerveux céphalo-rachidien.

HISTOIRE GÉNÉRALE DES NERFS

Je viens de vous montrer en entier l'ensemble du système nerveux, dans ses deux départements, intimement liés l'un à l'autre, du système cérébro-spinal et du système sympathique. Je ne reviendrai plus sur cette sorte de toile d'araignée toujours vibrante, dont les fils pénètrent et animent l'organisme entier. Mais je veux insister sur quelques points intéressants de l'histoire de ces fils eux-mêmes, des éléments nerveux.

Rapidité de transmission des excitations nerveuses. — Je vous ai indiqué la structure des nerfs et des filaments élémentaires qui les constituent. Je vous ai dit que tout tend à démontrer qu'il n'y a aucune différence entre le nerf sensible et le nerf moteur, et que le nerf est indifférent à la nature et au sens des excitations qu'il transmet. Mais il est une question que nous pouvons nous poser : Avec quelle rapidité se transmettent le long d'un nerf les excitations portées sur un point de ce nerf?

On a cru pendant longtemps que cette rapidité était comparable à celle de la lumière ou de l'électricité, et par conséquent si grande qu'on ne pourrait la mesurer, eu égard à la faible longueur des cordons nerveux. Mais on sait aujourd'hui qu'il n'en est rien, et que la propagation des excitations nerveuses se fait avec une étonnante lenteur.

Je vous fais grâce des détails assez compliqués qui ont permis de constater que, chez la grenouille, la vitesse de propagation de l'excitation dans le nerf est de 30 à 40 mètres par seconde, et chez l'homme environ du double.

On a même pu mesurer par des procédés analogues le temps nécessaire à l'accomplissement d'un acte réflexe.

Vitesse de la pensée. — Mais ce n'est pas là le plus curieux ; on a pu arriver à mesurer le temps qu'il faut pour avoir conscience exacte d'une sensation, pour distinguer, par exemple, le blanc du noir, pour faire un raisonnement simple et reconnaître, par exemple, le côté droit d'avec le côté gauche, etc. C'est ce qu'on a appelé un peu ambitieusement la mesure de la *vitesse de la pensée*. Ce temps se mesure en centièmes de seconde.

Telles sont ces mesures curieuses, qui font pénétrer les mathématiques jusque dans l'appréciation des actes intellectuels. Permettez-moi maintenant, pour fixer vos idées, d'appliquer ces données à un exemple familier.

Application. — Je veux vous montrer pourquoi un enfant qui pince la queue d'un chat qui dort sera presque toujours griffé, tandis que le plus souvent le chat le manquera, s'il est déjà réveillé.

Supposons d'abord le chat (auquel nous donnons 50 centimètres de long, dont 20 pour la moelle épinière), réveillé, mais ne s'attendant à rien. Pincé à la queue, il se retourne, reconnaît l'ennemi, l'enfant (auquel nous supposons 60 centimètres de nerf, du bout du doigt jusqu'à la moelle, et 20 centimètres de moelle jusqu'au cerveau), et lance sa griffe. Voici la succession et la durée des actes :

	sec.
Cheminement centripète dans 30 cent. de nerf...	0,005
— — 20 — moelle...	0,007
Perception, ordre volontaire (en moyenne).......	0,100
Cheminement centrifuge dans 20 cent. de moelle..	0,007
— — 30 — nerf...	0,005
Contraction musculaire..........................	0,010
	0,134

Pendant ce temps qu'a fait l'enfant ?

Aussitôt le chat pincé, sachant ce qui le menace, il a retiré sa main. Les actes à accomplir sont seulement :

	sec.
Cheminement centrifuge dans 20 cent. de moelle..	0,007
— — 60 — nerf....	0,010
Contraction musculaire...........................	0,010
	0,027

L'enfant a donc plus d'un dixième de seconde d'avance : il ne sera pas griffé.

Mais voici qu'au contraire il pince la queue d'un chat qui dort. Il y va timidement, et retire vite la main : mais le chat ne se réveille pas. Il recommence : même jeu. Il recommence encore, et cette fois enhardi, il pince énergiquement, surveillant le chat, jusqu'à ce qu'il le voie remuer. Vite alors il retire la main : il est trop tard !

La situation est en effet renversée. C'est au moment où le chat se retourne et lance sa griffe que l'enfant veut retirer sa main. C'est donc ce dernier qui souffre du retard d'environ un dixième de seconde dû à l'acte psychique, à la perception du mouvement opéré par l'animal. Cela suffit amplement pour qu'il soit atteint et puni ; d'où la justesse du proverbe : « Il ne faut pas réveiller le chat qui dort. »

LES SENSATIONS

DES SENSATIONS EN GÉNÉRAL

Les animaux sont en rapport avec le monde extérieur par des terminaisons sensibles, nerveuses, qui les renseignent sur les propriétés et la position des corps qui les entourent. Des organes spéciaux, dont je vous ai déjà indiqué la structure, sont placés à ces extrémités comme des espèces d'instruments grossissants, qui rendent plus facile leur mise en activité.

Les cinq sens. — Les impressions produites par les corps extérieurs sont très nombreuses et très variées; cependant on les a groupées de tout temps sous cinq chefs principaux, et l'on dit que les animaux ont cinq *sens*, correspondant à cinq ordres d'impressions : le sens du *toucher*, le sens du *goût*, le sens de l'*odorat*, le sens de l'*ouïe*, le sens de la *vue;* nous y ajouterons le sens *thermique*, correspondant aux impressions de chaleur ou de froid.

Sensations objectives ou subjectives. — Avant d'aborder l'étude un peu détaillée de chacune de ces sensations, je dois vous faire une remarque générale d'une très grande importance. Mais, pour ne pas donner tout d'abord à son énoncé un aspect philosophique trop rébarbatif, je vais faire appel à une observation qui vous est familière.

Il n'est personne de vous qui n'ait, par fortune, reçu quelque coup sur l'œil. Que signifie l'expression proverbiale, usitée en pareil cas : *voir trente-six chandelles?* Elle veut dire qu'une impression visuelle peut provenir d'une autre source qu'une excitation lumineuse. Mais il s'agit encore ici d'une excitation venant du dehors; faisons un pas de plus. Lorsqu'on est resté quelque temps la tête baissée, il n'est pas rare, si l'on se relève brusquement, d'être pris d'un éblouissement, fût-on dans la plus profonde obscurité. Voici encore une sensation visuelle sans lumière, cette fois sans excitation venue du dehors : l'excitation est produite par un changement brusque dans la circulation cérébrale.

Ceci montre que nous pouvons éprouver des sensations venant les unes du dehors, les autres de l'excitation de nos organes eux-mêmes. On appelle les premières *objectives* (venant d'un objet extérieur), les autres *subjectives* (venant du *sujet*, de l'observateur lui-même).

Lorsqu'une excitation est portée en un point quelconque d'un trajet nerveux, nous la considérons comme provenant de l'extrémité périphérique du nerf sensoriel, c'est-à-dire du point d'où nous proviennent d'habitude de semblables sensations.

Ainsi vous vous heurtez le coude, au point où le nerf cubital passe entre l'os et la peau; vous ressentez une assez vive douleur, où? au coude? non, à l'extrémité du petit doigt. C'est que vous avez impressionné au milieu de leur trajet les fibres nerveuses sensibles qui amènent au centre les excitations venant du petit doigt, et vous rapportez à leur extrémité la sensation qui en réalité provient de leur partie moyenne.

Un soldat a subi une amputation de la cuisse. Son moignon s'enflamme, et il se plaint vivement de son pied absent qui lui fait mal. C'est que l'inflammation a irrité dans la cicatrice les nerfs coupés qui étaient jadis en communication avec le pied, et le blessé, malgré qu'il proteste contre son interprétation même, jure en s'étonnant que c'est l'extrémité disparue qui le fait souffrir.

LES SENSATIONS VISUELLES

Je vous ai expliqué la structure de l'œil, et vous ai montré la marche que suivent les rayons lumineux traversant la cornée, limités par l'iris, concentrés par le cristallin, enfin reçus par la rétine, expansion terminale du nerf optique. Étudions maintenant les sensations que transmet ce nerf aux centres cérébraux.

Champ visuel. Point visuel. — Quand nous regardons devant nous avec un seul œil ouvert, nous voyons un espace limité par la saillie des sourcils, du nez, de la pommette. En dehors, où l'œil affleure à peu près, son extension est plus grande qu'en dedans, où le nez l'arrête. C'est là ce qu'on appelle le *champ visuel.*

Dans ce champ visuel, il semble bien, n'est-il pas vrai, que nous voyons tout ce qui s'y trouve. Sans doute, il y a un point, celui que nous fixons précisément, où la vue est infiniment plus claire que pour le voisinage ; plus les objets en sont écartés, moins leur image est nette pour nous. Ce point *visuel*, pour le dire en passant, n'est pas placé au hasard ; il correspond à une région de la rétine qui possède une structure particulière, et où se trouve le maximum de sensibilité de la membrane (fig. 188, M); aussi est-ce lui que nous dirigeons toujours vers l'objet que nous voulons bien voir. Mais enfin, en dehors de lui, la vision *indirecte*, comme on dit, existe. On peut même apprendre à s'en servir utilement ; et c'est elle, par exemple, qui nous permet d'embrasser d'un coup tout un ensemble, de voir tout un paysage.

Fig. 187. — Cercles blancs pour l'expérience de la tache de Mariotte.

Tache aveugle. — Je vais sans doute vous étonner très fort en vous apprenant que dans le champ visuel il y a un espace considérable que nous ne voyons pas. Faites l'expérience suivante :

Voici deux cercles blancs, à une certaine distance l'un de l'autre (fig. 187). Placez-les horizontalement devant vous; fermez l'œil gauche, et regardez bien fixement le cercle de gauche. Vous voyez, j'en suis sûr, dans la vision indirecte, celui de droite. Maintenant, éloignez-vous progressivement jusqu'à ce que votre œil soit à 25 centimètres environ du papier; à ce moment, le cercle de droite aura complètement disparu. Mariotte, qui amusa beaucoup de cette découverte les courtisans de Louis XIV, montra que cette lacune dans la sensibilité de la rétine est telle qu'elle équivaut, en regardant le ciel, à un espace qui aurait onze fois le diamètre apparent de la pleine lune. Elle correspond au point (fig. 188, P) où le nerf optique entre dans l'œil et où il s'épanouit pour former la rétine. Là, il ne possède pas la structure délicate et compliquée de la membrane rétinienne, et n'est pas plus impressionnable par la lumière que ne le serait le nerf sciatique.

C'est donc comme une large tache noire que nous aurions dans l'œil, tache qui se promène partout sur ce que nous regardons ; et cependant, jusqu'au dix-huitième siècle, personne ne s'était douté de son existence.

Persistance des impressions lumineuses. — Les impressions lumineuses persistent pendant un certain temps sur la rétine. Vous connaissez tous l'expression si simple du morceau de bois enflammé par un bout que l'enfant fait tourner en cercle, et qui bientôt paraît décrire un cercle lumineux continu. Cette illusion provient de ce que l'impression produite par le charbon ardent sur un point de notre rétine a duré plus longtemps que le parcours du cercle, et n'était pas éteinte quand le charbon a reparu. Il y a donc eu continuité dans la sensation, la même chose s'étant répétée pour tous les points impressionnés ; et par suite nous croyons voir une ligne continue, au lieu d'un point mobile.

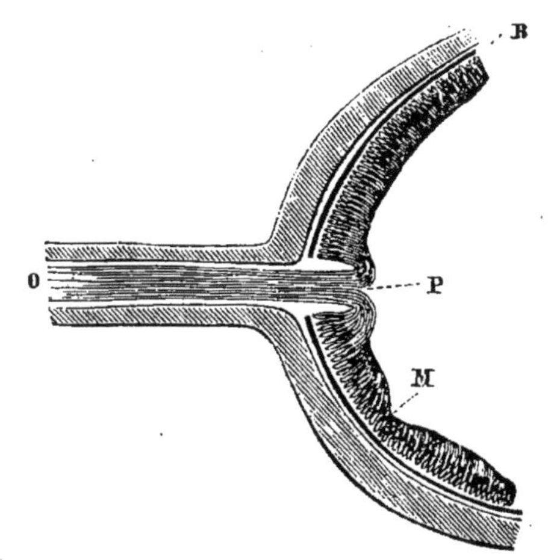

Fig. 188. — Coupe schématique de la rétine : O, nerf optique ; R, rétine ; P, son entrée dans l'œil (point aveugle) ; M, petite fosse où se fait ordinairement la vision directe.

C'est la même raison qui fait que la fusée ou l'étoile filante trace une ligne lumineuse, que la pluie qui tombe semble rayer le ciel, que les barreaux d'une roue qui tourne disparaissent, etc. C'est aussi pour cette raison que nous ne voyons pas un boulet qui passe devant nous ; l'impression que fait sur notre œil le fond lumineux persiste beaucoup plus longtemps que l'éclipse si peu durable qu'en produit le projectile opaque qui se meut avec rapidité.

La durée de ces impressions varie beaucoup. Ainsi les rais d'une roue de voiture qui semblaient confondus sous une lumière diffuse apparaissent soudain séparés si un rayon de soleil vient les éclairer vivement. De même le boulet, ralenti déjà, mais encore invisible quand il passe sur le ciel, sera aperçu du soldat s'il rase la terre sombre. Cependant, par un éclairage moyen, on peut estimer à un dixième de seconde la durée de la persistance de l'impression lumineuse.

Images consécutives. — Cette persistance se traduit encore par un phénomène fort intéressant. Regardez pendant quelques

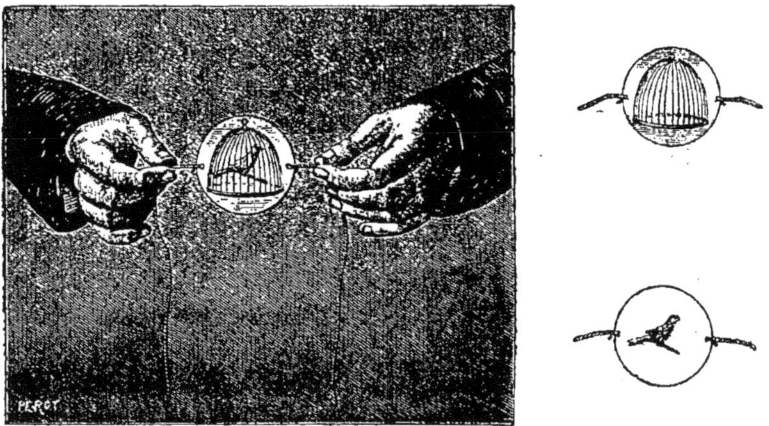

Fig. 189. — Persistance des impressions lumineuses.

minutes un objet brillant, puis soudain un papier gris. Dans des conditions favorables, vous continuez à voir la forme de l'objet en clair d'abord, pendant un temps très court, puis en noir, puis en clair, puis en noir, et ainsi de suite, avec une intensité de moins en moins grande, jusqu'à disparition de l'image. Si l'objet présentait des parties lumineuses et des parties obscures, comme il arrive pour une fenêtre avec ses barreaux, il se fait dans ces images *consécutives*, comme on les appelle, des alternances d'aspect fort curieuses, le noir devenant blanc et réciproquement.

La plupart des physiologistes expliquent ce curieux phénomène par une fatigue de la rétine trop vivement impressionnée par l'objet lumineux, et qui n'est plus sensible, dans le point primitivement excité, à de nouvelles impressions. De là, l'obscur succédant au lumineux. Mais les oscillations successives sont difficiles à expliquer par cette théorie.

Fatigue de la rétine. — Ce n'est pas que la fatigue de la rétine ne soit une chose bien réelle. Voici une expérience bien simple qui vous en convaincra. Sur une feuille de papier blanc mettez un morceau de papier noir, éclairez vivement, et regardez l'ensemble; au bout de trois ou quatre secondes seulement, retirez le papier noir : vous verrez à sa place une tache blanche, et votre papier blanc vous paraîtra grisâtre. Plus longtemps vous aurez regardé, plus l'effet sera tranché; au bout d'une minute, le papier blanc aura tellement fatigué la rétine qu'il aura perdu un tiers de son intensité. Aussi semblera-t-il tout gris à côté de la partie où le noir a protégé la rétine contre un excès de lumière.

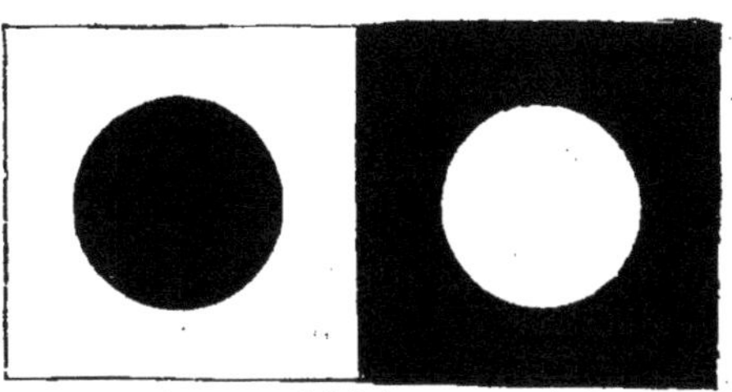

Fig. 190. — Effet d'irradiation : en réalité les deux cercles sont égaux.

Remarquez que jusqu'à ce que vous ayez ôté le petit morceau de papier noir, vous ne vous étiez nullement aperçus de l'affaiblissement de la sensation, et que vous n'hésitiez pas à appeler blanc un papier qui, en réalité, vous donnait une sensation correspondant pour un œil reposé à un gris notable. Vous ne vous en êtes aperçus que par le contraste; c'est qu'en effet nous apprécions nos sensations non par leur valeur absolue, mais par leur valeur relative. Et vous voyez quelles énormes erreurs nous pouvons commettre sans que rien nous en avertisse, en appréciant par nos sens les qualités des objets extérieurs.

Irradiation. — Par exemple, c'est un fait connu et bien curieux qu'un objet lumineux paraît plus grand, à dimensions égales, qu'un objet obscur. Voici deux cercles de même dimension (fig. 190); l'un est noir sur un fond blanc, l'autre blanc sur un fond noir : à coup sûr, le premier nous semble plus petit que le second.

On appelle *irradiation* cette amplification exagérée, qui a été observée de tout temps.

Les couleurs. — Mais nous ne percevons pas seulement par l'œil la présence, ou l'absence, ou la quantité de la lumière; nous y distinguons des qualités que nous appelons des *couleurs*.

Vous savez qu'il est démontré aujourd'hui que la lumière est le résultat d'ondulations qui se propagent avec une rapidité prodigieuse (300 kilomètres par seconde), mais qui diffèrent les unes des autres par leur ampleur. Vous savez aussi qu'on peut avec un prisme étaler un rayon de lumière blanche en un *spectre solaire*, qui présente alors les couleurs de l'arc-en-ciel. Les physiciens ont démontré que de chaque côté de ce spectre il y a encore des ondulations déviées; mais elles sont incapables d'impressionner notre rétine. La visibilité commence dans le rouge, pour les ondulations ayant environ 800 millionièmes de millimètre, et finit par l'ultra-violet, pour celles qui n'ont guère que 200 millionièmes, c'est-à-dire quatre fois moins.

Entre les deux s'échelonnent les couleurs diverses, suivant la série bien connue : rouge, orangé, jaune, vert, bleu, violet.

Du côté du rouge, le spectre finit brusquement; tout semble prouver que les ondulations plus longues ne peuvent réellement être perçues par nous. Du côté du violet, au contraire, il va en diminuant progressivement de visibilité, si bien qu'on ne sait trop où s'arrête celle-ci. Des recherches récentes ont montré qu'en augmentant l'intensité de la région ultra-violette, on pouvait la rendre visible fort au-delà de la limite ordinaire. Les régions ainsi découvertes ont paru d'un gris lavande, avec une nuance rosée qui semble indiquer un retour vers le rouge.

Chacune des régions du spectre, soigneusement isolée de ses voisines, continue à nous donner la même sensation. Mais cependant plusieurs des sensations colorées du spectre peuvent être produites en nous par la juxtaposition d'autres sensations groupées deux à deux pour le moins. Ainsi l'orangé peut être produit en réunissant le rouge et le jaune du spectre; le vert, en réunissant le jaune et le bleu; le violet, par le bleu et le rouge. Et, chose curieuse, chacune de ces couleurs, qui peuvent être composées de la sorte, se trouve dans le spectre placée entre ses deux composantes; le violet seul se trouve à l'extrémité, et pour le relier au rouge il faudrait arbitrairement disposer le spectre en cercle. On appelle *primitives* ces trois couleurs, qui ne peuvent être obtenues par composition.

La sensation du blanc est produite par la réunion, dans les proportions où elles se trouvent dans le spectre, des diverses couleurs. Mais on peut aussi la produire en unissant, suivant certaines proportions, une couleur primitive avec une couleur composée des deux autres couleurs primitives : ainsi rouge et vert, jaune et violet, bleu et orangé, donnent blanc. On appelle *complémentaires*, l'une par rapport à l'autre, ces couleurs dont la réunion peut donner la sensation du blanc : le rouge est complémentaire du vert, etc.

Daltonisme. — Tous les hommes ne jouissent pas de l'ensemble complet de ces sensations. On en a signalé, fort rarement il est vrai, qui ne distinguent aucune couleur. Mais il en est, assez nombreux, qui ne distinguent pas l'une de l'autre les deux couleurs complémentaires, le vert et le rouge. On les nomme *daltoniens*, du nom du célèbre chimiste anglais Dalton, qui était atteint de cette singulière infirmité, et en donna une description très complète. Il ne distinguait pas une fleur de géranium du feuillage environnant, une cerise sur l'arbre, une fraise dans l'herbe, et le vin lui semblait de la même couleur que la bouteille d'où il sortait. Arago, qui a connu toute une famille atteinte de cette infirmité, disait : « Pour eux les cerises n'étaient jamais mûres. »

Nuances. — Mais revenons aux yeux sains. Ceux-là voient non seulement les couleurs dont je vous ai donné l'énumération, mais celles qui résultent de leurs mélanges, dans des proportions extraordinairement variées. On donne le nom de *nuances* à ces mélanges de couleurs ; vous comprenez qu'il en existe en nombre tout à fait indéfini.

Tout le monde n'est pas apte à les saisir ; encore ne le peut-on souvent que quand elles sont à côté l'une de l'autre.

Fatigue, etc. — Il en est des sensations colorées comme de la sensation lumineuse blanche ; elles fatiguent rapidement l'œil, d'autant plus qu'elles sont plus claires. Placez sur un papier rouge un écran noir, regardez à une vive lumière, enlevez l'écran, et vous verrez combien le rouge qui était caché vous paraîtra plus beau que celui du reste du papier.

Contrastes des couleurs. — J'arrive maintenant à la partie la plus curieuse peut-être de l'histoire des sensations colorées, je veux parler des *contrastes* des couleurs.

Mettez sur une feuille de papier blanc un morceau de papier rouge, éclairez vivement et regardez fixement. Au bout de quelques secondes, le papier rouge vous paraîtra s'entourer d'une auréole verte : c'est ce qu'on appelle le *contraste simultané*.

Retirez maintenant brusquement le papier rouge, sans cesser de fixer attentivement : la place qu'il occupait va vous paraître verte. C'est le *contraste successif*.

Ces couleurs contrastantes sont toujours les complémentaires des couleurs réelles mises en observation. Ainsi, un papier jaune donnera simultanément ou successivement la sensation du violet; un papier bleu, celle de l'orangé, et réciproquement.

Le contraste successif présente surtout de l'intérêt lorsqu'il a comme conséquence ce que M. Chevreul, à qui l'on doit la connaissance de la plupart des faits dont je viens de vous entretenir, a appelé *contraste mixte*.

Vous venez de regarder un objet rouge bien éclairé ; vous portez immédiatement l'œil sur un autre objet coloré; le vert, que le contraste successif a fait naître dans votre œil, vient se mêler à la couleur réelle de cet objet, qui se trouve ainsi modifiée. La résultante perçue est donc le mélange de la seconde couleur avec la complémentaire de la première. Exemples :

Prenez un petit carré de papier rouge ; regardez-le bien pendant un quart de minute; puis portez la vue sur un papier vert. Vous voyez au milieu de celui-ci un petit carré d'un vert beaucoup plus beau que le reste du papier. C'est que là vous avez au vert *objectif* ajouté le vert *subjectif*.

Au contraire, après avoir regardé le carré rouge, vous jetez les yeux sur un papier de même couleur; alors l'image du carré vous apparaîtra tendant vers le blanc, par mélange du rouge objectif et du vert subjectif.

Vision binoculaire. — Nous n'avons étudié jusqu'ici que la vision avec un seul œil. C'est, je vous l'ai dit, la condition régulière de la vision pour la grande majorité des mammifères. Mais, chez nous, les yeux fonctionnent toujours ensemble ; ils se dirigent tous deux vers l'objet que nous voulons examiner, de manière à recevoir son image chacun sur ce *point visuel* qui possède le maximum de sensibilité. C'est là la *vision binoculaire*, dans laquelle il y a deux sensations, l'une venant de droite, l'autre venant de gauche, mais qui n'ont comme conséquence qu'une seule perception.

Mais cette unité n'a lieu que pour le point que nous regardons et pour tous ceux qui sont situés à peu près à la même distance de nous. Plus près et plus loin, chaque objet nous donne deux images, qui correspondent chacune à un œil. Rien de plus simple à constater, en regardant au dehors un objet à travers une fenêtre ; un peu d'attention nous fait voir que le montant de la fenêtre nous apparaît double, l'image de gauche appartenant à l'œil de droite, l'image de droite à celui de gauche. Inversement, si nous regardons fixement le montant de la fenêtre, ce sont les objets extérieurs qui paraissent doubles, et cette fois leurs images de gauche appartiennent à l'œil gauche, leurs images droites à l'œil droit.

Enfin, cette vision double peut être obtenue artificiellement pour tous les points de l'espace. Il suffit, pour cela, de déplacer légèrement avec le doigt un des yeux. Avec un peu d'habitude on arrive au même résultat, en faisant contracter à la fois les deux muscles droits internes, en louchant en dedans, ou, plus difficilement, en louchant en dehors, par la contraction des deux muscles droits externes.

Donc, pour que les deux impressions produites sur nos yeux se confondent en une sensation unique, il faut qu'elles intéressent simultanément soit le point visuel, soit certains points de l'une et de l'autre rétine. On appelle ces points *points conjugués*.

L'explication de ces faits est encore matière à controverse entre les physiologistes.

Notion du relief. — Les images doubles que nous apportent les objets situés en deçà et au delà des points de visée ne sont ordinairement pas perçues par nous ; c'est-à-dire que nous ne prêtons aucune attention à leur existence qui ne pourrait que nous gêner, et il faut même que nous fassions un certain effort sur nous-mêmes pour nous en apercevoir.

Cependant, nous en tirons un grand parti ; ce sont elles qui, pour la plus grande part, nous donnent la notion du *relief*, de la profondeur.

Certes, nous pouvons avoir cette notion dans la vision avec un seul œil, et j'essayerai de vous dire tout à l'heure comment nous l'acquérons. Mais si vous mettez la main devant un de vos yeux, vous

vous apercevrez aussitôt que les objets placés devant vous à diverses distances ne sont plus espacés avec autant de netteté; les plans, comme disent les peintres, se confondent. Et si vous regardez de la sorte un paysage qui vous soit absolument inconnu, vous aurez quelque peine à vous y reconnaître : c'est une observation facile à faire en promenade. Une expérience non moins simple est peut-être encore plus concluante. Suspendez un anneau à un fil, puis essayez, un œil fermé, de l'enfiler avec un bâton transversalement dirigé : vous aurez la plus grande peine à y parvenir, tandis que rien ne vous sera plus aisé les deux yeux ouverts. La raison principale de cet embarras tient à ce que vous n'avez plus qu'une image simple de tous les

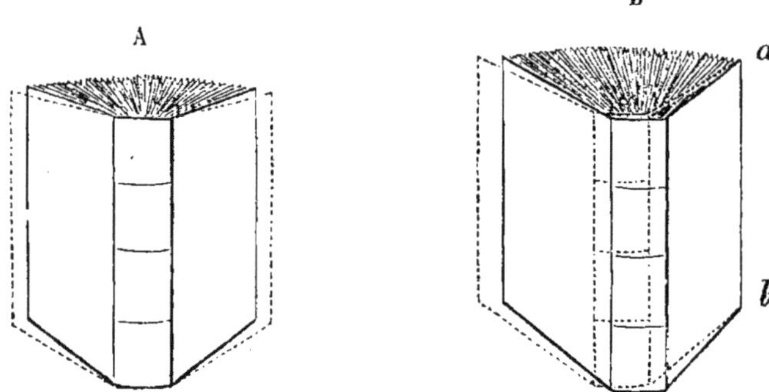

Fig. 191. — Expérience sur la vision binoculaire

objets situés dans le champ visuel. Auparavant, quand vous en fixiez un, tous ceux qui étaient en avant ou en arrière vous apparaissaient doubles, et vous saviez, grâce à une longue habitude, que cela voulait dire qu'ils étaient soit en avant, soit en arrière.

Voici un livre, à demi ouvert, placé juste devant moi verticalement. Si je regarde le dos avec les deux yeux, je vois doubles les lignes qui terminent les faces du livre à droite et à gauche (fig. 191, A). Si je regarde une de ces lignes, celle de droite par exemple (B, *ab*), je vois double le dos et double la face de gauche, et réciproquement si j'avais regardé la ligne de gauche. Si c'était un dessin ou un plan, j'en verrais toutes les parties simples à la fois; ici, au contraire, je ne puis en voir une partie simple qu'à la condition que les autres soient doubles; donc il y a distance différente entre mes yeux et les divers points du livre : de là, *notion du relief*.

Mais voici autre chose. Je ferme complètement le livre et je le place à 30 ou 40 centimètres bien exactement devant moi (fig. 192). Je regarde le dos avec les deux yeux ; je vois les deux faces du livre, et il semble que je sois dans le même cas que dans l'expérience précédente : aussi ai-je parfaitement la notion du relief. Mais, si je ferme l'œil gauche, je n'aperçois plus que la face droite,

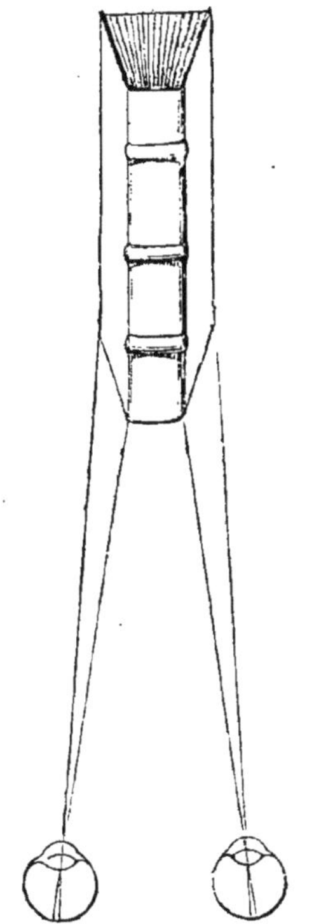

Fig. 192. — Sensation du relief par vision binoculaire simultanée.

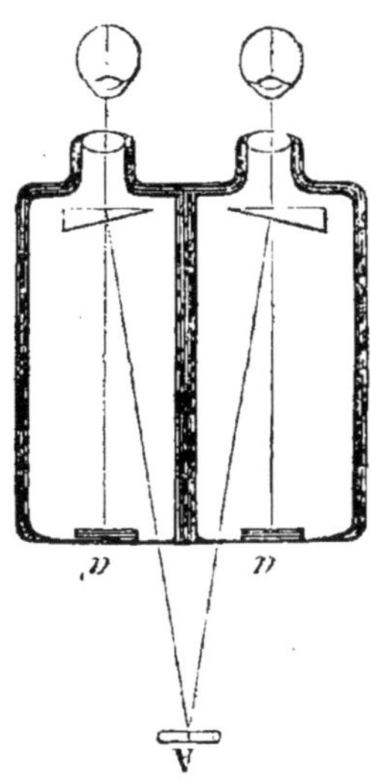

Fig. 193. — Stéréoscope (figure schématique).

et réciproquement. Les deux yeux ouverts, je vois avec l'œil gauche la face gauche, avec l'œil droit la face droite, avec les deux yeux le dos. Mais il se fait dans mon esprit une telle fusion de ces deux images différentes, qu'il me faut de l'attention pour voir qu'elles n'appartiennent pas aux deux yeux.

Cette fusion involontaire est une des conditions habituelles de la notion du relief. Un corps en relief nous donne toujours ces deux impressions différentes sur chaque œil.

Fusion des images. — Le *stéréoscope* (στερήος, corps solide), que vous connaissez tous, est basé sur ces faits (fig. 193). On prend avec deux appareils photographiques, espacés l'un de l'autre comme le sont les deux yeux, les deux images a, a' d'un même objet. On les place alors dans le fond d'une boîte, séparées l'une de l'autre par une planchette verticale. Puis on interpose deux prismes qui les ramènent sur les points conjugués des deux yeux. Il semble alors que les impressions proviennent d'un objet unique A.

L'œil est peut-être de tous nos sens celui qui nous sert le plus à nous renseigner sur le monde extérieur. Grâce à lui, nous pouvons connaître non seulement la lumière et ses degrés, non seulement les couleurs, mais encore la forme, les dimensions, la distance, le relief, le repos ou le mouvement des objets.

Notion de la forme. — La *forme* d'abord; cela vous semble bien simple, n'est-ce pas? Il suffit d'un coup d'œil sur un vase, par exemple, pour en connaître la forme. Cela est vrai, mais à une condition, c'est que le vase soit assez petit pour que son image déborde peu l'étendue du point visuel. Nous avons alors le sentiment de plusieurs impressions simultanées, d'où vient la notion de figure; ainsi, quand nous voyons un triangle dans notre œil, c'est comme si un triangle nous était appliqué sur la peau. La notion de la forme nous est ainsi donnée par une sorte de *toucher visuel.*

Mais s'il s'agit d'un objet de grandes dimensions, il devient nécessaire de promener l'œil sur son contour pour avoir une idée de sa forme. Ici, c'est le sentiment du mouvement accompli et son souvenir qui amènent l'idée de la forme. Je vous dirai plus tard comment cela se fait.

Notion de la distance. — De la *forme* passons à la *distance.*

Nous apprécions celle-ci d'abord par la dimension apparente de l'objet considéré. Plus un objet est loin, plus petite est l'image qu'il peint sur notre rétine. Une figure très simple (fig. 194) vous le démontre aisément.

A distance double, un objet donnera une image deux fois plus petite, et ainsi de suite. D'où il résulte que nous établissons, pour les objets connus, un certain rapport entre la distance et la grandeur de l'image, et que celle-ci nous sert à apprécier celle-là. Les personnes qui vivent à la campagne arrivent à une précision surprenante dans ce genre d'appréciation.

Notion du mouvement. — Arrivons enfin au *mouvement*. Lorsque, ayant conscience que notre œil ne bouge pas, nous sentons l'image d'un corps se déplacer sur notre rétine, nous en concluons que le corps est en mouvement.

Dans l'immense majorité des cas, cela est vrai; mais il peut arriver que notre œil soit promené dans l'espace, sans que nous en

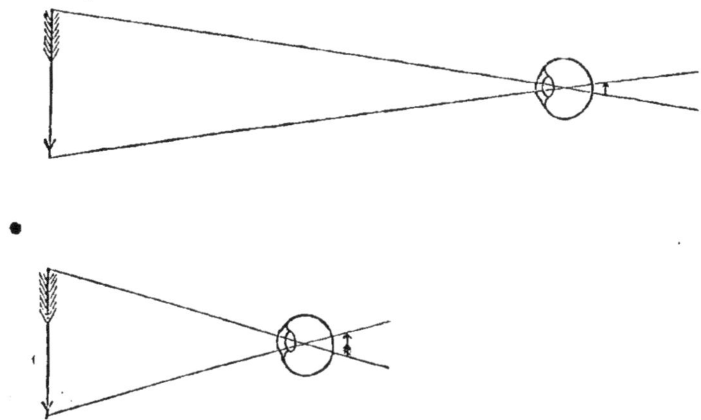

Fig. 194. — Figure montrant que l'image rétinienne est d'autant plus grande que l'objet est plus près de l'œil.

ayons conscience, parce qu'il ne se remue pas dans son orbite; c'est le cas où le corps tout entier est emporté, comme en chemin de fer, en bateau à vapeur, etc. Aucune secousse ne nous avertissant du mouvement de notre corps, nous croyons à un déplacement réel des corps extérieurs, qui paraissent fuir en sens inverse de la direction où nous sommes emportés. Nous finissons même par établir une telle confusion entre l'illusion et la réalité, qu'étant en wagon, dans une gare, si un train qui stationnait à côté de nous se déplace lentement, nous croyons à notre propre mouvement, alors que nous sommes immobiles.

SENSATIONS AUDITIVES

Nous connaissons la manière dont sont reçues les vibrations sonores, dont elles sont recueillies et transmises par des canaux pleins d'air ou de liquides, des membranes vibrantes, des chaînes osseuses élastiques, depuis la conque auditive jusqu'aux terminaisons nerveuses des canaux demi-circulaires et du limaçon. Voyons maintenant la nature des impressions qui nous viennent par cette voie.

Qualités des sons. — Les sons, vous l'avez appris dans le cours de physique, se distinguent les uns des autres par trois qualités : l'intensité, la hauteur, le timbre.

L'intensité dépend de l'amplitude des vibrations ; nous ne la mesurons que d'une manière relative. Un son transmis simultanément à nos deux oreilles, mais avec une intensité différente pour chacune d'elles, n'est perçu que par celle à laquelle il arrive le plus fortement.

La *hauteur* dépend du nombre des vibrations. La limite inférieure du nombre de vibrations des sons nettement perceptibles est d'environ 33 vibrations simples (1) par seconde ; c'est le son qu'on appelle ut_{-2}. La limite supérieure est vers $ré_{10}$, c'est-à-dire environ 76 000 vibrations. L'intervalle perceptible mesure donc à peu près 11 octaves.

Mais les notes usitées en musique, c'est-à-dire les notes agréables à entendre, ne comprennent guère que 7 octaves.

Une oreille ordinaire distingue assez bien deux sons émis successivement, dont le nombre des vibrations est comme 200 est à 201 ; mais des musiciens, à oreille très expérimentée et opérant dans des conditions particulières, sont arrivés à distinguer des sons qui différaient l'un de l'autre comme 1000 diffère de 1001.

Le *timbre* dépend des sons accessoires ou *harmoniques* qui accompagnent tout son fondamental. Il n'y a guère que les diapasons qui donnent des sons simples ; tous les autres sont accompagnés

(1) On compte ordinairement, en France, par demi-ondulations, ou *vibrations simples*. Le *la* du diapason, ou la_3, est fixé chez nous à 870 vibrations simples par seconde.

d'harmoniques, qui parfois, ainsi que nous allons le voir, sont loin de mériter un nom qui rappelle des sensations agréables.

Sons harmoniques. — Il résulte de là que, dans la nature, nous n'entendons jamais des sons *simples*, mais toujours des sons *composés*. Seulement, comme il y a une grande différence d'intensité entre le son principal, dit *fondamental*, et ses harmoniques, celles-ci semblent perdues pour la sensation, et il faut une grande attention pour en reconnaître l'existence.

Si l'on dispose sur des tables de résonance plusieurs diapasons donnant l'un un son qui sera rendu très fort et jouera le rôle de son fondamental, les autres des sons correspondant aux harmoniques agréables, et qu'on ébranle habilement tout l'ensemble, on croira n'éprouver qu'une sensation unique. Mais si l'on arrête brusquement les diapasons harmoniques, on appréciera l'existence et la valeur de leurs sons, et le son fondamental, qui n'aura cependant pas changé, paraîtra sec et dur quand il sera privé de son escorte harmonique.

La différence entre la nature des harmoniques qui accompagnent le son fondamental est la cause principale de la différence de sons semblables, mais qui proviennent d'instruments différents. Il faut ajouter à cette considération celle de l'intensité des diverses harmoniques; deux sons semblables par leurs sons fondamentaux et par leurs harmoniques présenteront un timbre différent, si c'est dans l'un telle harmonique, dans l'autre telle autre qui prédomine.

Vous savez, et je n'ai pas dans ce cours à insister sur ces faits, vous savez comment on a classé et échelonné les sons. Il en est dont l'audition simultanée est désagréable; pour d'autres, elle est agréable. Ces derniers sont ceux dont le nombre des vibrations est dans un rapport simple, c'est-à-dire exprimé par des chiffres consécutifs. Ainsi :

L'octave, où le nombre des vibrations des deux sons est comme	1	est à	2
La quinte	2	—	3
La quarte	3	—	4
La tierce majeure	4	—	5
La tierce mineure	5	—	6

Or, il se trouve que les sons harmoniques rendus par les instruments de musique, à cause de cela les plus estimés, et par la voix humaine, correspondent précisément à ces intervalles agréables, puisqu'ils sont successivement : l'octave, la quinte, la quarte, la tierce majeure, la tierce mineure; ceux qui sont au delà s'entendent à peine.

Assonances et dissonances des sons simples. — L'intervalle d'octave est le plus parfait de tous les intervalles musicaux, mais non le plus agréable, à cause de la similitude trop grande des deux sons. Elle est telle que les personnes inexpérimentées ont quelque peine à les reconnaître. Si un homme et une femme, non musiciens, veulent chanter la même note, ils se mettront en réalité et à leur insu à l'octave l'un de l'autre, la femme donnant la note supérieure.

Après l'octave vient, comme satisfaction de l'oreille, la quinte, puis la quarte, la tierce majeure et la tierce mineure.

Assonances et dissonances des sons complexes. — Mais la chose est encore plus compliquée en réalité, puisque dans la nature nous n'entendons jamais de sons simples, et que tous les sons contiennent des harmoniques.

Il en résulte d'abord qu'un seul son, comme celui d'une corde de piano, est en réalité constitué par la simultanéité d'une série de sons espacés suivant la loi connue : ut_1, ut_2, sol_2, ut_3, mi_3, sol_3, $si\flat_3$, ut_4, $ré_4$, mi_4, donnant des intervalles agréables à entendre comme ut_1-ut_2, ut_2-sol_3, et des intervalles désagréables, comme $si\flat_3$-ut_4, ut_4-$ré_4$, $ré_4$-mi_4. Heureusement, ceux-ci sont faibles; cependant, lorsque la note primitive est très basse, on finit par les entendre, même dans la voix humaine, sans résonateurs.

En réalité donc, *un son de corde est un accord*, et c'est pour cela qu'il est si plein et si harmonieux.

Notions données par l'ouïe. — Vous voyez que l'ouïe ne nous renseigne guère que sur l'état de vibration des corps dans les limites que je vous ai indiquées, de 33 à 76 000 par seconde. Jusqu'à 33, pas de son continu, chaque vibration produit un effet spécial, analogue à un choc; cela signifie que les sensations auditives ne durent pas plus de $\frac{1}{33}$ de seconde, puisque, jusqu'à cette limite de durée, elles ne se réunissent pas.

Si le sens de l'ouïe nous rend d'immenses services au point de vue des relations sociales et de certaines satisfactions esthétiques, il est loin de présenter une utilité comparable à celle du sens de la vue. On pourrait à la rigueur comprendre une société d'hommes sourds; on ne saurait se figurer ce que serait une société d'aveugles.

SENSATIONS OLFACTIVES ET GUSTATIVES

Je réunis dans un exposé nécessairement bref ces deux ordres de sensations qui fonctionnent si souvent simultanément. On pourrait presque dire que l'olfaction est un goût à distance ; toutes deux n'agissent que par un contact gazeux pour l'une, liquide pour l'autre.

L'acuité de ces sensations est extraordinairement variable : « L'empire de la saveur, dit Brillat-Savarin, a aussi ses aveugles et ses sourds. » Évidemment, des chiens nous traiteraient de sourds pour l'olfaction. Du reste l'éducation peut améliorer étonnamment la netteté de ces sensations.

La gustation ne s'exerce pas également dans toute la bouche; certaines substances (acides, sels) sont mieux goûtées à la pointe qu'à la base de la langue : les substances amères et nauséeuses le sont surtout à la base. C'est pour cette raison que le sulfate de soude paraît salé quand on le goûte du bout de la langue, et amer quand on l'avale.

Il y a des contrastes des sensations gustatives : le sucre rend le vin amer; il y a aussi des associations favorables et défavorables. Et les enthousiastes ont pu dire que l'art de la cuisine se peut comparer à ceux de la peinture et de la musique qui, comme lui, vivent de contrastes et d'associations harmoniques.

La dégustation d'un grand nombre de substances nécessite la perméabilité des fosses nasales. Il n'y a plus de bouquet dans le vin quand on ferme le nez ou quand la muqueuse est enflammée par le coryza.

Certaines sensations olfactives ont de singuliers rapports avec les sensations gustatives : le chloroforme a une *odeur sucrée.*

La perspicacité de l'odorat est prodigieuse. On reconnaît dans l'air un demi-millionième d'acide sulfhydrique et des traces impondérables de camphre. Mais qu'est cela à côté du chien courant qui suit sur une route sèche, en plein soleil, la trace d'un lièvre qui a passé là une heure auparavant?

Les mélanges d'odeurs sont presque impossibles à analyser. On peut arriver à des résultats meilleurs pour les mélanges de substances sapides.

Les sensations olfactives et gustatives ont été classées suivant des dénominations tirées du langage usuel. On dit des saveurs amères, aigres, salées, sucrées, astringentes, etc. ; ces mots représentent des souvenirs assez nets à notre esprit. Pour les sensations olfactives, on est loin de posséder des expressions aussi claires : odeurs aromatiques, alliacées, fétides, nauséeuses, etc., expriment soit des comparaisons, soit des appréciations, et ne nous rappellent rien clairement.

Figurez-vous, pour juger de l'infériorité des connaissances que nous recevons par ces sens comparées à celles qui nous viennent du sens visuel, que pour exprimer le rouge ou le vert nous soyons obligés de dire couleur agréable ou désagréable, ou encore couleur d'œillet et couleur de feuille.

Ces sensations d'ordre inférieur nous servent très peu à nous renseigner sur le monde; mais si elles n'ont pas une grande importance au point de vue intellectuel, leur utilité est considérable dans le domaine de la vie de nutrition, puisque l'une nous avertit des qualités de l'air que nous respirons, l'autre de celles de la nourriture que nous allons absorber.

SENSATIONS TACTILES

La sensibilité réside dans tous les points de notre corps. Ceux-là mêmes dont l'existence et le fonctionnement nous sont pour ainsi dire inconnus se révèlent douloureusement à nous lorsqu'ils sont enflammés, les excitations sympathiques mettant alors la moelle en jeu. Mais les parties les plus sensibles sont celles dont les nerfs appartiennent au système cérébro-spinal. Dans une amputation, toutes les parties de la section sont sensibles. Si certains organes, comme les tendons, la dure-mère, sont insensibles au contact, ils deviennent extrêmement sensibles, comme les viscères internes, quand ils sont enflammés.

Mais le maximum de sensibilité nous est fourni par la peau et par les muqueuses de la bouche et du nez, qu'animent des nerfs médullaires. Ces surfaces peuvent nous transmettre des impressions très variées, dont les principales sont celles de *contact*, de *pression*, de *température*. Leur ensemble est d'ordinaire confondu sous le nom de *sensations tactiles*.

Sensibilité en divers points du corps. — La sensibilité tactile n'est pas également délicate sur tous les points du corps. Si vous prenez un compas, et que, les yeux fermés, vous en appliquiez les pointes sur diverses régions des muqueuses et de la peau, vous verrez que, pour reconnaître qu'il y a deux contacts, il faudra donner à vos pointes un écartement très variable.

Voici un tableau qui indique en moyenne avec quel écartement nous commençons à sentir qu'il y a deux contacts :

	millimètres.
Pointe de la langue	1,1
Pulpe des doigts, 3e phalange	2,2
Bord rouge des lèvres	4,5
Bord cutané des lèvres	9,0
Face interne des lèvres	20,3
Dos de la main	31,5
Avant-bras	40,5
Bras	67.6

Ces mesures varient environ du simple au triple suivant les individus, mais leurs rapports restent sensiblement les mêmes. Elles se rétrécissent par l'exercice, et sont à leur minimum chez les aveugles-nés. Elles sont plus petites chez les enfants.

Appréciation de la température. — La bonne distinction des températures se fait suivant les mêmes lois, et les mêmes régions sont également favorisées pour la température, la pression et le contact. Mais ce n'est guère qu'entre + 10° et + 47° qu'on peut estimer les différences de température avec quelque précision ; au-dessous et surtout au-dessus, l'adjonction ou la soustraction de calorique ne tardent pas à donner des impressions douloureuses. Le maximum de délicatesse pour l'appréciation des températures est entre 27° et 33°. Avec la pointe du doigt, on peut distinguer des différences de deux centimètres de degré entre 14° et 29, et de cinq centièmes aux environs de 30°.

La température d'un corps paraît d'autant plus élevée que la surface de peau impressionnée est plus étendue. Ainsi, si l'on plonge un doigt dans l'eau à 41°, puis la main entière dans l'eau à 37°, c'est cette dernière qui paraît la plus chaude. Aussi, tandis qu'on peut aisément plonger le doigt dans de l'eau à 51°, la main y brûle et n'y peut être tenue.

La muqueuse buccale supporte des températures bien supérieures à celles que peut endurer la peau. Vous ne pourriez laisser votre doigt dans du bouillon ou du café que vous buvez facilement. Et cela se comprend : la température habituelle de la bouche est voisine de 35°, tandis que celle du doigt est souvent au-dessous de 25°.

Durée des impressions tactiles. — La durée des impressions tactiles est très faible. Si l'on fait tourner avec une vitesse croissante une roue garnie de dents, il arrive un moment où les sensations successives se combinent en une seule. A ce moment, les dents se succèdent à raison de 480 à 640 par seconde, soit en moyenne 560.

En d'autres termes, la durée des sensations tactiles est en moyenne de $\frac{1}{560}$ de seconde ; celle des sensations auditives est, avons-nous vu, de $\frac{1}{33}$, et celle des sensations visuelles, beaucoup plus variable, de $\frac{1}{10}$ dans les conditions moyennes.

Notions fournies par le toucher. — Les notions que nous fournit le sens du toucher sont, vous le devinez par cet exposé, et vous le saviez déjà, extrêmement nombreuses et importantes.

Tout d'abord c'est le sens qui limite le plus nettement le monde extérieur d'avec notre propre corps. On peut, comme le fait volontiers un aveugle-né opéré de la cataracte et guéri, croire que les images du fond de l'œil appartiennent à l'organe lui-même. Mais il n'est pas possible de se tromper sur l'origine des sensations tactiles : quand nous touchons notre corps, en effet, la sensation est double; elle est simple quand nous sommes touchés par un corps étranger. C'est donc, avant tout, le sens qui détermine le *moi* et le sépare du *non-moi*.

Il nous donne également de précieuses notions sur la température des corps. Puis il nous renseigne aussi sur leur forme, leur pesanteur, l'état de leur surface ; mais, pour ces dernières notions, il lie presque toujours son action à une sensation en apparence très obscure, très précise en réalité, qui présente peut-être encore plus d'importance que les sensations tactiles proprement dites : on l'appelle la *sensation de la contraction musculaire.*

Sensation de la contraction musculaire. — Nous sentons, en effet, parfaitement dans quel état sont nos muscles; nous apprécions parfaitement l'énergie de leur contraction dans ses divers temps, et cette appréciation nous rend d'immenses services.

C'est grâce à elle que nous apprécions le *poids* des corps dans des conditions ordinaires, c'est-à-dire en les *soupesant*; ce qui signifie que nous établissons un rapport entre le poids du corps et l'effort contractile que nous avons dû faire pour le soulever.

C'est grâce à elle que nous apprécions la *dureté* d'un corps, par la résistance que ce corps oppose à notre doigt qui le presse, et par l'état des muscles qui en est la conséquence. De même pour la *viscosité*, l'*élasticité*, le *poli* et autres qualités qui nécessitent pour être appréciées une modification dans l'action des muscles de la partie de notre corps avec laquelle nous interrogeons le corps étranger, et c'est presque toujours la main.

C'est grâce à elle que nous connaissons le lieu qu'occupent dans l'espace, dans les positions les plus variées, chacun des points de notre corps, par la longue habitude de l'appréciation des contractions musculaires en rapport avec ces diverses positions.

C'est elle, par suite, qui nous permet de toucher exactement et à volonté, les yeux fermés, avec un doigt, un point quelconque de notre corps. Et, comme cette sensation est, au moins autant que les autres, susceptible de perfectionnement par l'éducation, vous voyez pourquoi avec un doigt, surtout de la main droite, nous touchons avec une précision surprenante un point donné de notre visage, tandis que nous risquons de tomber à côté pour des régions du corps sur lesquelles le doigt se porte moins souvent.

C'est elle qui nous permet de mesurer nos efforts aux effets que nous voulons produire ; qui donne aux mouvements des gymnastes cette exactitude vraiment si extraordinaire; qui fait que l'enfant lançant une pierre contracte juste et au degré voulu tous les muscles qui entrent en jeu dans cet acte si complexe. C'est elle que nous mettons inconsciemment en usage dans les mille mouvements de la marche, et qui, avertissant les centres cérébraux-spinaux de la rupture brusque et accidentelle de l'équilibre, les met en demeure de commander les actes réflexes qui s'opposeront à la chute.

Une des notions les plus précieuses que nous donne la sensation que nous étudions en ce moment, c'est celle de la *forme* des corps. La connaissance que nous avons, grâce à elle, du lieu qu'occupent dans l'espace les points de notre corps, amène cette conséquence que lorsque, les yeux fermés, nous touchons avec notre doigt les bords d'une surface carrée ou ronde, nous recevons dans l'esprit l'image du rond ou du carré. On obtient même cette image en décrivant la figure sur le sol, comme en marchant autour d'une table. Quand un corps est trop grand pour que nous puissions l'embrasser d'un coup d'œil, c'est l'appréciation des mouvements de nos yeux qui en suivent le contour qui nous en fait connaître la forme.

Vous voyez l'immense rôle de cette sensation, sans laquelle nous ne pourrions vivre, et qui nous donne tant de renseignements de première utilité à la fois sur notre propre corps et sur le monde extérieur.

Elle se combine avec le toucher pour nous donner les notions de *forme*, de *pesanteur*, de *cohésion*, de *poli*, d'*humide*. Enfin, elle s'unit aussi aux sensations de la température. Réunis, les trois sens de la contraction musculaire, du toucher et de la température nous donnent sur le monde extérieur toutes les notions indispensables, sauf une, la distance des objets extérieurs. Réduit à elles, un homme ne connaîtrait que son corps et les objets qui entrent avec lui en contact direct ; il n'aurait nulle idée des objets les plus proches de lui, lorsqu'ils ne le touchent pas : ainsi aurait-il (ou plutôt a-t-il, car on a vu des malheureux à la fois sourds et aveugles) besoin d'être incessamment doublé par une seconde personne qui le guiderait. C'est la vue qui complète le mieux ces trois sens, et qui, du reste, le plus souvent, agit de concert avec eux ; si bien qu'on pourrait dire que la vue est une sorte de *toucher* à distance.

L'intelligence et les sensations. — Tels sont les serviteurs actifs de l'intelligence. Grâce à ces sentinelles qui lui signalent amis et ennemis, elle est renseignée d'abord sur les qualités du corps qu'elle habite, puis sur la présence et les qualités du monde qui l'entoure. Ces données que lui transmettent ses serviteurs, elle les groupe, les compare, les contrôle, les retient. Elle arrive ainsi, par des expériences répétées, à en corriger les défectuosités, à assurer l'existence du corps, à connaître et à utiliser, soit pour l'intérêt de la conservation personnelle, soit pour des intérêts intellectuels esthétiques plus élevés, les propriétés qu'elle a ainsi reconnues dans les divers objets de la nature.

Entre ces sensations venues de différents côtés, correspondant à des propriétés différentes des corps extérieurs, elle établit des relations telles que la reproduction d'une seule lui représente toutes les autres, par une association qu'elle a créée, mais dans laquelle elle n'intervient plus. Sur un tableau, une tache jaune et ronde dans un feuillage vert réveille pour ainsi dire l'écho de sensations multiples, forme sphérique, pesanteur, odeur, saveur, et engendre l'image complète, l'*idée* d'une orange. C'est ainsi que les sensations fournissent les éléments de la connaissance. Montrer comment le jeu des appareils sensoriels et des organes nerveux centraux prépare la conception des signes et la formation des idées appartient au physiologiste, et j'ai essayé de vous donner, par divers exemples, quelque aperçu de ces phénomènes complexes. Aller au delà, étudier la genèse même des idées, analyser leurs relations, chercher comment la fatalité de leur naissance peut se concilier avec la liberté primitive de leurs associations, comment des idées particulières se groupent en se simplifiant pour former les idées générales, remonter des éléments de la connaissance à la connaissance elle-même, c'est l'œuvre du psychologue, et je n'ai point qualité pour l'exposer devant vous.

PRINCIPALES MODIFICATIONS

DU

SYSTÈME NERVEUX

DANS LA SÉRIE ANIMALE

VERTÉBRÉS

Mammifères. — Les seules différences qui méritent d'être signalées entre le système nerveux de l'Homme et celui des autres Mammifères sont relatives à l'encéphale.

Le cerveau est, sauf chez les Singes supérieurs, beaucoup moins volumineux proportionnellement ; il s'étend moins en arrière, et laisse à découvert le cervelet et même une partie des lobes optiques.

Les circonvolutions sont aussi moins nombreuses. Elles varient d'un groupe à l'autre (fig. 195). Celles des Singes ont le même dessin général que les nôtres, mais sont beaucoup moins riches. Celles des Ruminants sont sur un type différent. Aussi celles des Carnassiers, etc. Chez les Rongeurs, les Édentés, le cerveau est presque lisse. Il l'est tout à fait chez les Marsupiaux et les Monotrèmes.

Enfin, ces derniers animaux ne possèdent pas de corps calleux.

Pour les organes des sens, rien à signaler qui mérite de nous arrêter.

Oiseaux. — Dans le cerveau des Oiseaux (fig. 196), ni circonvolution ni corps calleux. Les lobes optiques et le cervelet sont plus importants par leur masse que chez les Mammifères.

L'*œil* possède une troisième paupière, transparente, qui sert à ramener les larmes dans le canal lacrymal. La sclérotique est armée de lames osseuses; et dans l'intérieur de l'œil, un écran

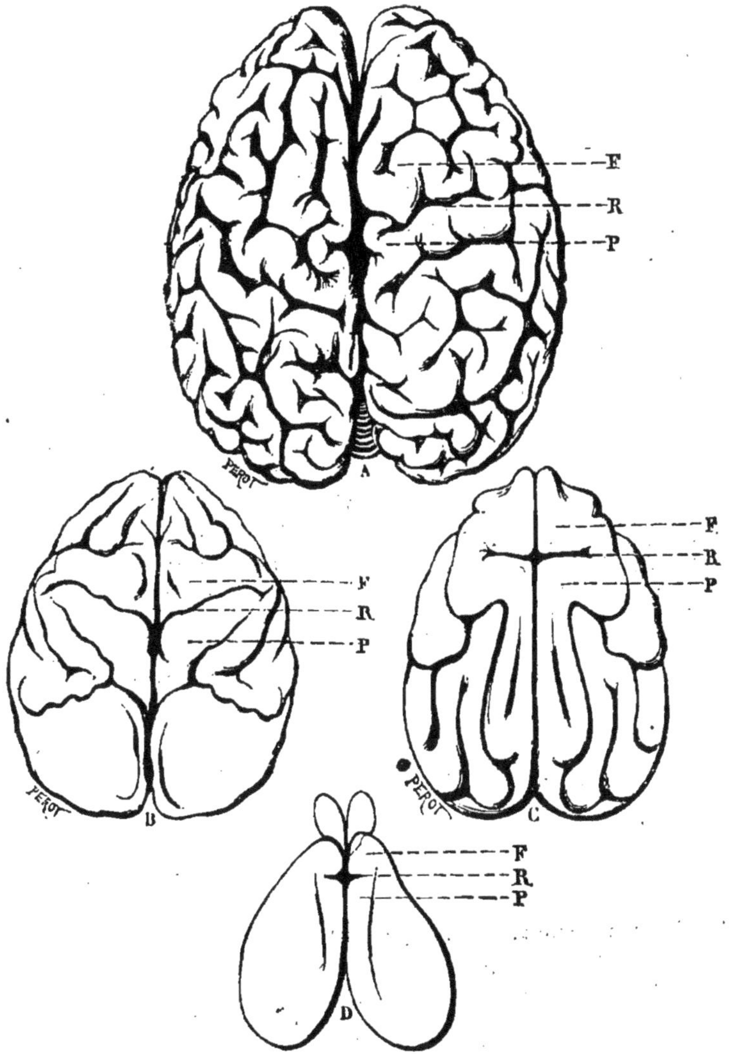

Fig. 195. — Comparaison des circonvolutions du cerveau chez l'homme A, le singe B, le chien C, et le lapin D. Dans chaque figure la lettre R correspond au sillon qui sépare les circonvolutions frontales F et pariétale P.

nommé *peigne* met la rétine à l'abri de l'action directe des rayons lumineux trop intenses.

Il n'y a jamais de pavillon de l'*oreille*, et le limaçon est très réduit. L'odorat et le goût sont à peu près nuls.

Reptiles. — Le cerveau et les organes des sens ont les plus grandes analogies avec ceux des Oiseaux.

Batraciens. — Les Batraciens tiennent à la fois des Reptiles et des Poissons, surtout si on les envisage dans leurs métamorphoses successives.

Poissons. — L'encéphale des Poissons est tellement différent de celui des mammifères, que les anatomistes ne sont pas d'accord sur la comparaison des diverses parties. Je me garderai donc d'entrer dans sa description.

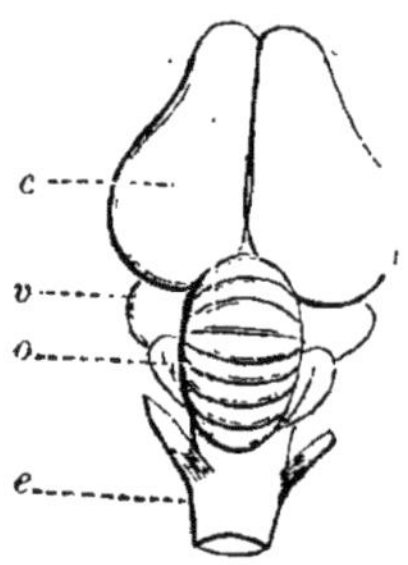

Fig. 196. — Cerveau d'autruche : *c*, hémisphères cérébraux ; *o*, cervelet; *v*, lobes optiques ; *e*, moelle épinière.

Chez l'Amphioxus, l'axe cérébro-spinal n'a pas de renflement antérieur, pas d'encéphale.

L'œil des Poissons n'a pas de paupières mobiles ni fixes. Sa cornée est très aplatie, et en revanche son cristallin est à peu près sphérique.

L'appareil auditif est réduit à l'oreille interne, sans limaçon. Il n'y a donc là que le vestibule et ses trois canaux semi-circulaires ; souvent le vestibule contient de grosses masses pierreuses.

Il existe deux fosses nasales qui d'ordinaire ne communiquent pas avec la bouche.

Les organes des sens sont très réduits chez les Cyclostomes, et disparaissent chez l'Amphioxus.

ARTHROPODES

Système nerveux. — Le système nerveux est établi ici sur un plan tout à fait différent de celui des Vertébrés. Ce type (fig. 197) peut être considéré théoriquement comme constitué par une paire de ganglions nerveux pour chaque anneau du corps. Ces ganglions sont unis les uns aux autres dans le sens transversal par des *commissures*, et dans le sens longitudinal par des *connectifs*. Tous ces ganglions sont situés à la partie inférieure du corps, au-dessous du tube digestif. Seules les deux premières sont placées au-dessus du tube digestif ; les connectifs qui les réunissent à la paire suivante forment le *collier œsophagien*. On a donné le nom de *cerveau* ou de ganglion cérébroïde à ces organes desquels partent des nerfs qui se rendent aux antennes et aux yeux.

Mais il s'en faut que cet isolement des paires ganglionnaires soit la règle dans toute l'étendue du corps ; le plus souvent, elles sont réunies en masse plus ou moins grosse. Chez les animaux à métamorphoses, comme les Insectes, il arrive même que l'aspect du système nerveux central change avec la forme extérieure du corps.

Les nerfs partent des ganglions ; le cerveau donne naissance à un petit système à part, plus ou moins comparable au sympathique des Vertébrés, et auquel on a donné le nom de *stomato-gastrique*.

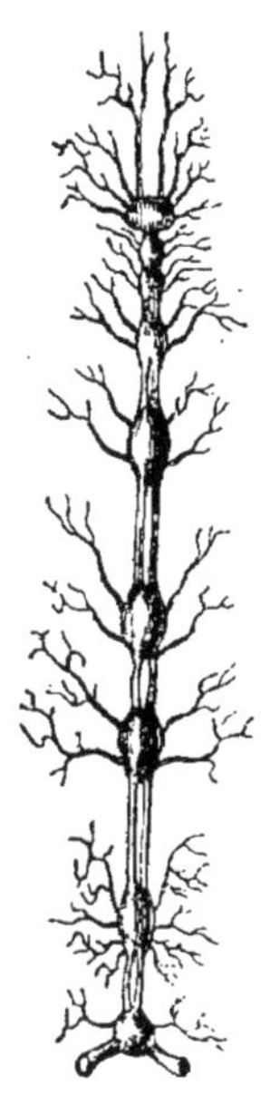

Fig. 197. Système nerveux d'un insecte.

Organes des sens. —Presque tous les Arthropodes ont des yeux dont la structure diffère notablement de ce qui existe chez les Vertébrés.

Le nerf optique s'y termine par des bâtonnets nerveux au bout desquels se voit un corps transparent appelé *cône cristallin*. Le tout est recouvert par une cornée transparente, tantôt unique (yeux lisses), tantôt divisée en autant de petits compartiments qu'il y a de cônes (yeux à facettes).

Les appareils auditifs ne sont en réalité pas connus. J'ai pu détruire chez des Crabes les poches qu'on décrit sous ce nom sans diminuer en rien la sensibilité auditive de ces animaux. Il semble que toutes les parties de leur corps susceptibles de vibrer, et surtout les poils, servent à l'audition.

On n'en sait pas davantage sur les organes de l'olfaction ; chez les Insectes, où elle est très développée, on la localise volontiers dans les antennes.

ANNELÉS

Le **Système nerveux** est du même type que celui des Arthropodes. Les ganglions nerveux sont presque toujours isolés. Chez les annelés inférieurs, on ne retrouve plus guère que les ganglions cérébroïdes et le collier œsophagien.

Les yeux, quand ils existent, ce qui est l'exception, sont réduits à de petites taches pigmentaires où vient se terminer un nerf. Parfois un cristallin vient compléter la ressemblance.

On ne sait rien des autres organes des sens.

MOLLUSQUES

Système nerveux. — Voici un troisième type de système nerveux central (fig. 198). Ce n'est pas une tige, comme l'axe cérébro-spinal des Vertébrés ; ce ne sont plus des ganglions régulièrement distribués par paires plus ou moins isolées en chaîne médiane le long du corps. Ici, les ganglions nerveux sont distribués dans les différentes parties du corps, avec un apparent désordre.

A la tête, deux gros ganglions cérébroïdes sont réunis par un collier œsophagien à une masse ganglionnaire sous-œsophagienne. De là partent de longs connectifs qui se rattachent à des ganglions situés au voisinage des principaux organes.

Chez les Céphalopodes (fig. 198), les centres nerveux sus et sous-œsophagiens forment une grosse masse logée dans une espèce de crâne cartilagineux. Chez les Acéphales, les ganglions cérébroïdes sont tout à fait réduits.

Organes des sens. — Les yeux des Céphalopodes sont d'une structure aussi compliquée que ceux des Vertébrés ; cornée, sclérotique, iris, cristallin, corps vitré, rétine. Ils sont logés dans des cavités du cartilage crânien.

Chez les Gastéropodes, les yeux sont plus simples, mais complets aussi, c'est-à-dire contenant cornée, cristallin, rétine. Ils sont placés à la base, le long ou au sommet des premiers tentacules.

Les Acéphales n'en possèdent pas. Cependant, sur le bord du manteau des *Pecten*, et de quelques autres Acéphales, on voit une série de petits points ayant la structure d'un œil rudimentaire.

Les organes de l'ouïe chez les Mollusques consistent en une série de petits sacs nommés *otorystes*, remplis de liquide et contenant des cristaux de carbonate de chaux, ou *otolithes*, qu'agitent sans cesse des cils vibratiles. Leurs nerfs partent, comme les nerfs optiques, des ganglions cérébroïdes. Leurs dimensions sont assez grandes chez les Céphalopodes, où ils sont enfouis dans le cartilage cérébral. Chez les autres mollusques ils ne sont visibles qu'à la

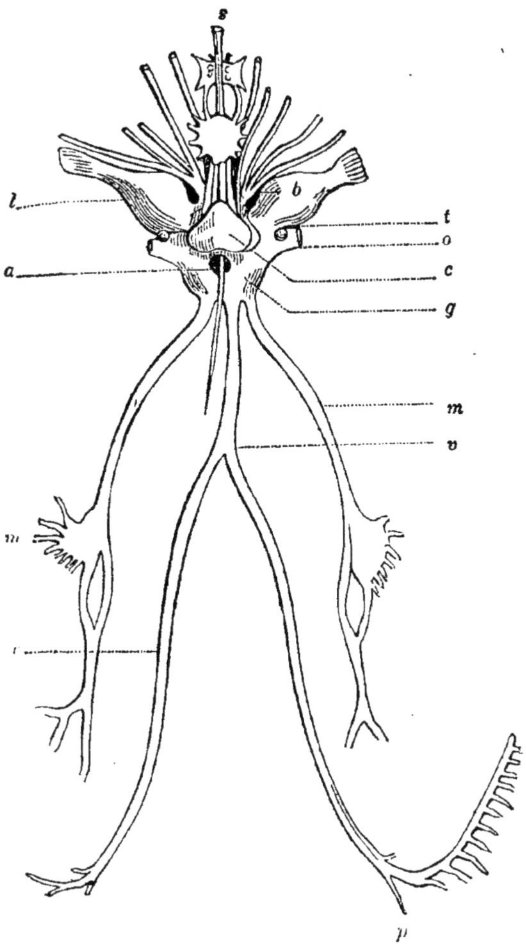

Fig. 198. — Système nerveux de la Sèche : *a*, le collier nerveux qui embrasse l'œsophage, dont le trajet est indiqué par une soie (*s*) ; *c*, la masse nerveuse située au devant de l'œsophage, et nommée communément le cerveau ; sa surface supérieure est surmontée d'un tubercule cordiforme très gros, et il part de sa partie antérieure deux nerfs qui bientôt se terminent dans un ganglion circulaire qui, à son tour, donne naissance à une autre paire de nerfs, lesquels descendent sous la bouche de manière à embrasser de nouveau l'œsophage, et y forment un petit ganglion antérieur d'où naissent les nerfs labiaux ; *b*, ganglions tentaculaires, d'où naissent les nerfs du bras ; *o*, nerfs optiques qui naissent des parties latérales du cerveau, et bientôt se renflent en un gros ganglion ; *t*, petits tubercules veineux, situés sur l'origine des nerfs optiques ; *g*, ganglion sous-œsophagien ou ventral ; *r*, grand nerf des viscères dont l'une des branches présente un ganglion allongé et pénètre dans la branchie ; *m*, nerfs qui naissent également des ganglions postœsophagiens et qui présentent sur leur trajet un gros ganglion étoilé dont les branches se distribuent au manteau.

loupe ou même au microscope ; on les trouve au voisinage des ganglions du pied.

L'olfaction existe chez les Mollusques céphalés. Les organes sont chez les Céphalopodes de petites fossettes spéciales, et les tentacules chez les Gastéropodes.

ÉCHINODERMES

Chez ces animaux, le système nerveux central consiste en un anneau qui entoure la bouche, et duquel partent cinq troncs principaux.

On a décrit chez quelques-uns des vésicules auditives. Les Astéries possèdent au bout de chaque bras un organe oculiforme, composé d'une cornée recouvrant plusieurs cristallins auxquels aboutissent des bâtonnets nerveux ; le tout noyé dans du pigment rouge.

CÆLENTÉRÉS

Chez les animaux les plus compliqués de cet embranchement, les Méduses, on a trouvé quelques cordons nerveux.

De petites taches pigmentaires et renfermant un corps réfringent ont été assimilées à des yeux ; et quelques vésicules avec concrétions à des otocystes.

PROTOZOAIRES

Enfin, les Protozoaires ne présentent rien qu'on puisse considérer comme un système nerveux, ou un organe sensoriel.

TABLE DES MATIÈRES

3925-85. — CORBEIL. Typ. et Stér. CRÉTÉ

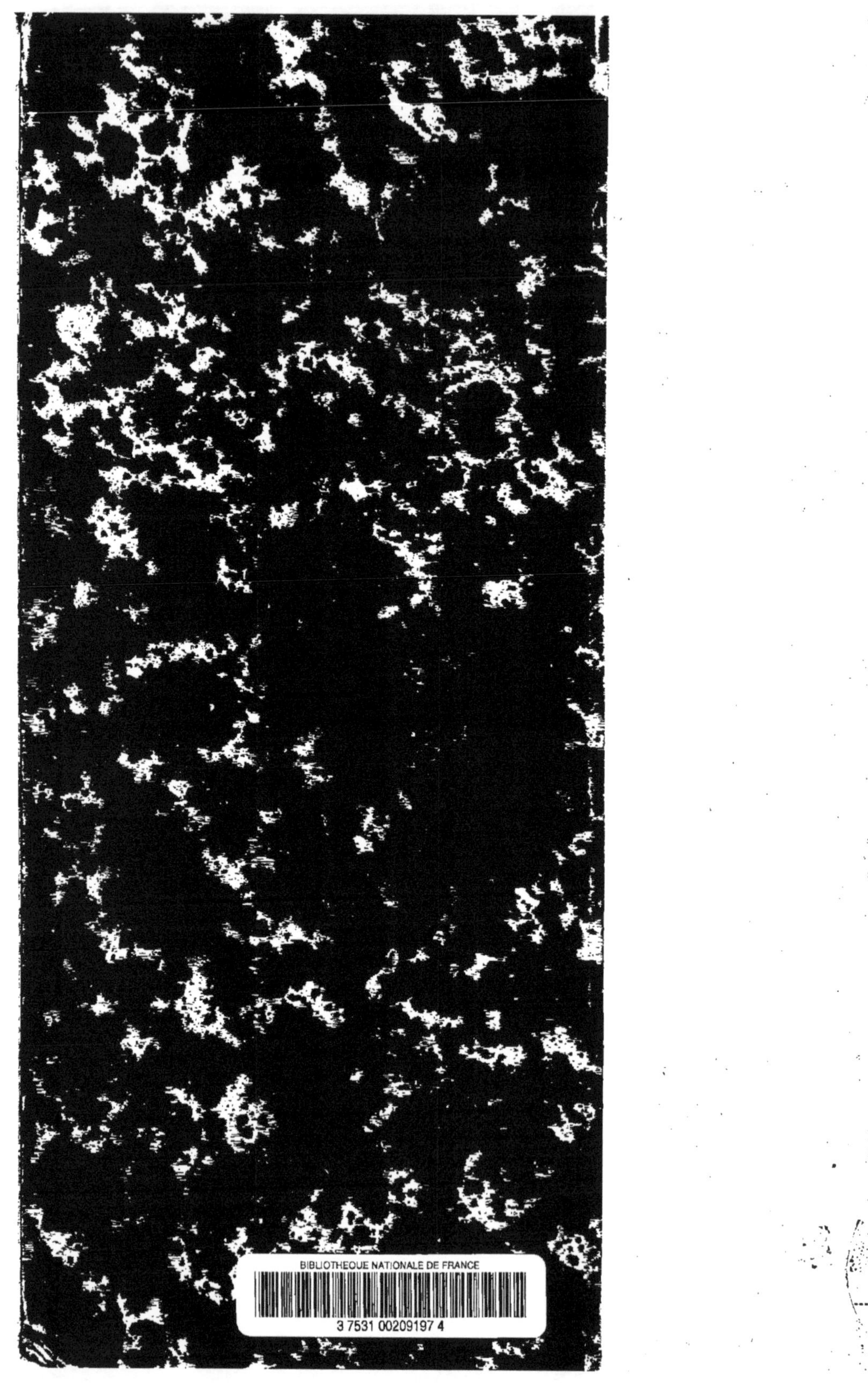

www.ingramcontent.com/pod-product-compliance
Ingram Content Group UK Ltd.
Pitfield, Milton Keynes, MK11 3LW, UK
UKHW012020240726
13965UKWH00002B/481